한눈에 보는

와인

한눈에 보는
와 인

카트린 제르보 · 피에르 에르베르 지음

김수영 옮김

시그마북스
Sigma Books

한눈에 보는 **와인**

발행일 2021년 9월 10일 초판 1쇄 발행
지은이 카트린 제르보, 피에르 에르베르
옮긴이 김수영
발행인 강학경
발행처 시그마북스
마케팅 정제용
에디터 신영선, 장민정, 최윤정, 최연정
디자인 김은경, 김문배, 강경희

등록번호 제10-965호
주소 서울특별시 영등포구 양평로 22길 21 선유도코오롱디지털타워 A402호
전자우편 sigmabooks@spress.co.kr
홈페이지 http://www.sigmabooks.co.kr
전화 (02) 2062-5288~9
팩시밀리 (02) 323-4197
ISBN 979-11-91307-63-4(13590)

Published in the French language originally under the title: Le vin pour les Nullissimes
© 2018, Éditions First, an imprint of Édi8, Paris
Published in the French language for the present edition under the title:
Le vin en un coup d'oeil
© 2020, Éditions First, an imprint of Édi8, Paris
Korean translation rights © 2021 by Sigma Books
Current Korean translation rights arranged with Éditions First, an imprint of Édi8 through Amo Agency

* 시그마북스는 (주)시그마프레스의 자매회사로 일반 단행본 전문 출판사입니다.

당신이 와인 초심자든 애호가든, 당신의 목표가 와인의 기본기를 다지는 것이든 깊은 지식을 쌓는 것이든, 이 책이야말로 와인을 향한 당신의 짝사랑에 종지부를 찍어줄 것이다! 이 책은 와인이 포도밭에서 출발해 잔에 담길 때까지의 여정에 당신을 초대한다. 주요 포도 재배지와 포도 품종, 포도 재배와 양조 방식, 와인의 아로마, 테이스팅 기술까지 모든 것을 담았다. 또한 와인이 어디에서 왔는지, 당신의 취향에 맞는 와인은 어떻게 선택하는지, 선택한 와인을 최상의 조건으로 구입할 수 있는 곳은 어딘지, 어떻게 서빙하고 어떤 음식과 페어링할지도 친절하게 알려줄 것이다. 당신에게 와인은 이제 더 이상 비밀의 화원이 아니다.

왜 이 책인가?

와인 앞에 선 당신의 긴장감은 풀어주고 호기심은 자극해줄 것이기 때문이다. 풍부한 일러스트레이션과 친근한 말투로 쉽게 다가오는 이 책은 당신이 와인을 이해하고 즐기는 데 필요한 모든 것을 제공한다. 와인은 축제다. 따라서 와인을 배우는 것도 축제처럼 유쾌하고 즐거워야 한다.

이 책은 어떻게 구성되어 있는가?

『한눈에 보는 와인』은 와인에 대한 이해를 돕기 위해 와인이 만들어지는 과정에 따라 총 8장으로 구성되었다.

제1장 : 와인 이해하기

이 장은 프랑스어로 '아뮈즈 부슈' 혹은 '미장 부슈', 즉 식전 음식이라고 보면 된다. 단 몇 쪽을 읽는 것만으로도 당신은 와인의 성분과 전 세계에서 생산되는 서로 다른 종류의 와인, 와인의 가치를 높여주는 다양한 형태의 보틀과 마개를 만날 수 있다.

제2장 : 와인 만들기

이 장에서 당신은 포도가 와인으로 변신하는 과정을 따라간다. 먼저 포도밭에 도착해 포도밭의 생명주기와 땅이 어떤 일을 하는지 알아보고, 다음으로 포도 품종과 테루아 등 포도 재배와 와인 양조에 영향을 미치는 모든 요소에 대한 기초 지식을 쌓아보자. 마지막으로 와인 양조와 포도를 재배하는 다양한 방식 각각의 특징을 알아볼 것이다.

제3장 : 주요 포도 재배지 여행

프랑스의 주요 포도 재배지로 여행을 떠나보자. 샹파뉴에서 시작해 코르시카까지 이어지는 이 여정을 통해 당신은 각 재배지의 주요 특징을 파악하게 될 것이다. 이어서 프랑스 이외 지역의 와인을 찾아 떠나는 세계 여행이 이 여정의 대미를 장식할 것이다.

제4장 : 내 취향에 맞는 와인 찾기

화이트 와인부터 로제 와인, 레드 와인, 주정강화 와인, 스파클링 와인까지 와인은 그야말로 개성 강한 스타일의 향연이다. 이 장에서는 이토록 다양한 스타일의 특징을 살펴보고 즐겨 보고자 한다.

제5장 : 와인 선택과 구매

와인 라벨을 읽고, 당신이 원하거나 주어진 상황에 적합한 와인을 선택하고, 선택한 와인을 구입할 수 있는 유통망을 찾는 데 도움이 될 방법을 알려준다. 또한 당신만의 와인 저장고를 꾸미고 유지, 관리하는 팁을 제공할 것이다.

제6장 : 와인 테이스팅

병 오픈부터 잔에 따르고 아로마를 느끼기까지 와인 서빙과 테이스팅, 보관은 간단한 원칙을 따른다. 이 가이드에 따라 가까운 지인들을 초대해 와인 테이스팅 파티를 열어보면 어떨까?

제7장 : 와인과 음식 페어링

와인을 돋보이게 하기 위해 음식을 만든 것이 아닌 이상, 모든 와인은 특유의 텍스처와 맛, 보디감에 따라 특정 음식과 좀 더 잘 어울리거나 음식의 맛을 한층 높여주기도 한다. 기본 규칙만 알면 몇 번의 실험을 거쳐 당신에게 꼭 맞는 페어링을 찾아낼 수 있다.

제8장 : 보너스 팁

와인에 대한 경험을 더욱 넓혀주고, 와인을 즐기고 와인에 푹 빠져들 수 있도록 와인과 관련된 근거 없는 믿음과 일화, 빈번하게 일어나는 실수뿐만 아니라 세계의 특별한 와인 산지, 혁신적이고 색다른 와인 양조 방식들을 모아놓았다. 그리고 꼭 기억해두면 좋을 만한 키포인트 목록과 좀 더 전문적인 영역으로 나아가는 데 유용한 정보로 결론을 대신했다.

이제 와인을 찾아 여행을 떠날 시간이 되었다. 부디 모두에게 즐거운 여행이 되기를!

제1장

와인 이해하기

와인이란 무엇인가?

와인 1병에는 무엇이 들어 있을까?

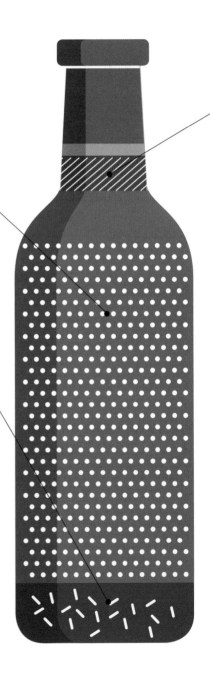

1 | 80~90%는 포도에서 나오는 수분

2 | 8~20%는 알코올 발효로 생성되는
알코올(14쪽 참조)

알코올은 입 안에서 느껴지는 열감과
감미로운 정도로 식별된다.

- 샴페인 : 12%
- 화이트 와인 : 8~15%
- 로제 와인 : 10~13%
- 레드 와인 : 11~16%
- 포트 와인 : 16~20%

3 | 와인의 맛을 결정하는 나머지 1~2%

- **산**
  타르타르산, 사과산, 젖산, 시트르산 등 : 와인의 색과 광채에 영향을 미치고 와인에 (5가지 기본 맛 중 하나인) 신맛을 가미해 마시는 사람의 침샘을 자극한다.

- **폴리페놀**
  안토시아닌 색소가 와인의 붉은색을 낸다.
  포도와 나무통에서 생성되는 타닌은 와인의 떫은맛을 내는 동시에 입 안을 건조하게 만들어 쓴맛까지 느끼게 한다.

- **당**
  와인마다 당 함유량이 다른데 드라이한 화이트 와인의 경우 2g, 리쿼뢰 화이트 와인은 300g가량의 당을 포함한다.

- **무기염류, 비타민 그리고 미량 원소**

- **이산화황**(109쪽 참조)

- **아로마**
  아로마는 포도와 와인 양조, 숙성 방식에 따라 달라진다. 놀라운 것은 1만 개에 가까운 아로마를 식별해낼 수 있는 전문가도 있다는 사실!

와인 센스	
	와인 1병을 만들기 위해서는 평균 1kg의 포도가 필요하다.

아주 오래된 화학적 와인 양조 과정 : 알코올 발효

당 + 효모 → 알코올 + 이산화탄소 + 열

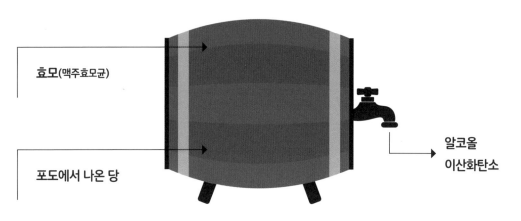

효모(맥주효모균)

포도에서 나온 당

알코올
이산화탄소

효모는 당을 먹이로 해 알코올과 이산화탄소로 만든다.

전통적 알코올 발효 방식을 따르면 대부분의 당은 알코올로 변하고 아주 소량의 당만 남게 된다. 이렇게 남은 당을 '잔당'이라고 한다.

포도즙(발효되기 전)에 당이 많을수록 와인의 알코올 함량이 높을 가능성이 크다. 포도 재배인은 원하는 와인 스타일(비교적 드라이한 와인 혹은 비교적 알코올 도수가 높은 와인)에 따라 발효를 조절해야 한다. 예를 들어 당이 풍부한 포도즙으로는 알코올 도수가 높은 드라이한 와인을 만들 수 있고, 알코올 도수는 높지 않지만(12.5% 정도) 잔당을 풍부하게 함유한 와인도 만들 수 있다.

알고 있었나요?

효모는 맥주를 만들거나 빵 반죽을 발효시키는 데(베이킹파우더) 쓰이는 단세포 균류다. 이 효모는 자연 상태에서 포도껍질에 있지만 발효 과정에서 첨가되기도 한다.

와인은 포도로 만든다

포도는 포도나무에서 송이 형태로 자라는 장과(씨 있는 과일)다. 각각의 품종은 고유의 물리적 · 생리적 특성을 가지고 있고 이러한 특성은 와인의 색, 아로마와 아로마의 강도, 맛, 텍스처, 알코올과 타닌 함유량, 아로마의 지속 정도 등 다양한 단계에서 표현된다.

와인은 사람의 손으로 만든 문화적 산물이다

세계에서 가장 오래된 와인 양조 지하실은 조지아에서 발견되었고 만들어진 시기는 약 8,000년 전으로 거슬러 올라간다. 다시 말해 와인은 신석기 혁명 초기, 즉 인간이 농업과 목축을 발달시키고 한곳에 정착하기 시작한 순간부터 인간사회와 함께해 온 것이다.

와인은 문화적 산물이기도 하다. 고대 그리스 시대의 와인과 취기, 무절제의 신 디오니소스(로마 신화에서는 바쿠스)와 그리스도의 피(와인처럼 발효식품인 빵과 함께)와 결합되는가 하면 수 세기에 걸쳐 문학과 시의 풍부한 자양분이 되어주었기 때문이다.

인간은 포도 재배와 와인 양조를 더 잘 이해하고 제어하는 법을 배워왔다. 포도 재배와 와인 양조에 적용하는 방식과 각각의 단계에서 취한 선택은 최종 결과물인 와인에 큰 영향을 미친다.

와인은 특정 지역의 산물이다

와인의 산지는 무척 중요하다. 같은 품종의 포도라도 생산 지역에 따라 서로 다른 특징을 띤다. 지역에 따라 기후 변화와 일조량, 토양의 성질 등이 다르기 때문인데 이것이 바로 테루아 효과다.

와인의 종류를 알아보자

와인은 천차만별이지만…

사용한 포도 품종과 양조 방식에 따라 크게 6가지 종류로 구분할 수 있다.

레드 와인

레드 와인은 적포도로 만든다. (무색의) 포도즙이 발효 중에 껍질과 만나면서 생성되는 색소를 흡수하면서 붉은색 와인이 되는 것이다. 포도즙이 껍질과 만나면 붉은색뿐만 아니라 와인의 맛에 결정적인 역할을 하는 성분인 타닌도 생성된다.

주요 품종		주요 산지	
	메를로, 카베르네 소비뇽, 카베르네 프랑, 피노 누아, 그르나슈, 무르베드르, 시라, 생소, 말벡	보르도, 부르고뉴, 랑그도크루시용, 론, 남서 프랑스, 루아르	

화이트 와인

화이트 와인은 청포도로 만든다.

주요 품종		주요 산지	
	리슬링, 소비뇽 블랑, 슈냉, 샤르도네, 루산, 마르산	알자스, 루아르, 부르고뉴, 남서 프랑스, 쥐라, 론	

리쿼뢰 화이트 와인

늦게 수확하거나 건조시켜 수확함으로써[종종 '푸리튀르 노블'(귀부병이라고도 하며 포도가 무르익을 때 포도껍질에 생성되는 일종의 곰팡이-옮긴이)에 걸려] 당이 가득 채워진 포도로 만들어 단맛이 거의 없는 일반 화이트 와인보다 잔당의 함유량이 높다.

주요 품종		주요 산지
세미용, 프티 망상, 슈냉, 리슬링, 게뷔르츠트라미너, 뮈스카, 사바냉	보르도, 남서 프랑스, 루아르, 알자스, 쥐라	

로제 와인

로제 와인은 레드 와인과 화이트 와인을 섞어서 만든 와인이 아니다. '쿠파주'(다른 종류의 액체를 섞는다는 뜻으로, 와인 용어로 레드 와인과 화이트 와인을 섞는 것을 말한다.-옮긴이)로도 불리는 이 '섞기'가 허용되는 샹파뉴 지역에서 생산되는 로제 와인만 예외다. 일반적으로 로제 와인은 적포도로 만들며, 포도껍질과 과즙의 침용 과정이 짧기 때문에 적은 양의 붉은색과 타닌이 추출된다.

주요 품종		주요 산지
생소, 카베르네 프랑, 그르나슈, 시라, 무르베드르	프로방스, 루아르, 코르시카	

스파클링 와인(화이트 와인과 로제 와인)

(즙에 어떠한 색깔도 없도록) 급속하게 착즙한 청포도 혹은 적포도로 만들며 이산화탄소를 가두고 프리즈 드 무스(prise de mousse, 101쪽 참조, 기포를 형성하는 과정-옮긴이)를 활성화하는 다양한 방법을 동원한다.

주요 품종		주요 산지
샤르도네, 피노 누아, 뫼니에, 슈냉, 리슬링	샹파뉴, 루아르, 알자스, 부르고뉴	

뱅 두 나튀렐

오직 포도에서 얻은 달콤함, 즉 자연적으로 얻은 달콤한 맛의 와인이다. 발효 중에 주정을 첨가하면 주정이 효모를 사멸시켜 알코올 발효가 중단된다. 이렇게 얻은 와인은 발효되지 않은 과일 아로마가 발효된 와인의 아로마와 섞여 향이 더욱 풍부해지고, 알코올 도수와 함께 잔당 함유량도 높아진다.

	주요 품종		주요 산지
	뮈스카 블랑 아 프티 그랭, 그르나슈 누아, 그르나슈 블랑, 마카베오, 말부아지에	랑그도크루시용, 론, 코르시카	

• **숫자로 보는 와인**

'조용한' 와인, 즉 병을 오픈할 때 기포가 생기지 않는 와인의 4분의 3, 스파클링 와인의 4분의 1이 프랑스에서 생산된다.

55% 레드 와인 **20%** 로제 와인 **25%** 화이트 와인

프랑스에서 소비되는
와인 10병 중 9병은
프랑스산 와인이다!

와인 병

와인 병의 각 부분을 뭐라고 할까?

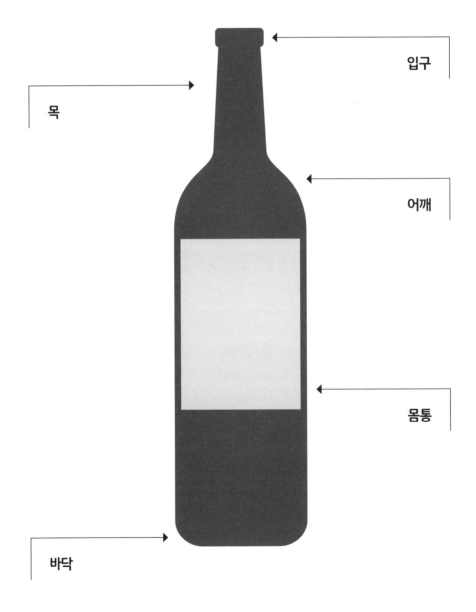

목

입구

어깨

몸통

바닥

지역에 따른 와인 병의 형태

루아르형

보르도형

와인 센스

세계적으로 가장 널리 알려져 있는 형태는 보르도형이다.

부르고뉴형

샹파뉴형

프로방스형

론 밸리형

알자스형

클라블랭(쥐라 지역의 특산품인 노란색 와인(뱅 존)을 담은 땅딸막한 원통형 병을 말한다.-옮긴이)

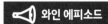

와인 에피소드

색깔이 있고 바닥이 움푹 파인 대부분의 샴페인 병과 달리 루이 로드레 가문이 러시아 황제 알렉산더 2세를 위해 1876년에 제작한 병은 독극물 유입 여부를 확인하고 바닥에 황제를 위협하는 폭발물을 부착할 수 없도록 고안된 바닥이 평평한 투명 크리스털 병이었다.

병의 형태와 크기가 중요하다

0.2L	0.25L	0.375L	0.75L	1.5L	3L	4.5L
피콜로	쿼터	하프 보틀	보틀	매그넘	여로보암	르호보암

조금 생소한 병 이름은 성서나 신화, 역사에 등장하는 이름에서 유래했다.

- **여로보암 1세** : 이스라엘 왕국(기원전 931~910년)의 건립자이자 초대 왕이다. 르호보암에 대항해 반란을 일으킨 북쪽의 10개 부족에 의해 왕위에 올랐다.
- **르호보암** : 로보암이라고도 하며 솔로몬의 아들로 유다 왕국(기원전 931~914년)의 초대 왕이다.
- **므두셀라** : 구약성서에 등장하는 인물로 969세까지 장수한 것으로 알려져 있다.
- **살마나자르** : 아시리아의 다섯 왕이 썼던 이름으로 가장 유명한 인물은 살마나자르 3세(기원전 858~823년)였다.
- **네부카드네자르 2세** : 바빌론(기원전 605~562년)의 가장 유명한 왕들 가운데 한 명이다.

6L	9L	12L	15L	18L
므두셀라	살마나자르	발타자르	네부카드네자르	멜키오르

알고 있었나요?

?

같은 크기의 와인 병을 지역에 따라 다르게 부르기도 한다는 사실

- 3L 병은 샹파뉴와 부르고뉴에서는 여로보암이라고 부르지만 1.5L 병을 여로보암이라고 부르는 보르도에서는 더블 매그넘이라고 한다.
- 6L 병은 샹파뉴와 부르고뉴에서는 므두셀라라고 부르지만 보르도에서는 임페리얼이라고 한다.
- 18L 병은 샹파뉴와 부르고뉴에서는 살로몬이라고 부르지만 보르도에서는 멜키오르라고 한다.
- 샹파뉴 지방에는 더 크고 희귀한 병도 있다.
  - 수버렌(26.25L - 보틀 35병)
  - 프리마(27L - 보틀 36병)
  - 멜키세덱(30L - 보틀 40병)

마개는 어디에 쓰일까?

마개는 와인이 산화되지 않도록 보호하고 병에 들어 있는 와인이 유출되는 것을 방지하는 역할을 한다.

그럼 산화는 무엇일까?

산화는 와인이 공기와 접촉할 때 일어난다. 코르크 마개를 통해 외부의 미세한 산소가 들어오게 되는데 이는 와인에 이롭게 작용한다. 시간이 지나면서 이러한 가벼운 산화가 와인의 아로마와 타닌, 맛을 개선해주기 때문이다.

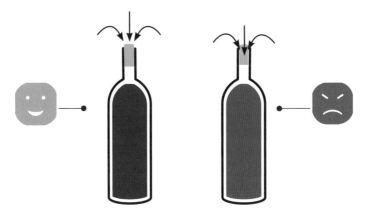

　　반면, 탄력성을 잃은 질이 좋지 않은 마개로 인해 병 안으로 지나치게 많은 공기가 유입되어 생기는 산화는 와인에 해로운 영향을 미친다. 와인의 알코올, 즉 에탄올은 아세트알데하이드(사과, 농익은 사과, 호두 아로마)로 변한다. 소량의 아세트알데하이드는 아세트산이 되는데 산소가 지나치게 유입되면 과도한 아세트산이 생겨 와인이 식초가 되어버리는 것이다(268쪽 '와인의 결함' 참조).

와인 센스

마개는 약 85%의 공기 혹은 유사 기체를 포함한다. 공기와 와인의 만남은 와인의 숙성에 있어서 매우 중요한 정보다. 마개의 선택은 와인의 타입과 숙성 가능성, 와인의 가격, 와인메이커가 마개에 할애할 수 있는 예산에 따라 달라진다. 또한 코르크 마개는 여전히 대중에게 인기와 인지도가 가장 높기 때문에 와인의 이미지와도 관련이 있다.

다양한 형태의 마개

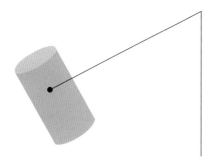

코르크 마개

 장점 : 가볍고, 방수가 되면서 압축성과 탄성이 있는 코르크 마개는 와인이 숨을 쉴 수 있게 해준다. 거의 썩지 않는다.

 단점 : 코르크 마개로 막은 병의 3~5%는 코르크 오염(TCA 혹은 트라이클로로아니솔 분자에 의한 오염)에 걸릴 위험이 있다. 또한 와인마다 맛이 달라질 위험도 존재한다.

- **천연 코르크 마개** : 그랑 크뤼 클라세부터 중저가 와인까지 그 쓰임에 따라 코르크의 질, 산지, 모양이 천차만별이다. 잘 알려진 천연 코르크 마개의 위험성에도 불구하고 소비자들에게 굉장히 좋은 이미지를 주고 있다.
- **콜마테(colmaté) 마개** : 코르크 가루와 식용 본드로 코르크의 불균형한 틈을 메우는 작업을 거쳐 모양새와 패킹의 질을 높인 코르크 마개다. 주로 저렴한 와인에 쓰인다.
- **압착 마개** : 천연 코르크 부스러기를 압력으로 결합해 만들어 천연 코르크 마개보다 다공성이 높다. 구입 후 빨리 소비해야 하는 와인에 주로 쓰인다.
- **테크니컬 마개** : 코르크 가루로 결합한 코르크 조각으로 만들어 코르크 오염의 위험을 제거하고 와인마다 고른 맛을 보장한다(DIAM® 마개를 예로 들 수 있다.). 오래 보관하면서 소비하는 와인에 적합하다.

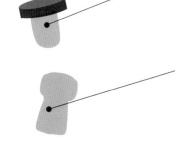

특수한 경우 : 스피릿, 포트 와인 등을 위한 마개
코르크 마개에 (일반적으로 플라스틱으로 된) 머리가 달려 있어 쉽게 병을 여러 번 여닫을 수 있다.

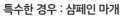

특수한 경우 : 샴페인 마개
와인과 접촉하는 이어붙인 2개의 코르크 원형기둥 위에 압착 코르크로 된 손잡이가 달려 있다.

팁 하나!

 항상 코르크 마개의 길이를 확인하는 습관을 들이자. 코르크 마개의 길이가 길면 와인과 공기의 접촉이 완전히 불가능해지는 것은 아니지만 어려워진다. 결과적으로 와인이 매우 느린 속도로 산화되므로 그만큼 와인을 오래 보관할 수 있다.

- 코르크 마개는 어떻게 만들까?

코르크 참나무의 껍질 수확 : 수령이 25~30년 정도 된 참나무의 첫 껍질을 수확하고
이후 9년마다 수확한다.

코르크판 자연건조 : 6개월

코르크판을 삶아 소독 및 세척(특히 코르크 오염의 주범인 TCA 분자를 제거)하고
판지를 더욱 유연하고 탄력적으로 만든다. : 1시간

안정화로 판지를 평평하게 만들고 12~15%의 습도를 유지한다. : 2~3주

띠 모양으로 길게 절단한 후 회전 절단기를 이용해 관 모양으로 절단한다.
마개 모양으로 마름질해 마무리한다.

과산화수소 혹은 과산화아세트산으로 씻어 세척 및 소독한다.

흠집이나 균열, 콜마타주(코르크 가루+접착제)가 있는
마개를 분류해내는 선별 작업을 거친다.

표시 작업과 최종 표면처리를 한다.

포장 및 운송

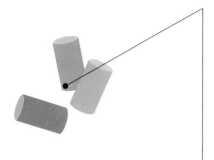

합성 마개와 플라스틱 마개

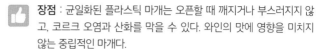 **장점** : 균일화된 플라스틱 마개는 오픈할 때 깨지거나 부스러지지 않고, 코르크 오염과 산화를 막을 수 있다. 와인의 맛에 영향을 미치지 않는 중립적인 마개다.

👎 **단점** : 숙성을 잘 견디지 못하기 때문에 오랫동안 보관하는 와인에는 쓰지 않는다.

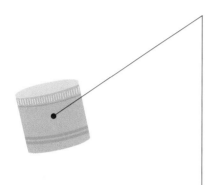

알루미늄 스크루 마개

👍 **장점** : 여닫기에 편하고 오픈 후 바로 마시는 어린 와인의 신선함을 유지시킨다. 밀폐가 잘 되고 재활용이 가능한 스크루 마개를 사용한 와인들은 와인 간 숙성도가 균일하다.

👎 **단점** : 오랫동안 숙성시켜야 하는 와인에는 그다지 적합하지 않다. 와인에 이로운지 혹은 와인의 품질을 낮추는지를 평가하기에는 시기상 조이기 때문이다. 미관상으로도 좋지 않다.

유리 마개

👍 **장점** : 우아하고 쉽게 사용할 수 있으며 완벽한 밀폐가 가능하다.

👎 **단점** : 희귀하고 비싸다. 유리 마개는 특히 독일, 알자스 지방, 오스트리아에서 많이 찾아볼 수 있다.

알고 있었나요?

 전 세계에서 매년 170억 병 이상의 와인 병에 마개가 씌워진다. 이 중 100억 병에는 코르크 마개가, 40억 병에는 합성 마개가, 30억 병에는 스크루 마개가 사용된다.

와인을 만드는 사람들

프랑스에는 와인 분야 종사자가 55만 8,000명에 이른다. 여기에 속하는 주요 직업을 알아보자.

와인메이커(생산자)

와인메이커로부터 모든 것이 시작된다. 와인메이커는 포도밭을 경작해 포도를 생산한다(이 단계만 전담하는 와인메이커를 '포도 재배인'이라고 부른다.). 좋은 포도 없는 좋은 와인도 없는 법! 대체로 와인메이커는 포도를 와인으로 만드는 일도 겸한다. 반면 자신의 포도를 자신이 속한 노동조합이나 네고시앙 겸 양조사에게 일임하기도 한다. 물론 와인메이커가 포도밭 소유주가 아닌 경우도 있다.

재배책임자

포도밭 경작과 포도밭에서 수확되는 포도의 양을 책임진다. 재배책임자는 1년 내내 포도밭의 유지·보수를 비롯해 가지치기를 감독하고, 질병으로부터 포도밭을 보호하고, 생산성을 높이거나 제어하고, 자연재해에 대응하고, 토양을 관리하고, 포도 수확을 기획한다.

양조책임자

와인 양조(포도가 와인으로 변화하는 과정)를 책임지고 수확부터 와인 병입까지 포도를 관리·감독한다. 양조책임자는 수확 시기와 제조할 퀴베(cuvée, 한 포도원에서 생산된 명칭과 생산 연도가 같은 와인-옮긴이), 숙성을 위한 다양한 선택을 한다. 와인을 대상으로 실시한 분석을 주의 깊게 지켜보고 양조학자에게 조언을 구하기도 한다. 셀러 마스터라고도 불린다.

포도밭 작업자

포도밭 에이전트, 노동자, 근로자로도 불리는 이 작업자(고용자)는 기둥 세우기, 가지유도(팔리사주), 가지치기, 디버딩(싹이 틀 때 미리 원하는 수확량을 제외한 나머지를 손으로 문질러 제거하는 방법-옮긴이), 잎치기, 약품 처리, 토양 관리 등 일상에서 이루어지는 모든 포도밭 작업을 책임진다. 포도밭에서 트랙터를 모는 데 익숙하다면 트랙터 운전사 역할도 한다.

와인 저장고 관리책임자

와인 저장고 노동자라고도 하며 작업과 작업 사이에 저장고와 탱크를 깨끗이 하고 준비시키는 일을 담당한다. 양조에 사용되는 모든 자재(선별 작업대, 배관, 펌프, 탱크, 압착기 등)를 조작하고 정비한다. 또한 (송이에서) 열매 따기, 압착, 탱크에 담기, 발효 감독, 하나의 탱크에서 다른 탱크로 와인 옮겨 담기, 숙성 기간 동안 나무 탱크 관리 등 모든 양조 작업을 진행한다.

양조학자(에놀로지스트)

와인 구상과 테이스팅 전문가로 와인의 모든 것을 알고 있다. 새로운 포도밭의 나무 심기, 품종 선택, 포도밭 경작의 사전 단계에 개입한다. 하지만 양조학자의 중요한 역할은 원하는 와인의 스타일에 따라 수많은 선택과 기술을 요구하는 양조 과정을 감독하는 것이다. 양조학자는 와인 기업에 고용되기도 하지만 독립 컨설턴트로 일하기도 한다. 양조학자는 분석연구실, 업종 간 기관, 행정기관, 연구기관에서 일하는 경우도 있다.

와인 중개인

와인메이커에게서 와인을 세트로 선별 구매한 후 와인을 배합해 고유의 와인이나 브랜드를 만드는 네고시앙에게 판매한다.

 쿠르티에

생산자와 네고시앙 혹은 수입자와 연결해주는 중개인이다. 양 당사자 사이에서 계약을 협상하고 계약 이행을 모니터링한다. 그 지역 생산자뿐만 아니라 다양한 시장과 시가에 정통한 전문가다.

 네고시앙

도멘(경우에 따라 쿠르티에)과 도매상인, 와인 전문 매장, 대형 마켓, 소믈리에, 업소 등 판매 전문인을 중개하는 역할을 한다. 네고시앙은 수요에 따라 와인 일체를 선별하고 블렌딩해 퀴베를 구성하기도 한다.

　네고시앙 겸 양조사는 와인메이커의 구획을 선별하고 그곳에서 생산된 포도의 독점권을 갖는다. 포도밭 감독과 포도 수확 시기와 방식 · 양조 · 숙성에 개입한다. 자신만의 라벨을 붙여 판매하거나 도멘의 라벨을 붙여 판매하기도 하며 항상 자신이 독점권을 가지고 있는 퀴베의 형태로 판매한다.

 와인메이커 에이전트

외식사업자, 소믈리에, 호텔업자, 와인 전문 매장을 상대로 와인메이커를 대표 · 대리한다. 테이스팅을 시키고 주문을 받고 공급을 관리한다. 에이전트는 자신의 와인을 유통할 시간이 없는 와인메이커에게 굉장히 중요한 역할을 한다.

 와인 전문 판매인

와인을 선택해 자신의 매장이나 인터넷 사이트에서 판매한다. 열정적인 와인 애호가로 누가 어떻게 와인을 만드는지 설명하거나 페어링에 대해 조언을 해줄 수 있다. 클라이언트의 말에 귀를 기울여 취향과 욕구를 파악해야 한다. 당신 집 가까이에 좋은 와인 전문 매장이 있다면 와인에 대해 알아가고 좋은 와인도 찾을 수 있기 때문에 횡재한 것이나 다름없다.

 소믈리에

식당에서 소믈리에는 주류뿐만 아니라 물과 과일주스까지 담당한다. 식당이 선택한 메뉴와 함께 서빙될 와인을 선택해 주문하고 재고 관리까지 한다. 홀에서는 손님이 와인을 선택하는 것을 돕고, 와인과 음식 페어링을 추천해주고 최적의 테이스팅, 즉 적절한 온도에서 코르크 오염이 되지 않은 와인을 적합한 와인 잔에 테이스팅할 수 있도록 와인을 서빙한다. 소믈리에에게는 시간을 내어 포도밭에 가서 와인메이커를 만나보고, 전문 박람회에 가서 새로운 와인을 발견하는 것이 이상적이다. 주로 호텔경영 학교에서 교육받는다.

제**2**장

와인 만들기

모든 것은 포도나무에서 시작된다

포도나무를 살펴보자

우리가 알고 있는 포도나무는 비티스 비니페라종이지만 비티스 실베스트리스와 같이 재배되지 않고 야생에서 자라는 종도 있다. 가장 오래된 와인 양조의 흔적은 2017년 조지아에서 발견된 와인 찌꺼기가 묻어 있는 8,000년도 더 된 점토 항아리다.

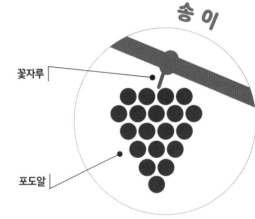

송이

꽃자루

포도알

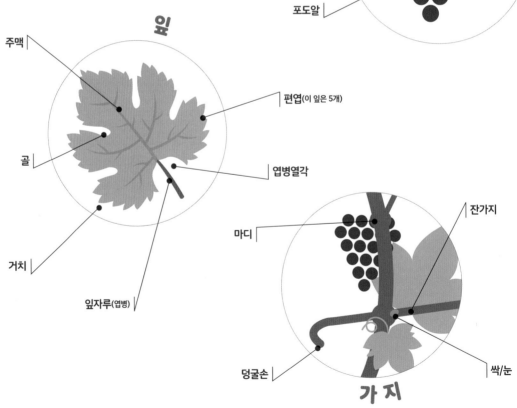

잎

주맥

편엽(이 잎은 5개)

골

엽병열각

거치

잎자루(엽병)

마디

잔가지

덩굴손

싹/눈

가지

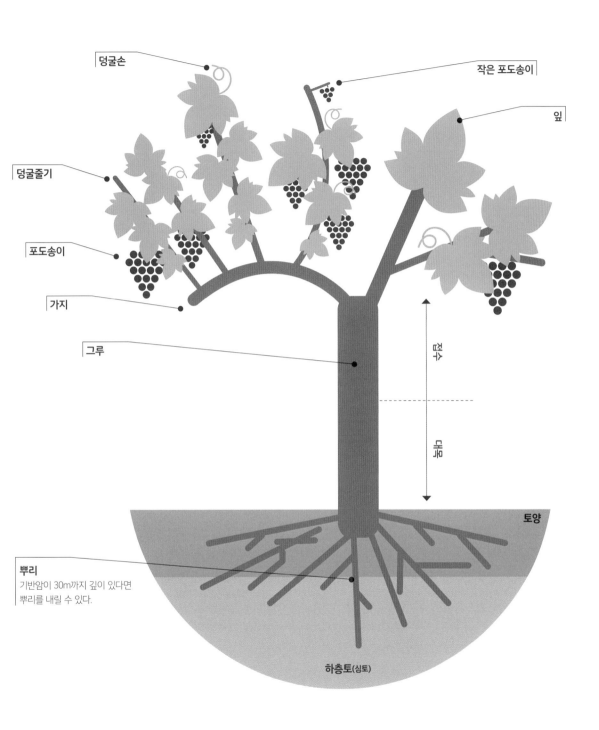

덩굴손

작은 포도송이

잎

덩굴줄기

포도송이

가지

그루

접수

대목

토양

뿌리
기반암이 30m까지 깊이 있다면
뿌리를 내릴 수 있다.

하층토(심토)

접목

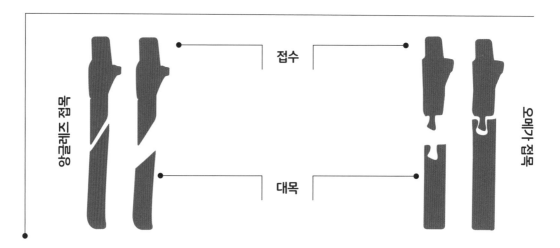

포도밭에서는 접목이 굉장히 빈번하다. 즉 어떠한 품종의 포도나무 아랫부분(대목이라고 하며 뿌리를 내린다.)에 다른 품종의 포도나무 윗부분(접수라고 하며 가지와 잎, 열매가 자란다.)을 붙여 묶어주는 것이다. 접목을 하면 인기 있는 품종의 특성과 성장하면서 특정 질병이나 기생충에 대한 저항력을 길러온 대목의 생명력을 결합할 수 있다.

접목을 하는 이유

▶ 1855년경 미국에서 날아온 필록세라라고 하는 진드기가 포도나무의 뿌리를 공격해 유럽 포도밭의 대부분을 파괴하고 1860년부터 1910년 사이에는 전 세계의 포도밭을 파괴했다. 이에 대한 대응책이 바로 필록세라에 강한 미국 종 포도나무 대목을 사용하는 것이었다. 즉 포도밭 전체에 미국 종 포도나무를 옮겨 심는 것이었다.

▶ 여전히 '프랑 드 피에'인 포도밭, 즉 접붙이기를 하지 않은 포도밭도 있다. 이 경우 모래가 많이 섞인 토양의 포도밭인데, 이러한 성질의 토양에서는 필록세라가 살지 못하기 때문이다. 하지만 그럼에도 불구하고 필록세라는 항상, 어디에나 있기 때문에 접붙이기를 하지 않는 것은 굉장히 위험한 선택이다. 2006년 필록세라 발생으로 큰 피해를 입은 오스트레일리아의 야라 밸리가 대표적인 사례다.

포도나무의 나이

수백 년을 사는 포도나무도 있지만 '경작'이라는 제약이 있는 포도나무의 수명은 100년을 넘는 경우가 굉장히 드물다. 프랑스 포도밭의 평균 나이는 25년이다.

어떤 포도나무를 '오래된 포도나무(vieille vigne, 비에이유 비뉴)'라고 부를까?

'비에이유 비뉴'는 법적 기재사항이 아니기 때문에 주관적으로 판단될 수밖에 없는 경우가 대부분이다. 지역과 생산자에 따라 정의도 다르다. 그렇기 때문에 라벨에 표기된 '비에이유 비뉴'는 소비자에게 어떤 것도 구체적으로 보장해주지 않는다.

▶ 포도의 질과 생산력으로 볼 때, 이상적인 포도나무의 나이는 20~30년이다.

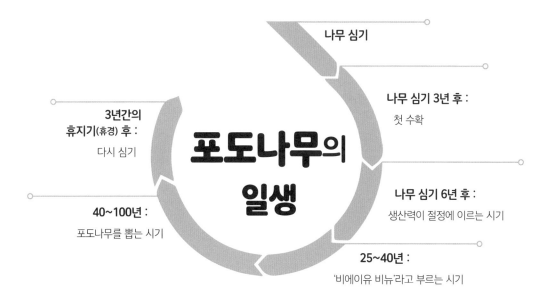

나무 심기

나무 심기 3년 후 :
첫 수확

나무 심기 6년 후 :
생산력이 절정에 이르는 시기

25~40년 :
'비에이유 비뉴'라고 부르는 시기

포도나무의 일생

40~100년 :
포도나무를 뽑는 시기

3년간의 휴지기(휴경) 후 :
다시 심기

알고 있었나요?

?

굉장히 오래된 포도나무는 생산성이 낮기 때문에 이러한 포도나무에서 유래한 와인은 풍부하고 농축되어 있다. 즉 와인의 질을 보장해준다고 할 수 있지만 문제점도 적지 않다. 그 이유는 다음과 같다.
• 나이가 들면 들수록 포도나무는 질병에 취약해진다.
• 일그러진 형태의 비에이유 비뉴를 쉽게 볼 수 있다. 이 경우 기계를 사용하면 포도나무가 손상될 수 있기 때문에 일일이 손으로 작업해야 한다.
• 낮은 생산성으로 인해 수익성에 문제가 발생할 수 있다.

포도를 살펴보자

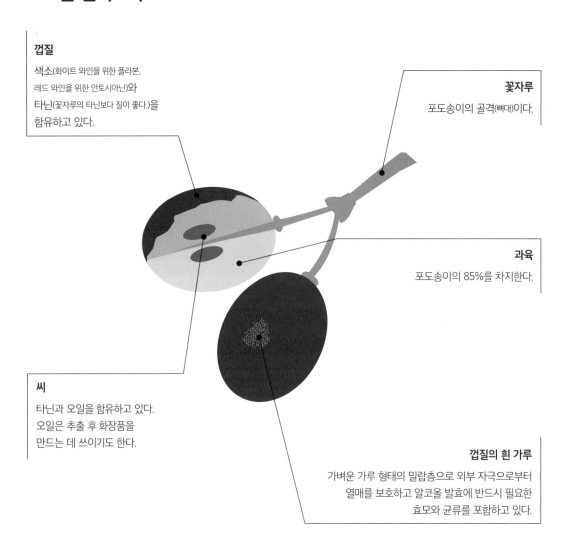

껍질

색소(화이트 와인을 위한 플라본,
레드 와인을 위한 안토시아닌)와
타닌(꽃자루의 타닌보다 질이 좋다.)을
함유하고 있다.

꽃자루

포도송이의 골격(뼈대)이다.

과육

포도송이의 85%를 차지한다.

씨

타닌과 오일을 함유하고 있다.
오일은 추출 후 화장품을
만드는 데 쓰이기도 한다.

껍질의 흰 가루

가벼운 가루 형태의 밀랍층으로 외부 자극으로부터
열매를 보호하고 알코올 발효에 반드시 필요한
효모와 균류를 포함하고 있다.

알고 있었나요?

1kg의 포도즙 안에 들어 있는 것
- 700~780g의 물
- 200~250g의 당
- 5~15g의 산
- 2~3g의 미네랄
- 0.5~1g의 질소

포도는 어떻게 성장할까?

싹에서 포도까지

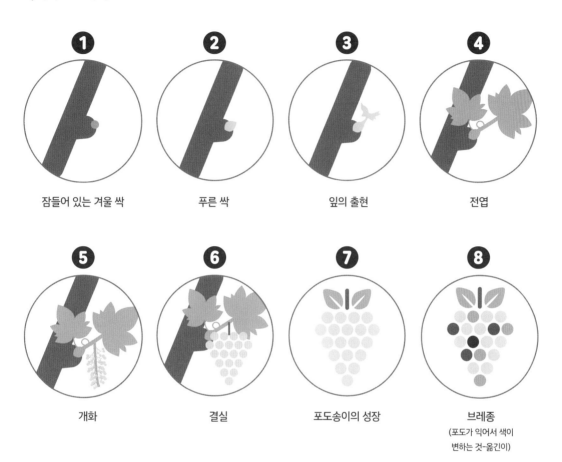

1. 잠들어 있는 겨울 싹
2. 푸른 싹
3. 잎의 출현
4. 전엽
5. 개화
6. 결실
7. 포도송이의 성장
8. 브레종
(포도가 익어서 색이
변하는 것-옮긴이)

9. 성숙

포도나무의 사계절

포도나무는 재배가 까다로워 손이 많이 가고 여린 식물이기도 하다. 그러므로 건강하고 농축된 포도를 적정한 양으로 생산하기 위해, 즉 생산량을 제어해 희석된 와인의 생산을 최소화하기 위해서는 1년 내내 지속적인 관심과 주의가 필요하다. 모든 포도나무 작업과 토양 작업의 목적은 포도나무 주기의 절정기라 할 수 있는 수확 시기에 포도나무가 최상의 상태가 되도록 만드는 것이다.

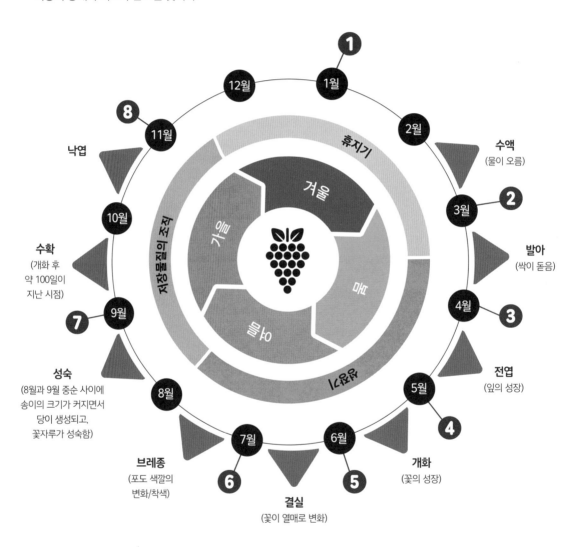

포도밭 작업

1 | 1~2월

겨울 가지치기로 죽은 나뭇가지를 쳐낸다.

2 | 3월

가지유도 강화는 나무기둥 사이에 수평으로 쳐진 쇠줄에 포도나무의 잔가지를 고정하는 것을 말한다. 이러한 작업은 포도나무 열 사이에서 작업하는 것을 수월하게 하고, 포도가 태양에 잘 노출되도록 한다.

3 | 4월

보르도액 살포 시작. 보르도액(황산구리와 석회의 혼합액-옮긴이) 살포는 질병으로부터 포도나무를 보호하고 병충을 없애거나 물리친다. 보르도액의 활성기간이 제한적이기 때문에 와인메이커는 1년에 평균 5회 살포한다. 와인메이커에 따라 트랙터로 살포하거나 작업자가 직접 살포기를 등에 싣고 살포하거나 헬리콥터를 이용하기도 한다.

4 | 5월

토양 작업이 시작된다. 제초제 사용을 줄이기 위해 포도나무 아랫부분 둘레의 잡초를 제거한다. 하지만 토양 안정의 핵심이라고 할 수 있는 생물다양성을 위해 잡초를 그대로 두는 포도나무 열(혹은 2열 중 1열)도 있다. 화학적 제초제는 토양을 척박하게 만들고 원하는 와인 맛을 낼 수 없게 한다.

5 | 6월

두목 작업과 전정은 포도송이의 일조량을 높이기 위해 포도나무 열의 위와 옆에 난 잎들을 쳐내는 작업이다.

6 | 7월

그린 하베스트(임의 선택적) 포도송이를 솎아냄으로써 포도나무의 모든 작용이 남은 포도송이에 집중되도록 하고 수확량을 제한하는 작업을 진행한다.

7 | 9월

수확의 시기다.

8 | 10~11월

지하 저장실 작업이 중요해진다. 포도밭에서는 토양의 개량(비료)과 가지유도를 확인하는 작업만 한다.

가지치기를 하는 이유

포도나무는 힘차게 자라는 칡의 일종이다. 가지치기를 하지 않은 포도나무는 열매가 아닌 가지와 잎을 자라게 하는데 지나치게 많은 에너지를 소비한다. 다시 말해 질 좋은 와인을 만드는 데 전혀 도움이 안 되는 신맛 나는 작은 포도만 많이 맺게 되는 것이다. 그렇기 때문에 포도나무가 포도를 맺는 데만 최선을 다할 수 있도록 반드시 가지치기를 해주어야 한다.

겨울 가지치기(1~3월)는 다음과 같은 역할을 한다

- 죽은 나뭇가지 제거
- 포도나무의 밑동을 형성
- 포도나무의 한 해 성장을 억제
- 포도나무가 적은 수의 최상의 포도를 맺을 수 있도록 수확량을 제한

가지치기를 하는 방법

❶

전지가위를 이용해 손으로
가지치기를 한다.
포도밭 작업 가운데
가장 힘든 작업이다.

❷

잘라낸 포도나무 가지를
그 자리에서 태우기도 한다.
죽은 나뭇가지는 병에
걸렸을 수도 있는데,
이러한 질병이 퍼지는 것을
막아야 하기 때문이다.

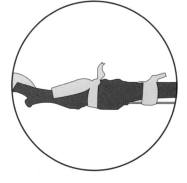

❸

가지치기를 한 후 와인메이커는
가지묶기 작업을 한다.
가지를 위 유인선에 걸쳐
아래로 꺾은 후 아래 유인선에
종이나 생분해성 소재로 감싼
철사를 이용해 묶어주는 작업이다.

다양한 가지치기

와인메이커는 테루아와 품종에 따라 가장 적합한 가지치기를 선택한다.

고블레식 가지치기

원리 : 밑동이 짧고 뿔 모양의 원가지 끝이 2~3개의 곁가지로 끝나는 모양으로 치는 짧은 가지치기다. (이전 해의 가지로 가지치기해야 하는 가지에 해당하는) 곁가지에는 2~3개의 눈이 남는다.

👍 **장점**
가지유도를 하지 않아도 되고 바람에 강하다. 포도가 땅과 가깝기 때문에 조기에 성숙한다.

👎 **단점**
기계화에 적합하지 않다.

▶ 고블레식 가지치기는 론 밸리, 랑그도크루시용, 보졸레에서 실시하는 방식이며 무드베드르, 그르나슈, 시라, 가메 품종에 적합하다.

코르동 드 루아야식 가지치기

원리 : 골조를 이루는 하나의 긴 나무 모양으로 치는 짧은 가지치기다.

철사

최대 0.6m

👍 **장점**
기계식 작업에 가장 알맞은 가지치기다. 포도들이 모두 같은 높이에 있고 동일하게 햇빛에 노출되기 때문에 고르게 성숙한다.

👎 **단점**
가지유도가 필수다.

▶ 샹파뉴, 부르고뉴에서 실시하는 방식이며 샤르도네, 피노 누아 품종에 적합하다.

귀요식 가지치기(단순 방식, 이중 방식)

원리 : 1개의 수직 몸통에 짧게 자른 가지 1~2개 혹은 비대칭의 짧은 가지를 가진 나무 모양으로 치는 긴 가지치기다.

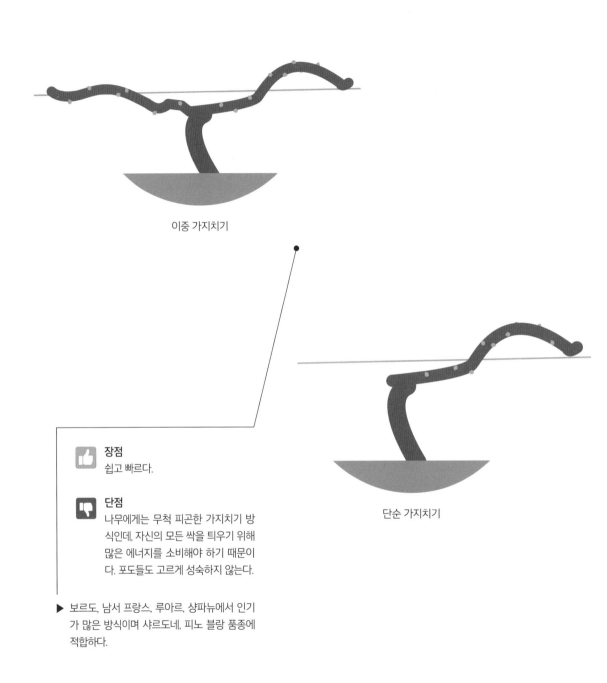

이중 가지치기

단순 가지치기

장점
쉽고 빠르다.

단점
나무에게는 무척 피곤한 가지치기 방식인데, 자신의 모든 싹을 틔우기 위해 많은 에너지를 소비해야 하기 때문이다. 포도들도 고르게 성숙하지 않는다.

▶ 보르도, 남서 프랑스, 루아르, 샹파뉴에서 인기가 많은 방식이며 샤르도네, 피노 블랑 품종에 적합하다.

연약한 포도나무는 어떻게 보호할까?

포도나무는 질병과 기생충, 파괴자들에게 지속적으로 노출되는 연약한 식물이다. 어떤 위협이 있는지 알아보자.

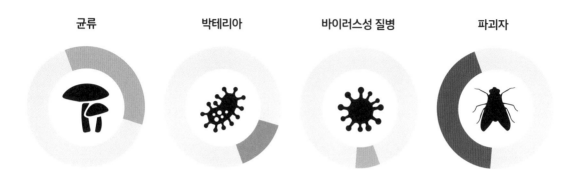

균류　　　　박테리아　　　　바이러스성 질병　　　　파괴자

노균병

포도나무의 최악의 적이다! 봄이나 여름, 특히 비가 많이 오고 더운 봄이나 여름에 주로 발생한다. 수확량과 와인의 질에 악영향을 미친다.

처리

유황이 첨가된 보르도액(물과 황산구리, 석회를 섞은 용액)이 효과적이다.

잿빛곰팡이병

습기가 많은 곳에서 자라는 보트리티스 시네레아균에 의해 발생한다. 이 균은 포도를 갈색으로 변색시키고 메마르게 한다. 하지만 일부 질 좋은 화이트 와인을 만들게 하는 귀부병의 원인이 되기도 한다.

흰가루병

이 균류는 포도나무의 광합성을 방해해 당 생성을 막는다. 노균병과 같은 결과를 가져온다.

처리

보르도액이 효과적이다.

검은마름병

이 균류는 포도나무의 모든 기관을 손상시킨다. 이 병에 걸릴 경우 수확량의 80%를 잃을 수도 있다. 와인에 썩은 과일 향과 메마른 타닌 맛을 낸다.

처리

항-검은마름병 기능이 있는 항-노균병, 항-흰가루병 제품으로 여러 질병을 한 번에 퇴치할 수 있다.

ESCA
포도나무를 고사시키는 다수의 균류에 의해 발생한다.

처리

뽑아버려야 한다.

피어스병
포도피어스병균이라는 박테리아에 의해 발생하는 피어스병은 포도나무를 죽게 한다. 이 병은 특정 해충을 매개로 퍼진다.

처리

효과적인 방법은 아직 알려져 있지 않다.

포도황화병
20세기 초 우연히 북미에서 유입된 매미충에 의해 전염된다. 이 질병에 걸린 포도나무는 결국 죽게 된다.

- 이 질병의 증상이 발견되면 즉시 행정 당국에 알려야 하며, 질병에 걸린 나무나 (전염이 심할 경우) 구획 전체의 나무를 뽑아야(그리고 그 자리에서 태워야) 한다.

처리

살충제 사용이 의무지만 이는 유기농에 문제가 되기도 한다.

부채잎모자이크병
이 바이러스성 질병에 걸린 경우 구획 전체를 조기에 뽑을 수밖에 없다. 바이러스는 식물 재료나 포도나무의 뿌리를 찔러 바이러스를 옮기는 선충류에 의해 전염된다.

처리

어떠한 치료법도 없다. 나무를 뽑기 전에 그루터기가 제거되고 와인메이커는 질병에 걸렸던 구획을 7년에서 10년 동안 쉬게 두었다가 다시 나무를 심어야 한다.

명충나방
이 나방의 애벌레는 포도밭을 파괴하는 주범 중 하나로 지속적인 감시와 관리가 필요하다.

처리

겨울이 끝날 무렵에는 유충 살충제, 봄에는 애벌레 살충제를 뿌린다.

진드기
잎을 갉아먹어 광합성을 방해한다.

처리

화학적 혹은 생물학적(진드기의 천적이나 이리응애를 이식) 방법이 효과적이다.

매미충
이 곤충은 포도나무 잎 위에 잎을 고사시키는 유충을 낳는다. 매미충은 잎맥과 조직에 뾰족한 주둥이를 꽂아 수액을 빨아먹는다.

처리

엄격한 의미의 생물학적 방법은 없다. 말벌이나 막시류 곤충 같은 천적을 이용할 수 있다. 매미충 피해를 입은 나무는 가지를 쳐내고 쳐낸 가지는 태워야 한다.

필록세라

북미에서 우연히 유입된 이 파괴자는 19세기 말 유럽 포도밭 대부분을 파괴했다(34쪽 참조). 이 때문에 포도나무를 모두 뽑고 필록세라에 저항력이 있는 미국산 대목을 이용하게 되었다. 토양 안에 사는 필록세라는 접붙이기를 하지 않은 나무의 뿌리와 밑동을 공격한다.

처리

화학적 방법(이황화탄소를 이용)은 까다로우면서도 필록세라를 완전히 사멸시키지 못하고 퍼지는 것을 늦추기만 할 뿐이다.

가장 좋은 방법은 포도밭에 접붙이기를 한 묘목을 다시 심는 것이다. 미국에서 발견된 자연적으로 필록세라에 면역력이 있는 품종을 땅속에 심고(대목) 기존 유럽 품종의 눈(가지와 잎, 포도가 맺히는 부분)을 접붙이는 것이다.

필록세라가 모래에서는 자신이 살 지하 통로를 팔 수 없기 때문에 모래가 많은 토양에 심은 포도나무는 필록세라의 공격을 받지 않는다. 그렇기 때문에 이 포도나무들은 접붙이기를 하지 않아도 된다.

포도나무 유충

포도나방, 코킬리스라고 부른다. 이 벌레들의 유충은 무엇보다도 잿빛곰팡이 부패를 발생시켜 포도나무에 막대한 피해를 입힌다.

처리

알과 유충에 살충제를 뿌린다. 유기살충제(박테리아)도 있다.

섹슈얼 컨퓨전(sexual confusion) 기술은 스프링클러로 공기 중에 성페로몬을 살포하는 방법이다. 이렇게 성페로몬을 살포하면 암컷과 수컷이 가까워지는 것을 막을 수 있다.

벗초파리

아시아에서 유입된 벗초파리는 2010년부터 프랑스에서 발견되고 있다. 벗초파리는 열매 안에 알을 낳아 포도 자체를 황폐화시키는 특징이 있다. 2014년 9월 남서 프랑스 지방에서도 처음 발견되었다.

처리

아직까지 효과적인 방법은 밝혀지지 않았다. 현재 살충제와 벗초파리를 쫓는 약품을 시도하고 있다.

와인 센스

아주 오래된 위협이 있는가 하면 최근 나타난 위협도 있다. 확실한 것은 세계적 교류로 인해 전파가 더욱 용이해져 이러한 위협 또한 더 커질 것이라는 점이다. 그렇기 때문에 와인메이커는 이러한 위협을 피할 수 있는 방법과 치료법을 끊임없이 찾아내야 할 수밖에 없다.

포도 품종

세파주… 방금 세파주라고 했나요?

도대체 세파주가 무엇일까?

세파주는 포도의 품종을 말한다. 사과, 배의 품종이 있듯이 포도도 품종이 있다. 각각의 품종은 고유한 특성이 있다.

포도 품종을 구분하는 요소들

외형
- 포도의 색깔 : 황록색부터 거의 검정에 가까운 색까지
- 과육의 색깔
- 송이의 모양 : 포도가 서로 비슷하면 비슷할수록 질병에 민감하다.
- 잎과 가지의 형태
- 포도의 크기 : 포도가 클수록 과즙을 많이 낸다.
- 껍질의 두께 : 껍질이 두꺼운 포도는 껍질이 얇은 포도에 비해 타닌이 많다.

맛
- 아로마의 강도 : 아로마가 강한 품종(뮈스카)이 있는가 하면 맛에 큰 특징이 없는 품종(트레비아노)도 있다.
- 당도와 산도의 균형
- 풍미의 복합성

질병과 해충에 대한 저항력

성숙 시기
- 빠르게 성숙하는 품종이 있는가 하면, 느리게 성숙하는 품종도 있다.

기후 적응력
- 샤르도네처럼 다양한 기후에 적응하는 품종이 있는가 하면, 특정 지역의 기후에만 적응하는 품종도 있다.

왜 서로 다른 품종인가?

각각의 품종은 자신을 최고로 만들기 위해 선호하는 토양과 기후가 있다. 같은 품종이라도 기후가 다른 지역에 심으면 전혀 다른 와인이 만들어진다.

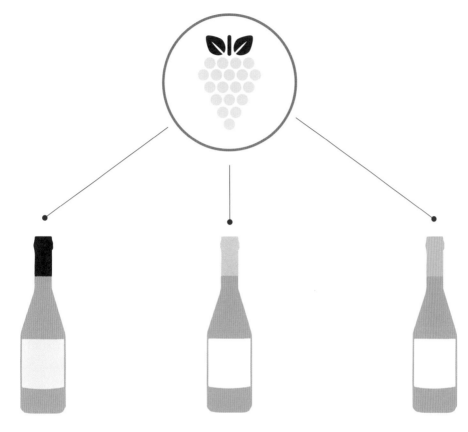

**샤블리(부르고뉴 북부)의
샤르도네**

사과와 배, 감귤류, 리치,
부싯돌 아로마가 두드러지는
드라이한 화이트 와인.

**샤라뉴 몽라쉐
(부르고뉴 코트도르 남부)의
샤르도네**

입 안이 묵직해지는 드라이한
화이트 와인으로 복숭아,
감귤류, 버터 노트가 느껴진다.

**남아프리카공화국의
샤르도네**

입 안에서 묵직함이 느껴지며
알코올은 강하고 중간 정도 산도의
드라이한 화이트 와인이다.
파인애플, 망고, 신선한 무화과,
코코넛 아로마가 두드러진다.

알고 있었나요?

 포도품종학이란 포도의 품종을 연구하는 학문이다.

어떤 품종은 그저 과일로만 섭취해야 한다. '식용 포도'라고 하며 이러한 포도는 와인을 만들려고 해도 제대로 발효가 되지 않고 아로마의 섬세함도 없다.

와인 양조에 적합한 품종은 따로 있다. '양조용 포도'라고 하며 시라, 슈냉, 샤르도네, 피노 누아, 메를로 등이 여기에 해당한다. 식용과 와인 양조가 동시에 가능한 품종(뮈스카를 예로 들 수 있다.)은 거의 없다.

전 세계 여러 지역에 심을 수 있는 품종도 있는데, 이 품종들은 '국제품종'이 된다.

반면 특정한 테루아에만 적응하거나 많은 사람의 합의를 이끌어내기 어려운 개성 강한 맛으로 그 지역에만 있을 수밖에 없는 품종도 있다. 지역품종 혹은 토착품종이라고 하며 그 수 또한 엄청나다. 예를 들어 남서 프랑스에서는 120개의 토착품종이 집계되었다. 아뤼피악, 바로크, 랑 드 레 혹은 프티 쿠르뷔라고 부른다.

생산력이 더 강하거나 유행하는 품종과의 경쟁에서 밀려나 매우 희귀해졌다가 재발견되는 품종도 있다. 이를 잊힌 품종 혹은 수수한 품종이라고 한다.

알고 있었나요?

특정 국가 혹은 지역에서는 같은 품종이 다른 이름으로 불리기도 한다. 프랑스를 예로 들자면, 남서 프랑스에서는 말벡 품종을 말벡이라고 하지만 루아르 포도밭에서는 코(côt)라고 한다. 프랑스에서 위니 블랑이라고 하는 품종을 이탈리아에서는 트레비아노라고 한다.

포도 품종과 포도의 색깔

포도껍질의 색에 따라 포도를 레드 와인 품종(주로 레드 와인과 로제 와인을 만든다.)과 화이트 와인 품종(화이트 와인을 만든다.), 회색 품종(노란색, 분홍색을 띠는 포도로 화이트 와인이나 로제 와인을 만든다.)으로 분류한다.

발견된 1만 개 품종 중 1,200여 개의 품종이 세계에서 와인 양조에 사용되고 있지만 몇몇 품종만이 재배면적의 대부분을 차지하고 있다. 프랑스에서는 200종이 넘는 품종이 재배되고 있다.

세계에서 가장 많이 재배되는 품종 Top 10

1 카베르네 소비뇽
2 메를로
3 템프라니요
4 아이렌
5 샤르도네
6 시라
7 그르나슈 누아
8 소비뇽 블랑
9 트레비아노 토스카노
10 피노 누아

프랑스에서 가장 많이 재배되는 품종 Top 10

1 메를로
2 위니 블랑
3 그르나슈 누아
4 시라
5 샤르도네
6 카베르네 소비뇽
7 카리냥 누아
8 카베르네 프랑
9 피노 누아
10 소비뇽 블랑

자료 : 국제와인기구(OIV) 2017년

국제품종(카베르네 소비뇽, 메를로, 리슬링, 샤르도네, 시라 등)과 반대로 한 국가나 지역 혹은 특정 테루아에서만 재배되는 조금 비밀스러운 품종(쥐라의 사바냥, 루아르 강 지역의 로모랑탱)도 있다.

이러한 다양성은 무척 중요하다. 그리고 와인메이커들이 오래된 품종을 다시 찾아 심고, 발견하는 기쁨과 새로운 감각이라는 선물을 주는 희귀한 품종만을 기준으로 와인을 판단하는 소비자가 전 세계적으로 늘어나면서 다양성의 가치가 점차 높아지고 있다.

프랑스의 주요 품종

5개 품종이 프랑스 포도나무의 절반을 차지한다.

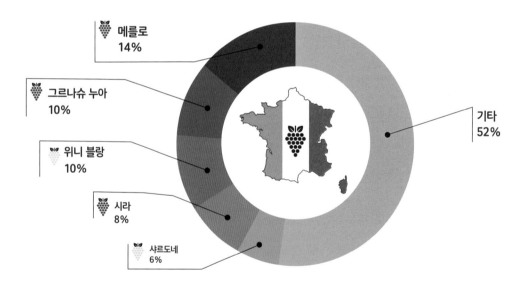

🍇 메를로
14%

🍇 그르나슈 누아
10%

🍇 위니 블랑
10%

🍇 시라
8%

🍇 샤르도네
6%

기타
52%

단일품종 와인 vs 블렌딩 와인

세계의 특급 와인들 중에는 단일품종으로 만든 와인 수만큼 많은 블렌딩 와인이 있다. 즉 단지 서로 다른 와인 철학이라고 할 수 있다. 품종 선택은 일반적으로 역사적 유산과도 같다고 할 수 있는데, 선조 와인메이커의 방식을 지키고자 하는 후세대의 선택에 달려 있기 때문이다.

단일품종 와인

단일품종 와인이란?
한 가지 품종만으로 만든 와인이다.

해당 지역은 어디일까?
부르고뉴, 보졸레, 알자스, 루아르,
론 밸리 북부 지역, 쥐라, 사부아

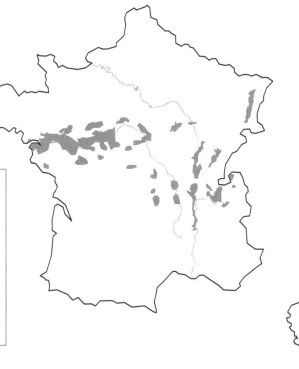

주의할 것!

하나의 포도 품종만 재배하는 지역도 있지만 다양한 품종을 재배하면서도 품종을 블렌딩하지 않고 단일품종 와인으로 만드는 지역도 있다. 즉 단일품종 와인을 만드는 지역이라고 해서 반드시 하나의 품종만 재배하는 지역은 아니라는 것이다.

단일품종으로 만드는 목적은 무엇일까?
특정한 테루아에서 한 품종의 최고치를 표현해내고자 하는 것이다. 단일품종으로 만든 와인은 와인 빈티지의 개성이 더욱 뚜렷하게 드러난다. 모든 음계, 오직 음계만을 담고 있는 단일 악기를 위한 협주곡을 상상해보면 쉽게 이해할 수 있을 것이다.

블렌딩 와인

블렌딩 와인이란?

여러 품종으로 만든 와인, 즉 여러 품종을 '아상블라주(assemblage, 블렌딩)'해 만든 와인이다. 대부분 품종별(다른 구획에서 생산한 각각의 품종)로 와인을 따로 만들고 양조 과정의 마지막에 가서 블렌딩한다.

해당 지역은 어디일까?

보르도, 남서 프랑스, 랑그도크루시용,
샹파뉴, 프로방스, 코르시카,
론 밸리 남부 지역

블렌딩을 하는 목적은 무엇일까?

가볍거나 까다로운 품종, 원만하거나 거친 품종들의 보완성을 조절해 균형을 이뤄내는 것이다. 와인메이커는 각각의 와인 빈티지에 맞추어 블렌딩을 변화시키거나 창조할 수 있다. 블렌딩을 하면 각 품종의 아로마와 개성이 더해져 표현력이 더욱 풍부해지기 때문에 와인에 복합미를 더한다. 메독 지역의 카베르네 소비뇽은 강하고 복잡한 와인을 만든다. 그런데 메를로와 블렌딩하면 입 안에서는 좀 더 원만하고 카베르네 소비뇽만으로 만들었을 때 필요한 숙성기간을 거치지 않아도 마실 수 있는 와인이 된다. 각각의 악기(품종)가 각자의 파트를 연주해 전체적인 하모니를 이루어내는 오케스트라 교향곡을 상상하면 쉽게 이해할 수 있을 것이다.

와인 센스

와인메이커가 단일품종 와인을 만들 것인지, 블렌딩 와인을 만들 것인지 선택할 수 있는 경우는 매우 드물다. 원산지 통제 명칭의 규정서(AOC 규정)가 누가 무엇을 만들지 규정한다. 반면, 규정서가 블렌딩을 허용하는 곳에서 와인메이커는 자신이 소유한 포도나무와 원하는 와인의 스타일에 따라 허용되는 최대 품종보다 좀 더 제한적인 수의 품종을 재배하거나 블렌딩할 수 있다.

예를 들어 샤토뇌프 뒤 파프 AOC는 허용 품종 수에서 기록을 보유하고 있다. 최종으로 만들어지는 와인은 레드 와인임에도 13개의 레드 와인, 화이트 와인 품종이 허용되는 것이다. 그런데도 샤토뇌프 뒤 파프에서 이렇게 많은 수의 품종을 다루는 도멘은 거의 없다. 대부분이 3~4가지 품종으로 블렌딩하는 데 그친다.

생산량이란 무엇일까?

포도 재배에 있어서 생산량이란 일정한 면적에서 생산되는 와인의 양을 가리킨다. 프랑스에서 수확량은 헥타르(ha)당 생산되는 헥토리터(hL)로 표현된다(헥타르당 생산되는 킬로그램으로 표현하는 샹파뉴는 예외).

포도의 수확량과 와인의 품질은 어떤 관계일까?

생산량이 많으면 포도의 과즙이 희석되어 대체로 농축이 약하고 상대적으로 품질이 떨어지는 와인이 만들어진다. 하지만 이것도 와인의 타입에 따라 달라진다. 샹파뉴는 생산량이 많지만 그렇다고 해서 이 지역 와인의 품질이 떨어지는 것은 아니기 때문이다.

프랑스에서 허용되는 최대 생산량

뱅 드 프랑스 등급 와인 : 90hL/ha. ha당 9,000L, 즉 750mL 와인 1만 2,000병에 해당한다.

IGP 등급 와인 : 80hL/ha. ha당 약 1만 600병에 해당한다.

AOC 등급 와인 : 35hL/ha(샤토뇌프 뒤 파프)와 60hL/ha(샤블리) 사이로 평균 45~50 hL/ha, 즉 ha당 6,000병에서 6,700병에 해당한다.

생산량에 영향을 미치는 요소들

와인메이커는 생산량에 영향을 미치는 자연적 요소에 적응해야 한다

기후

그해 날씨의 영향

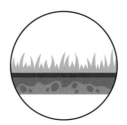
토양의 유형

질병 여부

와인메이커가 장기적 안목으로 결정하는 요소

심은 포도 품종

품종의 특성상 다른 품종보다 수확량이 높은 품종이 있다.

식재밀도(ha당 포도나무 수를 가리킨다.-옮긴이)

AOC에 따라 ha당 포도나무의 수는 3,000그루에서 1만 그루까지 달라진다. 식재밀도가 높아지면 수자원을 두고 나무들 사이에 경쟁이 생기고, 이로 인해 나무는 수확량을 줄이고 미네랄을 얻기 위해 더욱 깊게 뿌리를 내리게 된다.

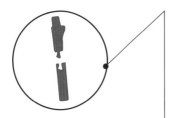

접붙이기

필록세라에 저항할 수 있도록 포도나무에 접붙이기를 하면 뿌리를 내리는 밑동의 품종은 본래의 수확량 특성을 간직하는데, 이러한 특성은 접붙여지는 품종의 특성과 상호작용한다.

나무의 수령

나무의 수령이 오래되었을수록 적은 양이지만 품질이 더 좋은 포도를 맺는다.

와인메이커가 당해에 결정하는 요소

겨울 가지치기

불필요한 싹을 쳐내는 겨울 가지치기를 해주면 제한된 수의 포도송이에 당이 농축되어 포도의 품질이 높아진다.

그린 하베스트

7월에 푸른색 포도송이를 떨어뜨려 남아 있는 포도송이에 나무의 에너지를 집중시킨다.

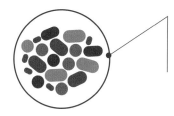

필요할 경우 비료 첨가

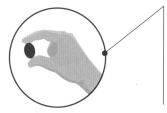

수확 시 포도 선별하기

까다로운 와인메이커가 최고의 열매만을 선별하면 포도밭의 수확량은 그만큼 줄어든다.

와인 센스

- 1hL(1헥토리터) = 100L = 750mL 와인 133병
- 1ha(1헥타르) = 10,000m²

와인의 나라, 프랑스

프랑스 각각의 포도 산지에서 재배되는 풍부하고 다양한 포도 품종에 대해 알아보자.

프랑스의 포도 재배면적은 76만 ha에 달하며, 연간 약 60억 병의 와인이 생산된다.

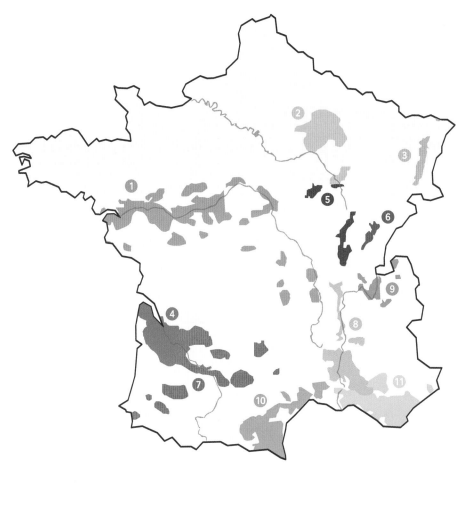

① 루아르 밸리	⑤ 부르고뉴	⑨ 사부아
② 샹파뉴	⑥ 쥐라	⑩ 랑그도크루시용
③ 알자스	⑦ 남서 프랑스	⑪ 프로방스
④ 보르도	⑧ 론 밸리	⑫ 코르시카

① 루아르 밸리의 주요 품종
- 피노 누아
- 가메
- 카베르네 소비뇽
- 그롤로
- 믈롱
- 그로 플랑
- 슈냉
- 소비뇽

② 샹파뉴의 주요 품종
- 피노 누아
- 뫼니에
- 샤르도네

③ 알자스의 주요 품종
- 피노 누아
- 리슬링
- 실바네르
- 게뷔르츠트라미너
- 피노 블랑
- 뮈스카

④ 보르도의 주요 품종
- 메를로
- 카베르네 프랑
- 카베르네 소비뇽
- 소비뇽
- 세미용

⑤ 부르고뉴의 주요 품종
- 피노 누아
- 가메
- 샤르도네
- 알리고테

⑥ 쥐라의 주요 품종
- 풀사르
- 트루소
- 피노 누아
- 샤르도네
- 사바냉

⑦ 남서 프랑스의 주요 품종
- 메를로
- 카베르네 소비뇽
- 카베르네 프랑
- 말벡
- 타나
- 세미용
- 뮈스카델
- 위니 블랑
- 소비뇽
- 프티 망상
- 그로 망상

⑧ 론 밸리의 주요 품종
- 시라
- 무르베드르
- 그르나슈
- 카리냥
- 생소
- 비오니에
- 샤르도네

⑨ 사부아의 주요 품종
- 몽되즈
- 피노 누아
- 가메
- 자케르
- 알테스
- 루산

⑩ 랑그도크루시용의 주요 품종
- 카리냥
- 카베르네 소비뇽
- 생소
- 그르나슈
- 무르베드르
- 시라
- 부르불랑
- 샤르도네
- 슈냉
- 마르산
- 루산

⑪ 프로방스의 주요 품종
- 그르나슈
- 생소
- 카리냥
- 무르베드르
- 시라
- 롤
- 위니 블랑

⑫ 코르시카의 주요 품종
- 니엘루치오
- 시아카렐로
- 시라
- 그르나슈
- 베르멘티노
- 뮈스카 아 프티 그랭

- 레드 와인 품종   • 화이트 와인 품종

주요 레드 와인 품종

카베르네 프랑

블렌딩 와인에서 비중이 약하지만(보르도에서처럼) 놀라울 정도로 훌륭하게 무르익는 루아르 밸리에서는 주인공을 맡는다. 카베르네 프랑은 자갈이 많은 점토질 석회석처럼 뜨거운 토양을 좋아한다.

| 와인 타입

- 레드 와인 혹은 스틸 로제 와인(세크 혹은 드미 세크)
- 일반적으로 유연하고, 생과일 향이 나고 가벼우며 가끔 단단한 타닌이 느껴진다.

| 프랑스 지역

- 블렌딩 : 보르도, 랑그도크, 남서 프랑스
- 단일품종 : 루아르

| 대표 AOC

- 레드 와인 : 부르괴이유, 생 니콜라 드 부르괴이유, 쉬농, 앙주, 투렌, 소뮈르 샹피니, 생 테밀리옹, 메독, 생 쥘리앵, 마르고, 뷔제, 코트 드 뒤라, 페샤르망
- 로제 와인 : 카베르네 당주, 생 니콜라 드 부르괴이유, 쉬농

| 프랑스 이외 지역

이탈리아(롬바르디, 베네토, 프리울리), 아르헨티나, 남아프리카공화국, 오스트레일리아, 칠레, 스페인, 미국(캘리포니아, 워싱턴, 뉴욕), 뉴질랜드

| 프로파일

(1부터 5단계. Al : 알코올 - Ac : 산도 - F : 과일 - T : 타닌)

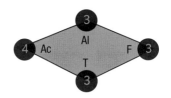

| 아로마

붉은 고추, 딸기, 라즈베리, 제비꽃, 블랙커런트, 감초

| 음식 페어링

레드 와인과 함께 : 가금류와 샤퀴트리
로제 와인과 함께 : 구운 생선과 샤퀴트리

카베르네 소비뇽

세계에서 가장 널리 재배되는 품종으로 보르도 지방 메독과 그라브 와인의 왕이라고 일컬어진다. 메독의 재식품종에서 카베르네 소비뇽의 비율은 75%에 이른다. 이 품종은 자갈이 많은 뜨거운 토양에서 특히 잘 자란다.

| 와인 타입

- 레드 와인 혹은 스틸 로제 와인
- 일반적으로 타닌이 풍부하고 강하며 여러 해 동안 숙성시켜야 절정기에 달한다.
- 프랑스에서는 대부분 블렌딩에 있어 주류 품종에 속한다.
- 프랑스 이외 지역에서는 블렌딩할 경우도 있고 단일품종으로 만들 때도 있다.

| 프랑스 지역

보르도(메독, 그라브), 남서 프랑스, 랑그도크, 프로방스, 루아르

| 대표 AOC

메독, 포이약, 생 테스테프, 마고, 생 쥘리앵, 리스트락 메독, 물리 앙 메독, 페삭 레오냥, 그라브, 베르주라크, 뷔제, 코트 드 프로방스, 코토 덱상 프로방스, 앙주, 부르괴이유, 쉬농, 투렌

| 프랑스 이외 지역

아르헨티나, 오스트레일리아, 칠레, 남아프리카공화국, 스페인, 중국, 캘리포니아, 워싱턴, 버지니아, 이탈리아, 뉴질랜드

| 프로파일

(1부터 5단계. Al : 알코올 - Ac : 산도 - F : 과일 - T : 타닌)

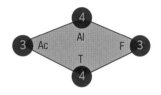

| 아로마

블랙커런트, 서양 삼나무, 초콜릿, 고추, 민트, 순한 담뱃잎

| 음식 페어링

레드 와인과 함께 : 고기류(송아지고기, 소고기, 양고기, 돼지고기), 버섯, 다크 초콜릿

알고 있었나요?

 카베르네 소비뇽은 풍부한 타닌과 오랫동안 숙성할 수 있는 와인을 만드는 역량 덕분에 보르도 특유의 블렌딩에서 중추적 역할을 한다. 메를로와 카베르네 프랑은 과일 향과 보디감을 더해 와인에 맛깔스러움을 부여한다. 프티 베르도를 사용하면 색이 두드러지고 와인이 한층 산뜻해진다.

카리냥

랑그도크 지방에서 주로 재배되며 원산지는 스페인이다. 거친 특징이 있고 기름지지 않은 토양과 건조하고 따뜻한 기후를 선호한다. 카리냥으로 만든 와인은 알코올이 풍부해 강력하다.

| 와인 타입

- 레드 와인 혹은 스틸 로제 와인
- 반드시 블렌딩한다. 주로 그르나슈와 블렌딩한다.

| 프랑스 지역

랑그도크루시용, 프로방스, 코르시카

| 대표 AOC

코스티에르 드 님, 포제르, 미네르부아, 피투, 생 쉬니앙, 코르비에르, 코트 뒤 루시용, 코트 드 프로방스

| 프랑스 이외 지역

스페인, 아르헨티나, 칠레, 남아프리카공화국, 이탈리아, 오스트레일리아, 우루과이

| 프로파일

(1부터 5단계. Al : 알코올 - Ac : 산도 - F : 과일 - T : 타닌)

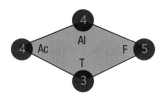

| 아로마

무화과, 말린 자두, 크랜베리, 체리, 블랙베리, 가리그 (지중해 지역의 석회질 토양에서 자라는 덤불숲-옮긴이), 감초, 향신료, 고추, 제비꽃

| 음식 페어링

풍부한 소스를 곁들인 고기, 지비에(gibier, 사냥으로 잡은 야생짐승의 고기-옮긴이)

알고 있었나요?

대량 생산되는 질 낮은 와인의 품종으로 알려진 카리냥은 시간이 지남에 따라 재배면적이 줄어들었다. 하지만 최근 자신의 자리를 되찾기 시작했다. 카리냥의 경우 특히 메마르고 건조한 경작지의 수확량이 적은 늙은 나무에서 재배될 경우 훌륭한 품질의 와인을 만들 수 있음이 입증되면서 다시금 인정받기 시작한 덕분이다.

생소

프로방스에서 태어난 것으로 추정하고 있는 생소는 흰색 과육에 알맹이가 굵은 적포도 품종으로 햇볕이 풍부하고 건조한 기후와 메마른 땅을 좋아한다. 생소로 만든 와인은 산미와 알코올이 거의 없고 색이 연하기 때문에 오픈 후 금방 마실 와인을 블렌딩하는 데 안성맞춤이다.

| 와인 타입

- 레드 와인 혹은 스틸 로제 와인
- 거의 모든 경우 시라와 그르나슈, 카리냥과 블렌딩한다.

| 프랑스 지역

랑그도크, 남부 론, 프로방스

| 대표 AOC

미네르부아, 코르비에르, 샤토뇌프 뒤 파프, 코트 뒤 론, 코트 드 프로방스, 리락, 타벨

| 프랑스 이외 지역

스페인, 남아프리카공화국, 아르헨티나, 칠레, 이탈리아

| 프로파일

(1부터 5단계. Al : 알코올 - Ac : 산도 - F : 과일 - T : 타닌)

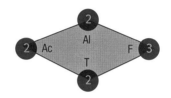

| 아로마

라즈베리, 아몬드, 헤이즐넛

| 음식 페어링

석쇠구이 생선, 샤퀴트리, 구이 요리

가메

성장이 빠른 품종인 가메는 주로 보졸레 지방에서 단일품종으로 재배되며
북방 산악 기후를 좋아한다. 와인은 타닌이 적고 산미가 훌륭해서 산뜻하
면서도 과일 향이 풍부하고 가볍다.

| 와인 타입

- 레드 와인 혹은 스틸 로제 와인
- 단일품종으로 만든다.

| 프랑스 지역

보졸레, 부르고뉴, 루아르, 남서 프랑스

| 대표 AOC

보졸레, 보졸레 빌라주, 생 타무르, 쥘리에나, 쉐나,
물랭 아 방, 플뢰리, 시루블, 모르공, 레니에, 코트 드
브루이, 브루이, 부르고뉴 파스 투 그랭, 투렌, 가이
약, 코트 로아네즈

| 프랑스 이외 지역

스위스, 남아프리카공화국, 브라질, 불가리아, 캐나
다, 캘리포니아, 인도

| 프로파일

(1부터 5단계. Al : 알코올 - Ac : 산도 - F : 과일 - T : 타닌)

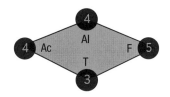

| 아로마

딸기, 라즈베리, 감초 사탕

| 음식 페어링

샤퀴트리, 그릴에 구운 고기 혹은 생선

그르나슈

따뜻하고 건조하며 햇볕이 풍부한 기후에서 무르익는 품종으로 원산지는 스페인이다(스페인어로는 가르나차(garnacha)). 알코올이 풍부하면서도 향기롭고 그윽한 고급 품질의 와인을 만든다.

| 와인 타입

- 레드 와인 혹은 스틸 로제 와인
- 뱅 두 나튀렐
- 단일품종으로 만들거나 시라 혹은 무르베드르와 블렌딩한다.

| 프랑스 지역

남부 론, 프로방스, 랑그도크루시용

| 대표 AOC

샤토뇌프 뒤 파프, 코트 뒤 론, 지공다스, 코트 드 프로방스, 코토 뒤 랑그도크, 바닐스, 모리, 라스토

| 프랑스 이외 지역

스페인, 오스트레일리아, 남아프리카공화국, 캘리포니아, 워싱턴, 이탈리아

| 프로파일

(1부터 5단계. Al : 알코올 - Ac : 산도 - F : 과일 - T : 타닌)

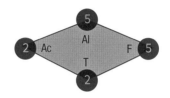

| 아로마

딸기, 향신료, 커피, 블랙베리, 후추, 말린 무화과

| 음식 페어링

굽거나 소스를 곁들인 가금류부터 털이 있는 수렵육, 소고기, 양고기까지 두루 어울린다.

알고 있었나요?

가르나차, 즉 그르나슈는 스페인에서 가장 많이 재배되는 품종으로 세계적으로 널리 재배되고 있으며, 특히 남아프리카공화국에서 인기가 많다. 이탈리아 사르데냐에서는 칸노나우(cannonau)로 불리는 그르나슈를 찾아볼 수 있다.

말벡

남서 프랑스 지방 카오르에서 '오세루아(auxerrois)', 투렌에서 '코트(cot)'라고 불리는 말벡은 타닌 성분과 향이 강한 약간은 거친 품종이다. 알코올과 타닌이 풍부하고 진하고 부드러운 와인을 만든다.

| 와인 타입

- 레드 와인 혹은 스틸 로제 와인
- 단일품종으로 만들거나(특히 프랑스 이외 지역) 카오르에서는 메를로나 타나와 블렌딩한다.

| 프랑스 지역

남서 프랑스, 보르도, 루아르, 랑그도크

| 대표 AOC

카오르, 베르주라크, 페샤르망, 코트 드 뒤라, 뷔제, 코트 뒤 프롱토네, 메독, 그라브, 생트 푸아 보르도, 코트 드 부르, 투렌

| 프랑스 이외 지역

아르헨티나, 오스트레일리아, 칠레, 스페인, 캘리포니아, 이탈리아, 뉴질랜드

| 프로파일

(1부터 5단계. Al : 알코올 - Ac : 산도 - F : 과일 - T : 타닌)

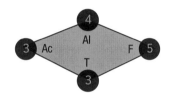

| 아로마

자두, 블랙체리, 가죽, 블루베리, 담뱃잎

| 음식 페어링

불이나 그릴에 구운 고기, 향신료가 들어간 요리, 샤퀴트리

알고 있었나요?

말벡에 대한 아르헨티나의 부성애가 카오르의 부성애를 압도해 일반인들에게는 아르헨티나가 말벡의 고향이라고 인식되는 바람에 카오르의 와인메이커들이 불리하게 되었다. 아르헨티나가 이 품종을 극도로 예찬했고, 현재 전 세계 말벡 재배의 70%를 차지하고 있는 것 또한 사실이다.

메를로

보르도에서 가장 많이 재배되는 품종으로 가론 강 서안(메독, 그라브)에서는 비주류지만 우안(포므롤, 생 테밀리옹)에서는 월등히 주류를 이룬다. 오랜 시간 숙성해야 하는 와인을 만들지만 카베르네 품종의 와인보다는 짧은 숙성기간에 마실 수 있다. 점토질의 차가운 토양을 특히 좋아한다. 재배가 비교적 쉬운 메를로는 세계에서 두 번째로 많이 재배되는 레드 와인 품종이다.

▎와인 타입

- 레드 와인 혹은 스틸 로제 와인
- 과일과 알코올이 풍부하지만 타닌은 부드럽다.

▎프랑스 지역

보르도, 남서 프랑스, 랑그도크루시용, 프로방스

▎대표 AOC

포므롤, 생 테밀리옹, 프롱삭, 카바르데

▎프랑스 이외 지역

뉴질랜드, 오스트레일리아, 이탈리아, 레바논, 남아프리카공화국, 아르헨티나, 브라질, 중국, 멕시코

▎프로파일

(1부터 5단계. Al : 알코올 - Ac : 산도 - F : 과일 - T : 타닌)

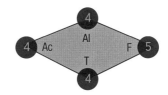

▎아로마

블랙체리, 블랙베리, 말린 자두, 가죽, 트러플, 제비꽃

▎음식 페어링

샤퀴트리, 소고기, 양고기, 오리고기, 버섯을 곁들인 가금류 요리

알고 있었나요?

프랑스에서 메를로 단일품종 AOC 와인은 거의 찾아볼 수 없다. 하지만 메를로가 왕으로 군림하는 포므롤에서는 세계에서 가장 유명하고 비싼 와인 중 하나를 찾을 수 있다. 바로 페트뤼스다. 입 안에서 느껴지는 감촉이 놀라울 정도로 부드러운 이 전설적인 와인은 꽤 독특한 테루아에서 태어났다고 할 수 있는데, 이곳의 포도나무가 푸른 점토성 언덕에서 자라기 때문이다.

무르베드르

무르베드르의 원산지이자 무르베드르를 모나스트렐(monastrell)이라고 부르는 스페인에서 이 품종은 두 번째로 많이 재배된다. 태양과 열기를 좋아하며 프랑스 남부의 간판 품종 중 하나이기도 하다. 과육과 타닌이 풍부한 와인을 만든다.

┃ 와인 타입

- 스틸 레드 와인
- 대부분 생소, 그르나슈와 블렌딩한다.

┃ 프랑스 지역

남부 론, 프로방스, 랑그도크루시용

┃ 대표 AOC

샤토뇌프 뒤 파프, 코트 뒤 론, 코트 뒤 뤼베롱, 코트 드 프로방스, 코토 바루아, 방돌, 코스티에르 드 님, 미네르부아, 콜리우르

┃ 프랑스 이외 지역

스페인, 캘리포니아, 우크라이나, 아제르바이잔, 오스트레일리아, 키프로스

┃ 프로파일

(1부터 5단계. Al : 알코올 - Ac : 산도 - F : 과일 - T : 타닌)

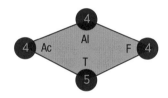

┃ 아로마

블랙 과일(블랙베리, 자두), 블루베리, 라스베리, 지비에, 향신료

┃ 음식 페어링

소스를 곁들인 식용 수렵육, 돼지고기 바비큐, 섬세한 허브를 곁들인 요리

알고 있었나요?

무르베드르의 출신은 여전히 미궁에 빠져 있다. 무르베드르는 본래 이름이 모르베드르였던 발렌시아 지방의 사군토에서 왔을 수도 있다. 오스트레일리아와 캘리포니아 그리고 카탈로니아에서도 무르베드르를 마타로(mataro)라고 부른다.

피노 누아

부르고뉴와 샹파뉴의 대귀족이기도 하지만 프랑스와 전 세계 여러 곳에서 재배된다. 서늘하고 온화한 기후와 석회질 토양에서 완벽하게 무르익는다.

| 와인 타입

- 레드 와인 혹은 스틸 로제 와인
- 스파클링 화이트 와인(샹파뉴)
- 단일품종으로 만들거나(부르고뉴, 알자스) 블렌딩한다 (샹파뉴).

| 프랑스 지역

부르고뉴, 샹파뉴, 루아르 중부

| 대표 AOC

샹파뉴, 모레 생 드니, 즈브레 샹베르탱, 마르사네, 샹 볼 뮈지니, 부조, 본 로마네, 뉘 생 조르주, 코르통, 포 마르, 볼네, 상세르

| 프랑스 이외 지역

남아프리카공화국, 오리건, 캘리포니아, 독일, 이탈리 아, 일본, 오스트리아, 아르헨티나

| 프로파일

(1부터 5단계. AI : 알코올 - Ac : 산도 - F : 과일 - T : 타닌)

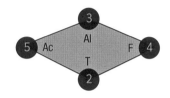

| 아로마

딸기, 크랜베리, 사워체리, 가죽, 트러플

| 음식 페어링

흰 살코기, 샤퀴트리, 깃털이 있는 수렵육

알고 있었나요?

피노 누아의 과육은 반투명하다. 그렇기 때문에 수확 후 빠른 속도로 압착하면 색이 없는 즙을 얻을 수 있다. 이 즙을 단일품종(블랑 드 누아) 혹은 샤르도네, 뫼니에와 블렌딩해 샴페인을 만든다.

시라

론 밸리의 대표 품종으로 이란의 도시 시라즈에서 태어났다고 추정되며, 칠레에서 오스트레일리아(쉬라즈라고 부른다.)까지 전 세계를 장악한 품종 가운데 하나다. 더운 기후를 좋아하는 시라로 만든 와인은 강렬하며 향신료 향이 진하고 무척 매력적이다. 타닌이 강하면서도 거칠지 않고 산도도 알맞은 시라 와인은 진하고 구조적이다. 높은 숙성 잠재력을 가지고 있다.

| 와인 타입
- 레드 와인 혹은 스틸 로제 와인
- 스파클링 레드 와인(오스트레일리아에서 만드는 스파클링 쉬라즈)

| 프랑스 지역
북부와 남부 론, 랑그도크루시용

| 대표 AOC
코트 로티, 생 조제프, 에르미타주, 바케라스, 샤토뇌프 뒤 파프, 코트 뒤 론, 코토 뒤 랑그도크, 포제르, 생 쉬니앙, 코르비에르, 미네르부아, 코트 뒤 루시용

| 프랑스 이외 지역
오스트레일리아, 아르헨티나, 칠레, 캘리포니아, 인도, 뉴질랜드

| 프로파일
(1부터 5단계. Al : 알코올 - Ac : 산도 - F : 과일 - T : 타닌)

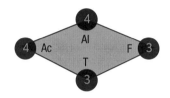

| 아로마
자두, 후추, 다크 초콜릿, 감초, 제비꽃, 블랙커런트, 가죽

| 음식 페어링
가금류, 약한 불로 익히거나 굽거나 소스를 곁들인 붉은 고기, 구이 또는 바비큐

알고 있었나요?

론 북부의 AOC 코트 로티는 시라에 화이트 와인 품종인 비오니에와 블렌딩하는 비중을 20%까지 허용한다. 이렇게 블렌딩한 와인은 레드 와인 그대로지만 더욱 원만하고 아로마가 풍부해진다. 1950년대까지만 해도 아는 사람만 알던 시라는 곧바로 론 이외 지역으로 급속하게 퍼졌다. 그 결과 랑그도크루시용이 프랑스 시라 포도나무의 60%를 소유하고 있으며 시라 재배면적도 4만 5,000ha에 달한다.

주요 화이트 와인 품종

샤르도네

(가장 유명한 그랑 크뤼 몽라셰를 포함해) 부르고뉴 화이트 와인과 샹파뉴 화이트 와인의 귀족이다. 다수의 기후와 테루아에 잘 적응하는 샤르도네는 세계에서 가장 많이 재배되는 화이트 와인 품종 중 하나이기도 하다. 그렇기에 무척 다양한 아로마 표현이 가능해 풍부하고 우아한 와인을 만든다. 나무통에서 오랜 기간 숙성할 수 있다.

| 와인 타입

- 스파클링 와인(단일품종 샴페인인 블랑 드 블랑)을 만들거나 피노 누아 그리고/혹은 뫼니에와 블렌딩한다.
- 드라이 화이트 와인

| 프랑스 지역

부르고뉴, 샹파뉴, 쥐라, 랑그도크

| 대표 AOC

샹파뉴, 샤블리, 뫼르소, 퓔리니 몽라셰, 샤사뉴 몽라셰, 마콩 빌라주, 푸이 퓌세, 리무, 아르부아

| 프랑스 이외 지역

뉴질랜드, 오스트레일리아, 칠레, 캘리포니아, 오리건, 워싱턴, 스위스, 캐나다, 남아프리카공화국, 오스트리아, 불가리아, 중국, 이탈리아, 일본

| 프로파일

(1부터 5단계. Al : 알코올 - Ac : 산도 - F : 과일 - T : 타닌)

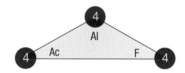

| 아로마

따뜻한 기후에서 자란 무르익은 열대성 과일
복숭아, 감귤류, 신선한 버터, 온난한 기후에서 브리오슈 재료로 만든 빵
미네랄리티, 배, 선선한 기후에서 자란 풋사과

| 음식 페어링

해산물, 생선, 흰 살코기, 치즈(예를 들어 콩테)

슈냉 블랑

루아르 밸리(중부 루아르 이외 지역)에서 가장 많이 재배되는 화이트 와인 품종으로 아로마가 풍부한 와인의 향연을 만들어낸다. 슈냉 블랑 와인은 강한 아로마와 구조적 산미가 어우러져 입 안에서 밸런스가 좋고 신선하며, 아주 오랫동안 보관할 수 있다. 발달한 테루아의 영향 덕분에 점토질 토양에서 자란 슈냉 블랑 와인은 좀 더 기름지고 둥글며(사브니에르 와인) 석회질 토양의 와인은 좀 더 직선적이고 생기 있다(부브레 와인).

와인 타입

- 스파클링 와인
- 드라이 스틸 화이트 와인
- 드미 세크, 두 혹은 리쿼뢰 화이트 와인

프랑스 지역

앙주, 소뮈르, 투렌

대표 AOC

부브레, 몽루이 쉬르 루아르, 사브니에르, 코토 뒤 레이옹, 카르 드 숌, 크레망 드 루아르

프랑스 이외 지역

남아프리카공화국, 볼리비아, 캐나다, 뉴질랜드, 오스트레일리아, 우루과이

프로파일

(1부터 5단계. Al : 알코올 - Ac : 산도 - F : 과일 - T : 타닌)

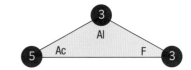

아로마

살구, 모과, 오렌지나무 꽃, 아카시아, 꿀, 말린 과일, 보리수, 레몬

음식 페어링

소스를 곁들이거나 그릴에 구운 생선, 흰 살코기, 구운 가금류

알고 있었나요?

? 슈냉 블랑은 남아프리카공화국에서 가장 많이 재배되는 품종이다. 남아프리카공화국의 슈냉 블랑 재배면적은 프랑스보다 두 배나 더 넓다.

게뷔르츠트라미너

알자스에서 포도 재배면적의 20% 차지하는 게뷔르츠트라미너는 리슬링 다음으로 많이 재배되는 품종으로 향이 풍부한 품종 중 하나다. 굉장히 표현적이고 둥글며 부드러운 텍스처의 와인을 만든다. 드라이한 와인에는 잔당이 남아 있는 경우가 많다.

| 와인 타입

- 드라이 화이트 와인
- 두 화이트 와인 혹은 리쿼뢰 화이트 와인(늦은 수확과 귀부 포도알 선별 수확)

| 프랑스 지역

알자스

| 대표 AOC

알자스 그랑 크뤼

| 프랑스 이외 지역

남아프리카공화국, 독일, 칠레, 오리건, 캘리포니아, 스위스, 뉴질랜드, 이탈리아

| 프로파일

(1부터 5단계. Al : 알코올 - Ac : 산도 - F : 과일 - T : 타닌)

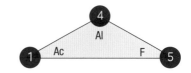

| 아로마

리치, 장미, 설탕에 담근 과일, 팽 데피스(pain d'épices. 꿀과 시나몬, 생강 등 향신료가 들어간 프랑스식 진저브레드-옮긴이), 오렌지껍질, 꿀

| 음식 페어링

알자스 지방 치즈(묑스테르), 생선, 소스를 곁들인 가금류, 아시아와 인도 요리, 신선한 과일

알고 있었나요?

 독일어 Gewürzt는 '향신료를 넣은'이라는 뜻으로 향이 강한 게뷔르츠트라미너의 특징을 잘 보여준다.

마르산

마르산이 특히 좋아하는 화강암질 토양의 북부 론 밸리, 크로즈 에르미타
주, 에르미타주, 생 조제프, 생 페레에서 잘 알려진 마르산은 생산량이 많고
오스트레일리아와 캘리포니아에서도 많이 재배된다. 노란빛이 두드러지고
입 안에서 부드럽고 유연하며 풍미가 풍부한 와인을 만든다.

| 와인 타입

- 드라이 화이트 와인
- 마르산에 대체로 없는 귀한 산미를 더해주는 루산
  과 블렌딩된다.

| 프랑스 지역

론 밸리, 랑그도크루시용, 사부아, 아르데슈, 프로방스

| 대표 AOC

에르미타주, 크로제 에르미타주, 생 조제프, 코르비에
르, 생 페레, 카시스

| 프랑스 이외 지역

오스트레일리아, 이탈리아, 스위스

| 프로파일

(1부터 5단계. Al : 알코올 - Ac : 산도 - F : 과일 - T : 타닌)

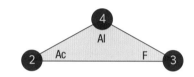

| 아로마

노란 과일, 흰색 과일, 꽃, 아몬드, 꿀, 감초

| 음식 페어링

아스파라거스, 타파스, 삿갓버섯, 믹스 샐러드

알고 있었나요?

 마르산은 19세기부터 스위스 발레 주에서도 활발히 재배되었다. 이곳에서 양조한 강하고 드라이한 마르산
와인은 세계적으로 널리 알려졌는데 이 와인이 바로 '에르미타주'다.

뮈스카

사실 뮈스카는 한 종류가 아니다. 뮈스카 오토넬, 뮈스카 아 프티 그랭, 모스카토 비앙코, 알렉산드리아 뮈스카 등 여러 종류의 뮈스카가 있다. 하지만 모든 뮈스카는 공통적으로 '뮈스케'라고 하는 독특한 과일 향을 가지고 있다.

| 와인 타입

- 드라이 화이트 와인
- 리쿼뢰 와인
- 뱅 두 나튀렐
- 스파클링 와인

| 프랑스 지역

알자스, 랑그도크루시용, 코르시카

| 대표 AOC

뮈스카 드 뤼넬, 뮈스카 드 생 장 드 미네르부아, 뮈스카 드 프롱티냥, 뮈스카 드 봄 드 브니즈, 뮈스카 드 리브잘트, 클레레트 드 디

| 프랑스 이외 지역

남아프리카공화국, 독일, 아르헨티나, 오스트레일리아, 불가리아, 스페인, 캘리포니아, 루마니아, 우루과이

| 프로파일

(1부터 5단계. Al : 알코올 - Ac : 산도 - F : 과일 - T : 타닌)

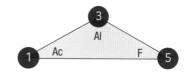

| 아로마

포도, 장미, 외래 과일, 꿀, 밀랍, 감귤류, 육두구

| 음식 페어링

뮈스카 세크 : 아페리티프(식전주), 훈제 연어, 아스파라거스, 생채소 혹은 증기로 찐 채소
뮈스카 두 : 아시아 요리, 푸아그라 로크포르 치즈, 과일 디저트

리슬링

놀라울 정도로 탄탄한 짜임의 산미로 매우 섬세한 와인을 만들어내는 알자스 품종의 왕 리슬링은 독일에서 황제 대접을 받는 동시에 전 세계적으로도 인기가 좋다. 리슬링 와인은 드라이 와인이든 스위트 와인이든 천성적으로 우아한 산미와 미네랄리티가 어우러져 오랜 시간의 숙성에 적합한 와인이 된다.

| 와인 타입

- 드라이 화이트 와인
- 드미 세크 화이트 와인, 리쿼뢰 화이트 와인(늦은 수확과 귀부 포도알 선별)
- 스파클링 와인

| 프랑스 지역

알자스(리슬링 재배면적의 20%를 차지), 모젤

| 대표 AOC

알자스 그랑 크뤼

| 프랑스 이외 지역

독일, 오스트리아, 오스트레일리아, 칠레, 아르헨티나, 오리건, 캘리포니아, 캐나다, 일본

| 프로파일

(1부터 5단계. Al : 알코올 - Ac : 산도 - F : 과일 - T : 타닌)

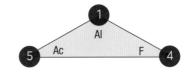

| 아로마

라임, 설탕에 절인 레몬, 풋사과, 자몽, 살구, 보리수, 아카시아, 산사나무, 인동초, 백도, 탄화수소

| 음식 페어링

세크 와인 : 생선, 갑각류, 가금류
드미 세크 와인 : 아시아 요리
두 와인 : 로크포르 치즈 혹은 과일 디저트

알고 있었나요?

독일에서 유독 추운 해에는 리슬링으로 '아이스 와인', 즉 '아이스바인(Eiswein)'을 만든다. 와인메이커는 첫 서리가 내릴 때까지 포도를 가지에 달린 상태로 둔다. 서리 결정이 포도껍질과 씨에 붙어 있는 상태로 수확해 바로 압착하면 단맛이 농축된 포도즙만 흘러나오게 된다. 이것은 늦은 수확에 의한 일종의 천연 농축 포도즙으로 이미 많은 양의 당을 포함하고 있다. 수확량은 극도로 적다.

소비뇽 블랑

루아르 밸리 재식품종 비율의 80%를 차지하는 이 지역의 상징적 화이트 와인 품종인 소비뇽 블랑은 보르도 화이트 와인(그라브 지역에서는 드라이 와인, 소테른 지역에서는 주정강화 와인을 만든다.)과 전 세계의 다양한 테루아에서도 주를 이루는 품종이다. 소비뇽 블랑의 경우 자신의 테루아를 표현하고 품종 고유의 아로마가 지나치게 두드러지는 것을 피하기 위해서는 완전히 성숙해야 한다. 소비뇽 블랑 와인은 매우 명확하고 산미와 긴장감이 훌륭하다.

| **와인 타입**
• 드라이 화이트 와인(대부분 단일품종으로 만들지만 보르도 같은 곳에서는 블렌딩을 하기도 한다.)
• 리쿼뢰 화이트 와인(블렌딩)

| **프랑스 지역**
보르도, 남서 프랑스, 중부 루아르

| **대표 AOC**
바르삭, 소테른, 크레망 드 보르도, 몽바지악, 생트 크루아 뒤 몽드, 루피악, 베르주라크, 푸이 퓌메 상세르, 므느투 살롱, 캥시, 뢰이

| **프랑스 이외 지역**
남아프리카공화국, 독일, 아르헨티나, 오스트레일리아, 오스트리아(스티리), 칠레, 중국, 이탈리아(프리울리), 오리건, 캘리포니아, 뉴질랜드

| **프로파일**
(1부터 5단계. Al : 알코올 - Ac : 산도 - F : 과일 - T : 타닌)

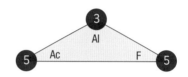

| **아로마**
회양목, 블랙커런트의 싹, 허브, 금작화, 구스베리, 자몽, 열대과일, 부싯돌(중부 루아르), 붓꽃

| **음식 페어링**
해산물, 염소젖 치즈, 동남아시아 요리

알고 있었나요?

 퓌메 블랑은 특히 미국과 오스트레일리아의 와인 라벨에서 볼 수 있는 소비뇽 블랑의 또 다른 이름이다.

세미용

보르도(소테른) 리쿼뢰 화이트 와인뿐만 아니라 수많은 드라이 화이트 와인 품종의 왕이라고 불리는 세미용은 생명력이 강해 석회질의 자갈 토양에서 잘 자란다. 보르도에서는 단일품종으로 양조하는 경우가 거의 없는 반면 오스트레일리아(주로 헌터 밸리)에서는 단일품종으로 양조한다. 보르도 그라브에서 세미용은 드라이 화이트 와인을 만들 때는 비주류(20~40%) 품종이지만 스위트 와인을 블렌딩할 때는 소비뇽 블랑(15~20%), 약간의 뮈스카델과 함께 블렌딩되는 주류(80%) 품종이다.

와인 타입
- 드라이 화이트 와인
- 스위트 화이트 와인(무알뢰 혹은 리쿼뢰)

프랑스 지역
보르도, 남서 프랑스

대표 AOC
바르삭, 소테른, 크레망 드 보르도, 몽바지악, 생트 크루아 뒤 몽드, 루피악

프랑스 이외 지역
오스트레일리아(헌터 밸리, 바로사 밸리, 클레어 밸리), 칠레, 아르헨티나, 남아프리카공화국, 뉴질랜드, 캘리포니아, 헝가리

프로파일
(1부터 5단계. AI : 알코올 - Ac : 산도 - F : 과일 - T : 타닌)

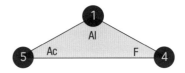

아로마
보리수, 꿀, 설탕에 절인 레몬, 말린 과일

음식 페어링
드라이 화이트 와인 : 생선, 흰 살코기, 레몬이 첨가된 요리
스위트 화이트 와인 : 로크포르 치즈, 노란 과일(살구) 타르트, 생과일
여기에 푸아그라를 곁들이면 어떨까? 산미가 좋은 와인이라면 안 될 것도 없지만 산미가 좋지 않은 경우라면 요리의 지방과 와인의 지방이 섞여 조금 무거운 조합이 된다. 이럴 때는 루아르 지방의 스위트 와인이 더 잘 어울린다. 루아르의 스위트 와인은 슈냉 품종 덕분에 자연 산미가 풍부하기 때문(그래서 입 안에서는 산뜻)이다.

알고 있었나요?

? 주로 소테른에서는 모두가 매년 귀부를 애타게 기다린다. 귀부란 보트리티스 시네레아라는 진균이 포도껍질에 미세한 구멍을 뚫어 수분은 증발시키고, 당과 산을 농축시켜 와인 잔 속에서 절묘하게 드러나는 독특한 아로마를 만드는 현상이다.

비오니에

고대 달마티아 지방에서 왔다는 전설이 있지만 비오니에의 고향은 프랑스 북부 론 밸리다. 필록세라 창궐 이후 비오니에 재배지는 원산지 콩드리유에 몇 ha밖에 남지 않았다. 하지만 인기가 높아지면서 프랑스 랑그도크루시용, 오스트레일리아 그리고 미국 캘리포니아에서 새로운 삶을 맞이했다. 비오니에는 화강암, 운모 혹은 석회질의 메마른 땅을 좋아한다.

| 와인 타입
- 세크 혹은 무알뢰 화이트 와인
- 스파클링 화이트 와인
- 향이 뛰어나고 도취시키는 고품질의 비오니에 와인은 풍부한 알코올과 부드러움이 특징이다.

| 프랑스 지역
북부 론, 랑그도크

| 대표 AOC
콩드리유, 샤토 그리예, 코트 로티

| 프랑스 이외 지역
캘리포니아, 칠레, 포르투갈, 우루과이, 브라질, 오스트레일리아

| 프로파일
(1부터 5단계. Al : 알코올 - Ac : 산도 - F : 과일 - T : 타닌)

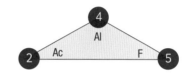

| 아로마
복숭아, 제비꽃, 산사나무, 아카시아, 살구, 붓꽃, 망고, 모과, 머스크, 아몬드

| 음식 페어링
민물고기, 크넬(고기나 생선, 채소를 갈아 달걀이나 크림을 섞어 부드럽게 만든 후 타원형으로 작게 빚어 끓는 물에 삶아낸 프랑스식 덤플링-옮긴이), 에크레비스 아 라 나주(écrevisses à la nage, 와인과 후추 등 향신료를 넣어 만든 소스에 익힌 가재 요리-옮긴이), 초밥, 가리비 관자 요리, 흰 살코기

알고 있었나요?

 비오니에는 레드 와인 블렌딩에도 들어갈 수 있다는 사실! 시라가 주를 이루는 코트 로티의 와인은 비오니에를 20%까지 블렌딩할 수 있다.

테루아란?

"테루아는 해당 공간의 산품에 독특한 성격을 부여하는 집단지식 그리고 물리적 · 생물학적 환경과 적용한 와인 양조 방법 사이의 상호작용이 발휘되는 공간을 가리키는 개념이다."

이해가 안 가는가? 당연하다! 국제와인기구 OIV는 2010년 조지아 트빌리시에서 채택한 이 공식적인 정의를 다음과 같이 요약했다.

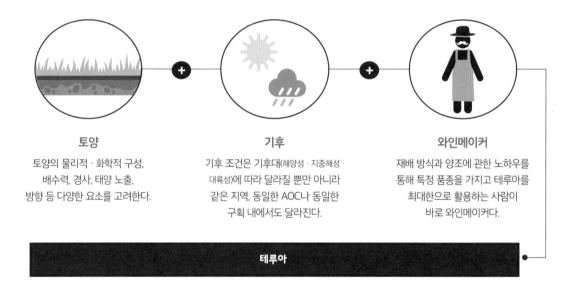

토양

토양의 물리적 · 화학적 구성, 배수력, 경사, 태양 노출, 방향 등 다양한 요소를 고려한다.

기후

기후 조건은 기후대(해양성 · 지중해성 · 대륙성)에 따라 달라질 뿐만 아니라 같은 지역, 동일한 AOC나 동일한 구획 내에서도 달라진다.

와인메이커

재배 방식과 양조에 관한 노하우를 통해 특정 품종을 가지고 테루아를 최대한으로 활용하는 사람이 바로 와인메이커다.

테루아

부르고뉴의 샤르도네로 양조한 와인이 뉴질랜드나 랑그도크의 샤르도네로 양조한 와인과 판이한 이유를 설명해 주는 것이 바로 테루아다.

와인은 어떻게 구분할까?

▶ 테루아 와인은 특정 테루아를 강조한다. 프랑스와 이탈리아, 스페인에서 찾아볼 수 있다.

▶ 버라이어탈 와인(혹은 단일품종 와인)은 와인의 1차 아로마(260쪽 참조)와 함께 특정 품종의 특징을 강조한다.

▶ 브랜드 와인 : 표준화되어 있고 일반적으로 대량 생산된 질 낮은 와인이다.

와인 원산지 분석하기

와인을 단순히 포도로 만든 식료품으로 생각할 수도 있지만 원산지를 알아보고자 할 수도 있다. 어느 지역에서 만들어졌을까? 무슨 품종일까? 원산지를 알면 왜 이런 맛과 향이 나는지 알 수 있다.

와인은
• AOC, AOP, IGP와 같은 원산지 표시를 통해 정의되거나
• 프랑스 와인, 이탈리아 와인, 혹은 여러 국가의 와인을 블렌딩해 만든 와인 등 국가를 내세워 정의된다.

원산지 표시란?

오랜 시간 동안 최고의 와인을 만드는 역량을 증명해온 지역이 있다. 이러한 지역의 테루아를 선별하고, 등급을 나누고, 이곳에서 나는 와인을 보호하기 위해 20세기 초 프랑스에서 원산지 명칭 시스템이 만들어졌다.

주요 시기

1905

• 위조 방지를 위해서 원산지 명칭 개념을 정의한 첫 번째 법안이 마련됨.

1935

• 시행령을 통해 와인과 증류주를 위한 원산지 통제 명칭이 제정되고 이를 결정 · 보호 · 감독하는 기관이 탄생함.

1936

• 첫 공식 AOC(아르부아, 카시스, 샤토뇌프 뒤 파프, 몽바지악, 타벨)가 지정됨.

1990

• AOC 시스템이 모든 농산물과 식품으로 확대됨.

1992

• 프랑스 시스템을 모델로 해 AOP(원산지 보호 명칭), IGP(지리적 보호 표시) 등 유럽 차원의 원산지 명칭 시스템이 마련됨.

2009

• AOP와 IGP가 와인으로 확대됨.

둘은 같은 것이다. 원칙적으로는 유럽 표시 AOP가 프랑스 표시 AOC를 대체했다. 하지만 와인메이커는 자신의 와인 병에 AOC를 표기할 수 있다. 레이블에서 AOC는 '아펠라시옹 투렌 앙부아즈 콩트롤레', '아펠라시옹 알자스 콩트롤레' 식으로 강조된다. AOC 혹은 AOP는 다음의 요소를 규정하는 지침서에 의거한다.

▶ 포도나무를 심은 한정된 지리적 영역

▶ 포도 품종 : 각 품종의 최소 혹은 최대 비중이 규정된 경우도 있다.

▶ 포도밭과 양조장에서의 생산 방식에 대한 규칙 : 가지치기 방식, 최대 수확량, 포도 재배 기간 등

▶ 전통적으로 계승되고 시간이 흐름에 따라 더욱 풍부해지는 노하우

AOC 등급

여기에서부터 무척 복잡해진다. AOC 명칭에는 등급이 있다. 지칭하는 지리적 영역이 제한적일수록, 적은 양으로 생산된 이곳 와인만의 독특함으로 인해 테루아의 명성이 높다.

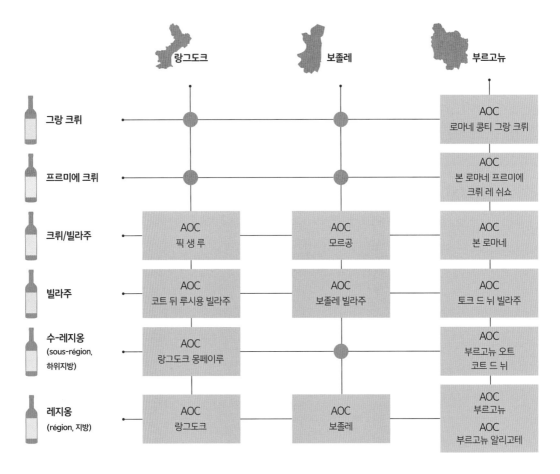

IGP란?

IGP(Indication Géographique Protégée, 지리적 보호 표시)는 원산지와 관련된 품질과 노하우를 규정하는 유럽 원산지 표시다. 사용하는 품종의 선택 폭도 넓고 허용되는 생산량도 높은 등 AOC에 비해 규정이 훨씬 유연하다.

포도 수확부터 와인 양조까지 모든 단계가 규정된 지리적 영역 안에서 진행된다. 유럽 법체계 조정에 따라 2012년 IGP가 프랑스의 '뱅 드 페이'를 대체했다. 프랑스에서 IGP는 AOC/AOP를 관리하는 기관이 함께 관리한다.

IGP는 다음의 등급으로 규정된다

- 레지옹 : IGP 지중해, IGP 페이 도크, IGP 발 드 루아르
- 데파르트망(département, 도) : IGP 알프 드 오트 프로방스, IGP 랑드, IGP 드롬, IGP 제르
- 포도 재배 지역 : IGP 코트 드 가스코뉴, IGP 세벤, IGP 뒤셰 뒤제스

일반 IGP는 좀 더 작은 지리적 명칭이 붙을 수 있다(IGP 페이 데로 콜린 드 라 무르 또는 IGP 페이 데로 몽 보딜). 74개의 프랑스 IGP 와인이 등록되어 있다.

원산지 표시는 무엇을 보장해줄까?

라벨에 표시된 AOC/AOP 혹은 IGP는 해당 와인이 특정 지리적 영역에서 생산되었고 지침서를 준수했음을 보장한다. 하지만 맛의 품질은 달라질 수 있는데, 와인메이커의 역량이 맛의 품질에 영향을 미치기 때문이다.

뱅 드 프랑스란?

가장 포괄적인 와인 명칭이다. 예전에는 '뱅 드 타블르'라고 불렀다. 멀리 떨어진 지역에서 만들어진 와인을 블렌딩할 수 있기 때문에 지침서 규정이 무척 유연하다고 할 수 있다. 예를 들어 보르도의 포도와 랑그도크의 포도를 블렌딩해 뱅 드 타블르를 만들 수 있다. 하지만 마찬가지로 같은 구획에서 재배된 포도만으로도 뱅 드 타블르를 만들 수 있다.

주의할 것!

AOC/AOP 혹은 IGP의 제한적 범위에서 벗어나기 위해 뱅 드 타블르를 만드는 와인메이커도 있다. 이 명칭을 사용하면 독특한 포도 품종과 획기적인 양조 방식을 시도할 수 있기 때문이다. 아주 소량으로 생산되는 이러한 뱅 드 타블르는 L당 50유로 이상의 가치로 평가되기도 한다. 이러한 뱅 드 타블르는 대량으로 생산되어 L당 2유로에 팔리는 뱅 드 타블르와는 전혀 관련이 없다.

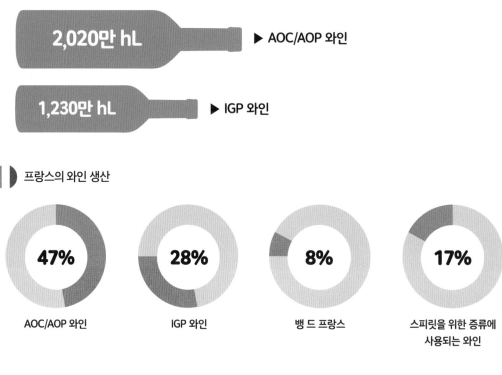

2,020만 hL ▶ AOC/AOP 와인

1,230만 hL ▶ IGP 와인

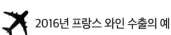 프랑스의 와인 생산

47%	28%	8%	17%
AOC/AOP 와인	IGP 와인	뱅 드 프랑스	스피릿을 위한 증류에 사용되는 와인

✈ 2016년 프랑스 와인 수출의 예

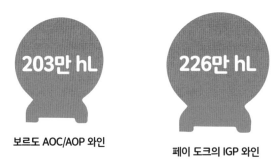

203만 hL
보르도 AOC/AOP 와인

226만 hL
페이 도크의 IGP 와인

INAO는 무엇일까?

INAO(Institut national des origines et de la qualité, 국립 원산지 및 품질관리위원회)는 모든 원산지 및 품질 표시의 규정 지침서를 관리하는 공공기관이다. 새로운 명칭 부여 요청과 명칭 변경 요청을 심사하고 인준한다. 또한 법규를 제정하고 준수 여부를 감독하며, 공인된 보증기관을 통해 명칭과 품질을 보증한다.

주요 테루아와 토양

포도나무가 좋아하는 토양

포도나무에 알맞은 좋은 토양은 다음과 같은 특징을 갖는다.

▶ 기름진 토양이 아니다. 포도나무는 척박한 토양에 적응하는 특성이 있다.

▶ 배수가 잘된다. 포도나무는 뿌리가 물에 흠뻑 담겨 있는 것을 좋아하지 않는다. 생존을 위해 물이 필요하긴 하지
   만 지나친 수분은 포도나무에게 불균형과 질병의 동의어나 다름없다.

토양과 아로마

포도나무는 와인의 스타일과 맛에 영향을 미치는 무척 다양한 유형의 토양을 좋아한다.

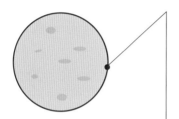

모래

가볍고 알코올 함량이 낮은 화이트 와인과 로제 와인 생산에 적합하다.
▶ 품종 : 그르나슈 누아와 카르마그 리옹 만의 뱅 그리 드 그리를 만드는 그르
   나슈 그리, 루아르 투렌 우아슬리의 와인을 만드는 소비뇽

점토

색이 진하며 까다롭고 복잡한 와인을 만든다.
▶ 품종 : 보르도 포므롤의 메를로

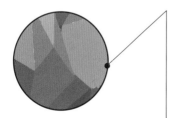

석회

긴 산미와 섬세하고 치밀한 아로마를 가진 싱싱하고 생명력 넘치는 와인을 만
든다.
▶ 품종 : 샹파뉴의 피노 누아와 샤르도네, 알자스 푸스텐툼 그랑 크뤼의 게뷔
   르츠트라미너, 푸이 퓌메의 소비뇽

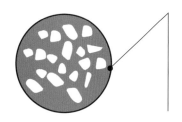

백악

산미가 강하고 굉장히 정교한 와인을 만든다.
▶ 품종 : 샹파뉴의 샤르도네, 루아르의 슈냉과 카베르네 프랑

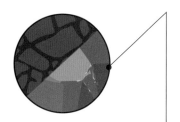

점토 석회질

원만하고 우아한 와인을 만든다. 레드 와인을 위한 토양 중 가장 널리 퍼진 토양이다.
▶ 품종 : 생 테밀리옹과 코트 드 카스티용의 메를로

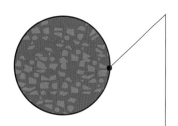

화강암

아로마가 풍부하고 섬세한 산미를 가진 와인을 만드는 데 적합하다.
▶ 품종 : 보졸레의 플뢰르 코뮌과 AOC 물랭 아 방, AOC 시루블을 만드는 가메, 론의 에르미타주와 생 조제프의 시라, 알자스 좀머베르크와 비네크 슐로스베르크 그랑 크뤼에서 재배되는 리슬링

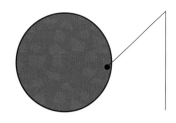

석회질 이회토

강하고 구조적이며 표현력이 강한 와인을 만든다.
▶ 품종 : 샹파뉴의 샤르도네, 알자스 맘부르크 그랑 크뤼의 게뷔르츠트라미너

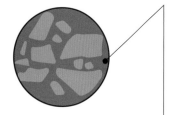

편암

종종 훈제 향이 느껴지는 살지고 구조적이며 강하면서도 깊고 미네랄이 풍부한 와인을 만든다.
▶ 품종 : 론 밸리 북부의 시라, 랑그도크 생 쉬니앙, 포제르의 그르나슈와 카리냥, 루시용 바뉠스, 모리의 그르나슈, 루아르 사브니에르, 앙주 누아의 슈냉, 모르공의 가메

화산성 토양

향신료 느낌이 나는 활력 넘치고 강한 와인을 만드는 산성 토양이다.

▶ 품종 : 알자스 랑장 그랑 크뤼의 리슬링과 피노 누아, 코트 뒤 포레즈의 가메

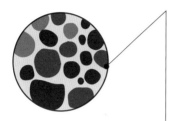

그라브와 갈레 룰레

자갈은 낮 동안 흡수한 열을 밤 동안 포도에 돌려준다. 이 토양은 오랫동안 숙성시킬 수 있는 강하고 우아한 와인을 만든다.

▶ 품종 : 보르도 그라브의 카베르네 소비뇽, 샤토뇌프 뒤 파프의 그르나슈

와인 센스	
	텍스처와 성분이 서로 다른 토양은 와인의 스타일에 영향을 미친다. 같은 품종이라도 서로 다른 토양에서 재배되면 서로 다른 스타일의 와인을 만든다. 하지만 토양 이외에도 구획의 태양 노출 정도, 포도의 성숙 정도, 양조 방식 등의 요소도 고려해야 한다.

포도 재배의 기후 제약

포도나무는 연간 일조량 1,500시간에서 4,000시간, 연간 강수량 200mm부터 2,000mm에 이르는 다양한 기후 조건에 적응한다.

　하지만 포도나무에게는 무엇보다도 10~20℃ 사이의 연평균 기온이 필수다. 이 연평균 기온은 북반구와 남반구 30도와 50도 위선 사이 경작지대에 해당한다. 예를 들어 보르도는 45도 위선에, 토스카나는 43도 위선에 위치한다.

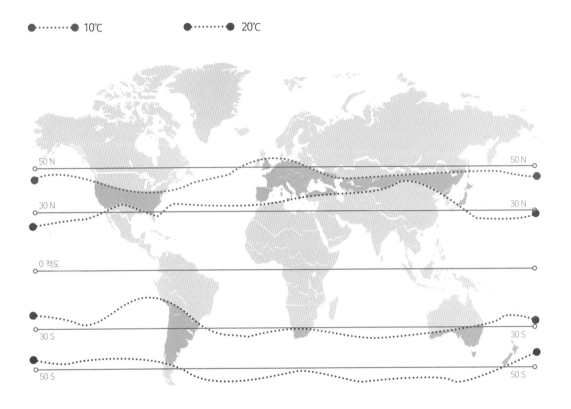

프랑스 포도 재배지의 기후

지리적 위치를 감안하면 프랑스는 운 좋게도 다채로운 기후를 가지고 있다. 이는 프랑스에서 다양한 스타일의 와인이 생산되는 데 한몫한다. 프랑스의 포도 재배지는 지역에 따라 크게 세 종류의 기후에 속한다.

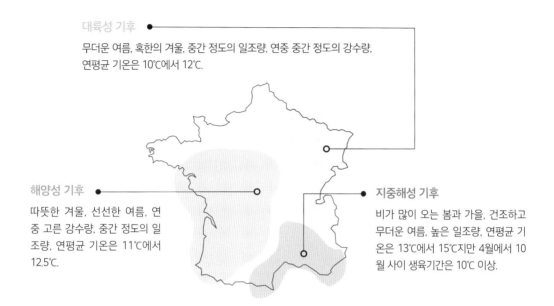

대륙성 기후
무더운 여름, 혹한의 겨울, 중간 정도의 일조량, 연중 중간 정도의 강수량,
연평균 기온은 10℃에서 12℃.

해양성 기후
따뜻한 겨울, 선선한 여름, 연중 고른 강수량, 중간 정도의 일조량, 연평균 기온은 11℃에서 12.5℃.

지중해성 기후
비가 많이 오는 봄과 가을, 건조하고 무더운 여름, 높은 일조량, 연평균 기온은 13℃에서 15℃지만 4월에서 10월 사이 생육기간은 10℃ 이상.

포도 재배지는 속한 기후대 안에서의 지리적 위치에 따라 2차 기후 영향을 받을 수 있다. 고도, 태양과 바람에 대한 노출 정도, 숲의 여부, 산과의 근접성, 강수계가 마이크로 기후를 형성할 수 있기 때문이다.

알고 있었나요?

바람은 우리 눈에 보이지 않기 때문에 중요하게 생각하지 않는 경우가 많지만 바람도 포도나무에 큰 영향을 미친다.
- 지중해에서 오는 따뜻하고 건조한 남서풍은 툴루즈에 부는 전형적인 바람이다. 포도를 건조하게 만들고 포도의 아로마를 농축시키는 데 일조한다. 남서풍이 없었다면 스위트 가이약(프랑스 남부 타른 강 두 연안지대의 AOC 와인-옮긴이)도 없었을 것이다.
- 론 밸리와 프로방스 도처에 부는 미스트랄(프랑스의 론 강을 따라 리옹 만으로 부는 강한 북풍-옮긴이)은 비 온 뒤 구름을 멀리 보내고 공기를 건조시키는 동시에 질병을 억제한다.
- 트라몽탄(tramontane, 북풍)은 랑그도크, 루시용, 북부 론에 부는 차가운 바람으로 포도를 식힌다.

기후가 포도나무에 미치는 직접적인 영향

포도의 성장 속도

기온이 낮을수록 성장이 느리지만 지나친 열과 건조함도 포도의 성장과 성숙을 방해하는 요인이 된다.

생산량

지중해성 기후의 건조함은 포도나무를 힘들게 해 작은 포도를 맺게 한다. 동일한 면적의 생산량이 적어지는 것이다.

포도의 균형

낮에는 덥고 밤에는 서늘해야 포도의 질이 좋아진다. 낮과 밤 모두 더우면 포도가 말라버린다.

빈티지의 균일성

해양성 기후나 대륙성 기후에 비해 지중해성 기후에서 기후의 연간 변화가 크다.

질병에 대한 취약성

습한 기후에서는 노균병과 흰가루병이 더욱 쉽게 퍼진다.

포도나무의 상태

우박과 냉해, 폭우, 가뭄은 포도나무의 상태에 막대한 영향을 미친다.

와인의 스타일

일조량이 풍부한 지역에서는 알코올이 풍부하고 무르익은 과일이나 설탕에 절인 과일, 과일 잼 아로마를 가진 풍만한 와인이 생산된다. 반면 서늘한 기후의 지역에서는 아삭거리는 과일 아로마가 풍부한 시원하면서도 강렬한 와인이 생산된다.

포도의 숙성

더운 기후 지역의 와인메이커는 포도가 지나치게 익은 상태로 수확되지 않도록 면밀하게 감시한다. 선선한 기후 지역의 와인메이커는 이상적으로 완숙하는 데 시간이 걸리기 때문에 인내심이 필요하다.

지구온난화의 영향

혹자는 지구온난화를 기후불순이라고 부르고자 하지만 모든 포도 재배지에서 일괄적으로 평균 기온 상승이라는 동일한 현상이 나타났다. 이처럼 포도나무가 가뭄의 피해를 입지 않는다 하더라도 수확 시기는 빨라지고 있다. 기후의 온난화는 와인 생산과 유통에 영향을 미치기 때문에 전 세계 포도밭에서 반드시 고려해야 하는 요소다.

알고 있었나요?

1974년부터 2012년 사이에 프랑스의 평균 포도 수확일은 18일 앞당겨졌다.

 장점
- 새로운 포도 재배지가 등장한다. 영국은 10년 전부터 샴페인을 모델로 한 스파클링 와인을 만들기 위해 포도 재배지를 확장해왔다.
- 샹파뉴나 부르고뉴처럼 전통적으로 서늘한 지역에 있는 포도밭의 포도가 더욱 잘 여문다.

 단점
- 기존의 포도 재배지가 반사막화의 위협을 받는다. 스페인과 포르투갈, 이탈리아, 그리스 남부와 오스트레일리아, 아르헨티나 일부 지역이 여기에 해당한다.
- 우박, 냉해, 가뭄 등이 빈번해지고 더욱 파괴적인 기후 변동이 와인메이커의 포도 수확을 방해한다.
- 높아진 열에 고통받아 수확량과 품질이 낮아지는 전통 품종이 생긴다.
- 기존의 질병과 더불어 새로운 기생충이 창궐한다.

와인 센스

지구온난화로 인해 포도 재배에 유리한 영역이 북반구에서는 더욱 북쪽으로, 남반구에서는 더욱 남쪽으로 이동하게 된다. 이에 적응하고 지속적으로 고품질 와인을 생산하기 위해 좀 더 서늘한 기후의 땅에 새로운 품종을 심어야 하는 포도 재배지가 생겨났다.

지나치게 성숙하지 않은, 알맞은 성숙 상태의 포도를 수확하기 위해 수확 시기는 점차 앞당겨지고 있다. 그 결과 섬세함이 떨어지고 알코올 때문에 텁텁한 와인이 생산된다. 아울러 새로운 재배 방식과 포도나무 질병 퇴치 방법을 찾는 것 또한 시급해졌다.

빈티지의 역할

기후는 포도가 성장하는 방식에 영향을 미치고 결과적으로 와인 양조 방식에도 영향을 미친다. 그런데 기후는 매해 변하기 때문에 와인의 맛과 품질 또한 해마다 달라진다.

포도에 영향을 미치는 3가지 기후 요소

물

물은 포도나무와 포도송이의 성장에 필수적이다. 물 덕분에 식물은 토양에 존재하는 무기염을 끌어 모아 흡수할 수 있기 때문이다.

물이 부족할 경우 포도나무는 습기를 찾아 뿌리를 더욱 깊게 내린다. 뿌리가 깊어지면 더 많은 미네랄을 흡수할 수 있기 때문에 긍정적인 효과를 기대할 수 있다. 하지만 우리가 '수분 스트레스'라고 부를 정도로 물이 부족하게 되면 포도나무의 성장이 억제된다.

다소 높은 경사도와 어느 정도 배수가 잘되는 토양은 포도나무가 물을 끌어 올리는 방식에 중대한 영향을 미친다.
예 : 석회질이 풍부한 샹파뉴의 토양은 스펀지처럼 여분의 습기를 흡수했다가 건기에 다시 내보낸다.

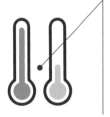

기온

포도나무는 더위를 좋아해 10℃ 이하의 기온에서는 자라지 않는다. 하지만 지나치게 춥거나 높은 기온도 두려워한다.

• 지나치게 덥고 건조한 경우 : 성숙이 멈추고 포도가 마른다.
• 지나치게 추운 경우 : 포도나무가 상하고 싹과 꽃, 포도송이가 냉해를 입는다.

저녁에 더욱 선선한 고지는 포도나무에 유리하게 작용한다.
예 : 해발 2,000m에 위치한 아르헨티나 살타의 포도원들은 큰 일교차 덕분에 낮 동안의 열기에도 불구하고 신선함을 유지한 상태로 과일의 아로마를 농축시킬 수 있다.

빛

빛은 상승수액(토양에 함유된 물과 무기염)을 하강수액이나 당으로 변환시키는 광합성에 필수 불가결한 요소다.

포도원 근처에 호수가 있다면 이는 포도원이 받는 빛의 밝기에 영향을 미칠 수 있다.
예 : 레만 호숫가에 있는 포도원들은 호수면의 반사광 덕분에 좀 더 밝은 빛을 받는다.

기후가 와인 스타일에 미치는 영향

더운 해에는

포도가 평년보다 빨리 여물기 때문에 더 많은 당을 축적하지만 산도는 떨어진다.

▶ 발효하는 동안 포도의 당이 알코올로 변하기 때문에 와인의 알코올이 풍부해진다.

▶ 와인은 신선한 과일보다는 무르익은 과일 아로마를 갖는다.

와인메이커는 와인의 잠재 알코올 도수를 제한하고 입 안에서 느껴지는 좋은 균형감을 위해 없어서는 안 될 산도를 유지하고자 평년보다 좀 더 이른 시기에 수확을 한다.

추운 해에는

포도의 당 함유량이 낮아져 와인의 알코올 함유량도 낮아진다.

▶ 포도가 충분히 여물지 않으면 와인의 식물성 아로마가 강해지고 타닌도 떨어져 마실 때의 호감이 떨어진다.

와인메이커는 수확을 늦추려고 할 때 포도를 상하게 만드는 비와 관련된 여러 위협을 고려해야 한다. 알코올 농도가 충분한 와인을 만들기 위해 보당, 즉 발효 직전에 당을 추가하는 방법을 택하는 와인메이커도 있다.

빈티지의 등급

와인 양조에 쓰인 포도가 수확된 해를 가리키는 빈티지는 상대적인 정보다. 날씨는 지역에 따라 크게 다르고 포도 품종도 저마다 달리 반응한다. 빈티지를 통해 와인의 나이를 넘어서 품질에 대한 정보를 알아내려면 해당 지역과 함께 레드 와인인지 화이트 와인인지를 따져봐야 한다. 보르도에서 좋은 평가를 받은 빈티지가 랑그도크에서 반드시 좋은 평가를 받는 것은 아니다. 같은 해라도 지역에 따라, 그리고 같은 지역 안에서도 레드 와인 혹은 화이트 와인인가에 따라 평가는 현저히 달라진다.

▶ 2018년 빈티지의 평점을 예로 들어보자.

20점 만점		
알자스	16	
보졸레	17	
샹파뉴	16	
쥐라 레드 와인	17	
쥐라 화이트 와인	16	
랑그도크	16	
루시용	15	
프로방스	14	
사부아 레드 와인	16	
사부아 화이트 와인	15	
부르고뉴 레드 와인	18	
부르고뉴 화이트 와인	17	
보르도 가론 강 좌안	18	

보르도 가론 강 우안	16
보르도 화이트 와인	14
북부 론 화이트 와인	14
북부 론 레드 와인	15
남부 론	14
남서 프랑스 레드 와인	17
남서 프랑스 화이트 와인	16
남서 프랑스 리쿼뢰 와인	16
루아르 레드 와인	18
루아르 화이트 와인	16
루아르 리쿼뢰 와인	17
중부 루아르 레드 와인	18
중부 루아르 화이트 와인	16

같은 지역 안에서도 와인 타입에 따라 평가에 큰 차이가 있다.

▶ 보르도 와인을 예로 들어보자.

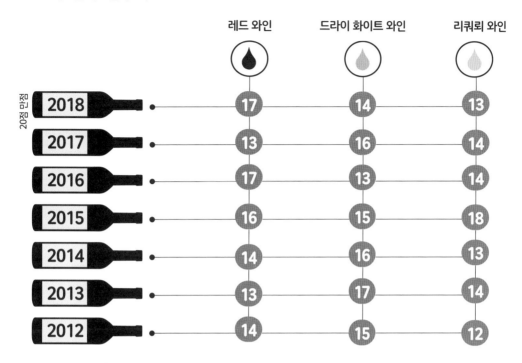

빈티지는 누가 평가할까?

소믈리에, 전문 테이스터, 네고시앙, 와인 전문 기자 등 수많은 전문가가 빈티지에 점수를 매기고 이를 차트로 만든다. 특정 연도나 지역은 차트에 따라 평가가 달라지기도 한다. 테이스팅은 정확한 과학이 아니기 때문이다. 사람마다 테이스팅 방법과 미각, 평가의 근거, 정보 출처가 다 다르다. 하지만 주로 보존의 개념을 토대로 평가된다.

원칙적으로 빈티지 차트는 와인의 숙성에 대한 진단을 확인하기 위해 업데이트된다. 가장 디테일한 차트를 보면 빈티지에 대한 평가를 알 수 있고 이를 통해 바로 마시는 와인인지, 숙성해야 하는 와인인지 판단할 수 있다.

빈티지 차트는 어디에서 볼 수 있을까?

- idealwine.com과 같은 와인 경매 사이트
- <프랑스 와인 리뷰>와 같은 와인 전문 매거진
- 1937년부터 매년 빈티지 차트를 발표하는 '배심원 쿠르티에 회사(Compagnie des courtiers jurés)'를 통해 볼 수 있다. 유료지만 권위 있는 빈티지 차트다.

와인 양조

수확 시기

일반적으로 북반구에서는 9월(남반구에서는 3월)에 수확이 시작된다. 지역과 품종, 수확 이전의 몇 주간 혹은 몇 달간의 기후 조건에 따라 8월 중순에서 10월 말 사이 서로 다른 날짜에 시작된다.

수확 날짜는 언제 정할까?

수확은 한 해 포도 재배에서 가장 중요한 순간이다. 잘못 결정하면 생산될 와인의 품질과 양에 피해를 끼치게 된다.

너무 이른 수확

포도가 완숙하지 않아 아로마와 유연성, 힘이 없는 와인이 생산된다.

그렇기 때문에 와인메이커는 수확의 적기를 찾는 데 집착할 수밖에 없다.

너무 늦은 수확

- 포도가 지나치게 익어 잼이나 설탕에 절인 과일을 연상시키는 아로마를 가진 맥 빠진 와인이 생산된다.
- 비로 인해 수확 시기를 놓치면 포도가 썩기 때문에 썩지 않은 포도를 골라내는 엄격한 선별 과정을 거쳐야만 한다.

포도가 알맞게 잘 익었다는 것은 무엇을 의미할까?

산도와 당의 원만한 균형 : 충분한 최종 알코올 함유량을 기대할 수 있을 정도로 당이 충분해야 한다. 하지만 입 안에 신선한 느낌을 더하고 와인의 숙성 잠재력을 높여주는 산도를 해칠 정도로 지나치게 많아서는 안 된다.

완숙한 포도씨 : 포도의 완숙과 함께 떫거나 쓴맛이 나지 않을 것이라는 사실을 알려준다.

와인메이커가 쓰는 방법

포도의 당/산미 분석 : 도멘의 서로 다른 지점에서 매일 실시한다.

미각 : 와인메이커는 포도의 맛을 보고 포도씨를 씹어 잘 익었는지 확인한다.

철저히 관리되는 수확 기간

포도밭 구획의 성숙 정도에
따라 수확을 기획한다.

일반적으로 수확은 개화로부터
100일이 지난 시점에 시작된다.

프랑스 도청 법령이 지역에 따른
수확 개시 날짜를 지정한다.
와인메이커는 지정된 날짜부터
원하는 시기에 수확을 시작하거나
지정된 날짜보다 일찍 수확하기를
원할 경우 적용 예외를 요청할 수 있다.

일반적으로 수확은 7~15일간 이어진다

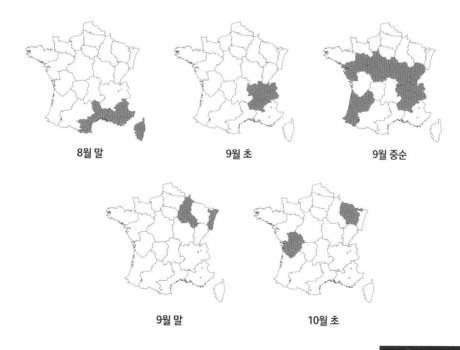

8월 말

9월 초

9월 중순

9월 말

10월 초

◁•)) 와인 에피소드

유명한 샤토 디켐의 리쿼뢰 와인처럼 특수 작업이 필요한 와인들이 있다. 숙련된 일꾼들이 포도밭 각 열을 6~7번 훑고 지나
가면서 포도를 선별해 수확하며 특정 해에는 이러한 수확이 길게는 5주 동안 이어지기도 한다.

포도 수확 : 손으로 따는 수확과 기계식 수확, 어떻게 다를까?

손으로 따기

포도밭 곳곳에 배치된 수확 인력이 전지가위로 포도송이를 따서 양동이나 상자에 담는다. 양동이나 상자는 인부들에
의해 트럭으로 옮겨지고 트럭은 수확한 포도를 양조장으로 운송한다.

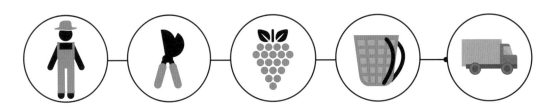

 장점
- 포도가 조심스럽게 잘 다루어진다. 특히 피노 누아처럼 껍질이 얇은 포도일수록 세심하게
  다루어야 한다.
- 대부분의 포도가 전체적으로 한 번의 선별 과정을 거치게 된다.
- 모든 유형의 구획에 적합한 수확 방법이다.

 단점
- 비용이 많이 든다.
- 수확을 기획하기가 복잡하고 인력 확보가 어렵다.

복잡하고 까다로운 물류 과정

▶ 샹파뉴는 ha당 4~5명의 수확 인력이 필요하다. 수확 기간 중 10만 명에서 12만 명의 수확 인력이 모이는 것이다.

▶ 보졸레처럼 손으로 따기가 의무인 포도밭도 있다.

기계식 수확

작업은 어떻게 진행될까?

회전식 타작기를 장착한 기계가 열과 열 사이를 지나면서 포도나무를 흔들어 돌아가는 벨트 컨베이어에 포도알을 떨어뜨린다.

 장점
- 수작업에 비해 적은 수의 인력이 필요하기 때문에 경제적이다.
- 더 빠르다 : 와인메이커가 날씨 변수에 대응하기 수월하다.
- 카베르네 소비뇽처럼 껍질이 두꺼운 포도에 적합하다.

 단점
- 별도의 선별 과정을 거쳐야 하고, 수확하는 도중 빈약한 포도알은 터져서 즙을 잃기 때문에 포도 손실이 발생한다.
- 꽃자루가 제거된다(꽃자루가 있어야 하는 해가 있고, 양조 과정에서 꽃자루가 필요한 와인도 있다.).
- 기계식 수확에 적합한 가지치기를 해야 한다.

와인 센스
유명 산지의 고급 와인 중에 기계식 수확을 거친 와인은 거의 없다.

누가 기계식 수확을 할까?

프랑스
60%

전 세계
90%

와인 양조 과정

와인 양조는 포도를 즙으로, 그리고 와인으로 변화시키는 신비로운 과정으로, 와인 종류에 따라 달라진다.

레드 와인

포도껍질과 즙을 함께 담은 다음, 발효 후 압착한다.

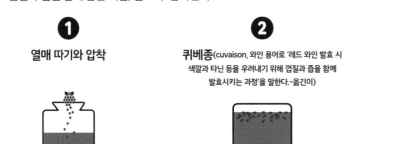

1

열매 따기와 압착

꽃자루(줄기)에서 알맹이를 떼고, 즙과 껍질이 쉽게 접촉할 수 있도록 알맹이를 터뜨린다.

2

퀴베종(cuvaison, 와인 용어로 '레드 와인 발효 시 색깔과 타닌 등을 우려내기 위해 껍질과 즙을 함께 발효시키는 과정'을 말한다.-옮긴이)

즙과 껍질을 침용시킨다. 포도의 즙은 하얗지만 껍질과 어느 정도 접촉하게 되면 붉은색을 띤다.

3

알코올 발효

효모가 당을 알코올과 이산화탄소로 만든다.

4

피자주(pigeage)와 르몽타주(remontage)

아로마와 타닌을 잘 추출하기 위해 샤포(레드 와인의 침용과 알코올 발효 중 탱크 표면으로 떠오르는 포도 찌꺼기 덩어리-옮긴이)를 단단한 막대기로 가라앉히거나(피자주) 탱크 아래에 있던 즙을 퍼 올려서 샤포를 적셔준다(르몽타주).

5

추출과 압착

탱크 하단의 꼭지를 열어 '뱅 드 구트'라고 하는 포도즙을 회수한다. 이후 남은 포도즙을 추출하기 위해 남아 있는 포도 찌꺼기를 압착하는데 이렇게 얻은 와인을 '뱅 드 프레스'라고 한다. 뱅 드 프레스는 블렌딩하거나 단독으로 쓸 수 있다.

6

수티라주(soutirage)

와인을 옮겨 담아 탱크 바닥에 가라앉아 있는 침전물을 분리해낸다.

7

숙성

탱크나 바리크(225L 나무통) 혹은 푸드르(1,000L 이상의 나무통)에서 18~24개월 동안 숙성시킨다.

8

필트라시옹(filtration)과 콜라주(collage)

작용물질을 첨가해 불순물을 응고시키고(콜라주) 와인을 여과시켜(필트라시옹) 응고된 불순물을 제거한다.

9

병입

- 꽃자루를 제거하지 않는다 : 꽃자루는 와인에 질감과 구조, 타닌을 더하고 알코올 도수를 제한한다(꽃자루는 수분을 포함한다.). 하지만 와인이 텁텁해지기도 한다.
- 발효 온도를 조절한다 : 발효 온도가 적절할수록 포도는 본래의 아로마를 잘 간직한다.
- 임의로 발효가 일어나도록 그냥 두거나 효모를 첨가한다.
- 중립적 탱크에서 알코올 발효시키거나 나무통에서 알코올 발효한다(104쪽 참조).
- 타닌이나 질감이 지나치게 추출되는 것을 막기 위해 르몽타주나 수티라주를 실시하지 않는다.
- 와인의 농도를 '해치지' 않기 위해 점착제로 찌꺼기를 응고시키거나 필터링을 하지 않는다.
- (좀 더 유연한) 뱅 드 구트와 뱅 드 프레스를 블렌딩하거나 각각을 따로 처리한다.

화이트 와인

포도를 수확 직후, 발효 전에 압착한다.

❶ 압착

껍질에 의해 즙이 착색되는 것을 막기 위해 포도송이 전체를 압착한다.

❷ 가라앉히기

부유물을 가라앉혀 제거하기 위해 즙을 가만히 놓아둔다.

❸ 알코올 발효

(자연적으로 포도껍질에 남아 있던 혹은 포도즙에 첨가한) 효모가 당을 알코올과 이산화탄소로 만든다.

❹ 숙성

탱크나 바리크 혹은 푸드르에서 포도를 숙성시킨다.

❺ 필트라시옹과 콜라주

와인을 정화하고 안정화하기 위해 작용물질을 첨가해 불순물을 응고시키고 와인을 여과시켜 응고된 불순물을 제거한다.

❻ 병입

- 송이에서 알맹이를 딴다(기계식 수확일 경우 열매가 떨어질 수밖에 없다.).
- 발효 온도를 조절한다 : 발효 온도가 낮을수록 포도는 본래의 아로마를 잘 간직한다.
- 임의로 발효가 일어나도록 그냥 두거나 효모를 첨가한다.
- 중립적 탱크에서 알코올 발효시키거나 나무통에서 알코올 발효한다.
- 찌꺼기를 제거하지 않은 상태에서 발효하거나(쉬르 리 숙성이라고 한다.-옮긴이) 탱크 바닥에 쌓여 있는 죽은 효모를 부유물로 뜨게 하는 바토나주를 실시해 더욱 풍부한 와인을 만든다.
- 두 번째 발효를 시킨다 : 산도를 낮추기 위해 젖산 발효를 한다(103쪽 참조).

로제 와인

로제 와인 양조에는 두 가지 방법이 있다. 하나는 화이트 와인 양조법과 유사하고 다른 하나는 레드 와인 양조법과 유사하다. 일반적으로 로제 와인은 적포도로 만드는데 소량의 청포도를 블렌딩하기도 한다. 포도의 즙은 무색이기 때문에 즙과 껍질의 접촉 시간이 와인의 최종 색깔에 영향을 미친다.

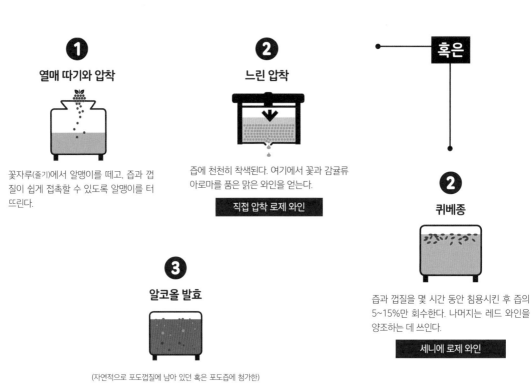

1 열매 따기와 압착

꽃자루(줄기)에서 알맹이를 떼고, 즙과 껍질이 쉽게 접촉할 수 있도록 알맹이를 터뜨린다.

2 느린 압착

즙에 천천히 착색된다. 여기에서 꽃과 감귤류 아로마를 품은 맑은 와인을 얻는다.

직접 압착 로제 와인

혹은

2 퀴베종

즙과 껍질을 몇 시간 동안 침용시킨 후 즙의 5~15%만 회수한다. 나머지는 레드 와인을 양조하는 데 쓰인다.

세니에 로제 와인

3 알코올 발효

(자연적으로 포도껍질에 남아 있던 혹은 포도즙에 첨가한) 효모가 당을 알코올과 이산화탄소로 만든다.

4 숙성

탱크나 바리크 혹은 푸드르에서 포도를 숙성시킨다.

5 필트라시옹과 콜라주

와인을 정화하고 안정화하기 위해 작용물질을 첨가해 불순물을 응고시키고 와인을 여과시켜 응고된 불순물을 제거한다.

6 병입

- 포도가 따뜻해지지 않도록 밤 혹은 새벽에 수확한다.
- 포도를 압착하거나 압착하지 않는다.
- 포도껍질과 즙의 접촉 시간을 조절한다.
- 낮은 온도를 유지하고 포도즙과 공기의 접촉을 효과적으로 막을 수 있는 정밀한 설비로 양조한다. 투명한 색의 로제 와인을 만드는 비법 중 하나다.
- 두 번째 발효를 시킨다 : 젖산 발효를 한다.
- 로제 와인을 바리크에서 숙성시킨다 : 최고급 로제 와인을 양조하기 위해 바리크에서 숙성시키는 와인메이커가 있다.

스파클링 와인

와인의 기포를 만드는 방법은 여러 가지가 있다.

전통 방식

샴페인(샹파뉴 방식이라는 이름으로 통한다.), 크레망, 스파클링 부브레 혹은 이탈리아의 프란치아코르타를 양조하는 데 쓰이는 방법이다. 양조 시간이 품질을 결정하는 핵심 요소다.

❶ 압착

껍질에 의해 즙이 착색되는 것을 막기 위해 포도송이 전체를 압착한다.

❷ 발효

'원액'을 얻기 위해 탱크나 나무통에서 발효시킨다.

❸ 블렌딩

다양한 품종, 구획, (빈티지가 아닌 경우) 빈티지의 원액을 블렌딩한다.

❹ 티라주(tirage)

블렌딩한 와인에 당과 효모를 첨가한다.

❺ 필트라시옹과 콜라주

와인을 병에 주입하고 마개로 막는다. 그리고 '프리즈 드 무스', 즉 병 내 발효가 일어나기를 기다린다.

❻ 숙성과 르뮈아주 (remuage)

15개월에서 길게는 10년 동안 나무로 된 판자에서 숙성시킨 후, 침전물이 병목에 쌓일 수 있도록 병목이 아래로 오도록 두고 정기적으로 병을 돌려준다(르뮈아주).

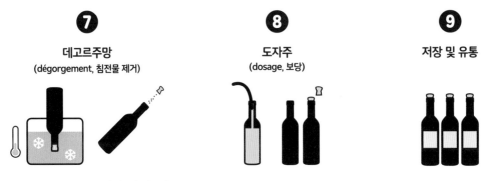

❼

데고르주망
(dégorgement, 침전물 제거)

병목을 영하 25도의 식염수에 담근다. 병목 안에서 형성된 얼음이 침전물을 가두고 이때 병마개를 열면 침전물이 밖으로 배출된다.

❽

도자주
(dosage, 보당)

리쾨르 덱스페디시옹이라고 부르는 와인과 당 혼합물을 첨가하고 코르크와 뮈즐레(샴페인의 코르크를 감싸는 철사 망-옮긴이)를 최종 병입한다.

❾

저장 및 유통

유통하기 전 휴지기를 갖는다.

조상의 방식

이름에서 알 수 있듯이 스파클링 와인을 만드는 가장 오래된 방식이다.

▶ 기포는 효모 첨가가 아닌 포도의 천연 당으로 만들어진다.

▶ 생과일 향과 중간 정도 혹은 낮은 알코올 도수를 얻을 수 있다.

▶ (8단계에서 실시하는 도자주에 따라) 브뤼, 드미 세크(세미 드라이), 두(스위트) 와인을 만들 수 있다. 가이약 스파클링 와인, 클레레트 드 디, 뷔제 세르동을 이러한 방식으로 양조한다.

펫낫(Pét'Nat)이라고?

이 재미있는 이름은 와인을 양조할 때 황을 사용하지 않거나 아주 적은 양을 사용하는 내추럴 와인메이커가 생산한 뱅 무쇠(프랑스 샹파뉴 지방 이외에서 생산되는 스파클링 와인-옮긴이)를 가리킨다. 펫낫은 맥주처럼 간단한 크라운 캡만 씌워져 있다. 조상의 방식에 따라 양조되는데, 이 방식에서 '내추럴 스파클링'이라는 뜻의 '페티앙 나튀렐'이라는 이름이 유래되었다. 몇 년씩 기다리지 않고 바로 마실 수 있는, 어깨에 힘을 뺀 스파클링 와인이라고 할 수 있다.

이례적인 샹파뉴 로제의 양조 방식

화이트 와인에 레드 와인을 첨가해 양조할 수 있는 유일한 로제 와인이다. 하지만 샹파뉴 로제도 점차 세니에 방식으로 양조되는 추세다.

숙성

젖산 발효란?

알코올 발효 후 실시하는 2차 발효를 말한다. 알코올 발효가 효모의 작용에 의한 발효라면, 2차 발효는 젖산균의 작용에 의한 발효다. 말산이 젖산(우유에서 찾아볼 수 있는)으로 변하는 것이다. 이 과정을 거치면 와인의 산도가 낮아진다.

$$\text{말산} \xrightarrow{\text{젖산균}} \text{젖산 + 탄산가스}$$

젖산 발효는 모든 레드 와인 양조에 두루 쓰인다.

목적
- 와인의 맛이 원만해진다.
- 색이 진해진다.
- 와인은 안정화되고 박테리아의 공격에 덜 민감해진다.

화이트 와인의 경우 와인 양조 전문가의 의도에 따라 젖산 발효의 추가 여부가 결정된다. 와인메이커는 전체적인 발효와 부분적인 발효 중 하나를 선택할 수 있다.

목적
- 와인메이커는 젖산 발효로 와인의 산도를 낮추려고 한다.
- 소비뇽 품종의 경우와 같이 젖산 발효가 아로마를 '평평하게' 만들기 때문에 혹은 와인의 생기 있는 스타일을 지키기 위해 와인메이커는 젖산 발효를 피하기도 한다.

와인메이커는 어떻게 발효를 최적화할까?

▶ 발효 온도 조절 : 낮은 온도는 발효를 억제하고 높은 온도는 발효를 활성화한다.

▶ 젖산균으로 발효를 일으킨다.

▶ 이산화황 추가 : 이산화황은 발효를 억제한다.

◁∈ 와인 에피소드

프로의 언어 : 젖산 발효(malolactic fermentation)라는 말보다 이를 줄여서 흔히 'MLF'라고 한다.

숙성이란 무엇일까?

발효 후부터 병입되기 전까지의 모든 과정을 말한다. 오픈해 바로 마시는 와인의 숙성 기간은 오랫동안 숙성시키는 와인의 기간보다 짧다. 숙성을 위해 선택한 탱크의 재질과 크기는 와인 스타일에 큰 영향을 미친다.

숙성이 와인에게 주는 혜택

▶ 적절하게 제어된 가벼운 산화로 와인을 안정화시킨다.
▶ (나무통 숙성의 경우) 외부 타닌을 더해 와인의 구조를 강화한다.
▶ 아로마를 발달시키고 특징을 집중시킨다.
▶ 탱크 바닥에 형성되는 침전물을 수티라주 작업으로 (일반적으로 3개월에 한 번 실시) 제거해주어 와인을 정화한다.
▶ 최종 블렌딩을 준비시킨다.

주의할 것!

 병 안에서 이루어지는 성숙의 단계인 숙성과 혼동하지 말자.

탱크 숙성

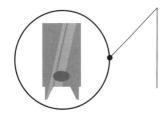

스테인리스 탱크
현재 가장 많이 쓰이는 탱크로 온도 조절 장치가 장착되어 있다.

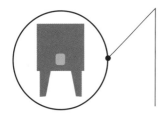

콘크리트 탱크
거의 쓰이지 않다가 불활성이 뛰어나다는 사실이 증명되면서 다시 쓰이기 시작했다.

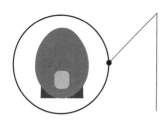

달걀형 콘크리트 탱크

둥근 형태가 와인의 만개에 유리하게 작용하기 때문에 최근 들어 와인메이커들이 애용하고 있다.

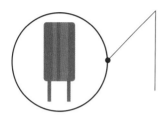

유리섬유 탱크

온도 조절에 취약해 요즘에는 잘 쓰이지 않는다.

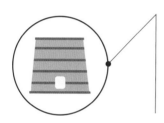

나무 탱크

푸드르라고도 하는 나무 탱크는 알자스와 같이 몇몇 지역의 전형적인 탱크다. 적어도 1,000L의 와인을 담을 수 있고 나무 향이 와인에 영향을 미치지 않는다.

  장점
- 비용이 적게 든다.
- 위생 관리가 쉽다.
- 나무통 숙성보다는 시간을 덜 빼앗고 덜 짜증나게 한다.
- 저렴한 와인뿐만 아니라 과일 노트의 아로마와 개운하고 아삭거리는 스타일을 유지하고 싶은 고품질 와인에 적합한 숙성이다.

 단점
- 높은 온도는 여러 현상을 촉진시킬 수 있다.
- 위생 관리가 절대적인데 탱크가 꽉 차 있지 않을 때는 유지 관리가 어렵다.
- 수티라주처럼 와인을 움직이는 작업을 할 경우 가스의 이동을 세심하게 관리해야 한다.

나무통 숙성

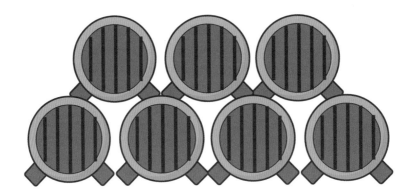

 장점
- 나무의 다공성 덕분에 와인이 미세한 공기와 접촉하게 된다. 이는 와인의 아로마에 유리하게 작용한다. 와인은 공기 중의 산소와 상호작용하는 법을 배우면서 스스로 잘 숙성할 준비를 한다.
- 나무의 타닌이 와인의 구조를 견고히 하고 바닐라, 코코아, 훈연이나 볶은 노트의 아로마 등을 더해 아로마를 더욱 풍부하게 한다.

 단점
- 비용이 많이 든다. 고품질 통은 바리크당 600유로(약 80만 원)에서 900유로(약 120만 원)에 달하고 특수 통은 바리크당 1,000유로(약 134만 원)가 넘기도 한다.
- 나무통을 감독하고 시간이 지남에 따라 증발하는 와인을 보충하기 위해 규칙적으로 나무통을 채우고, 필요할 경우 창고를 바꾸거나 와인을 다른 나무통으로 옮기는 데 많은 인력이 필요하다.
- 나무통은 3% 정도의 와인을 흡수한다. 이것이 그 유명한 '천사의 몫'이다.
- 농축되고 강한 와인에 적합하다. 그렇지 않은 와인일 경우, 나무가 와인에 향을 입혀 와인 고유의 과일 아로마를 가리게 된다.

알고 있었나요?

 '두 와인 바리크'라는 표현은 두 와인을 연달아 숙성한 나무통을 의미한다. 새 나무통이나 하나의 와인만 숙성한 나무통보다는 더 적은 나무 향 맛을 낸다.

짧은 사용 기간

최고급 와인을 양조하는 데 쓰이는 나무통은 1년, 그 외의 와인 양조에 쓰이는 나무통은 3년 정도밖에 사용하지 않는다. 여러 번 쓴 나무통일수록 와인에 주는 타닌과 나무 아로마가 줄어든다. 나무통은 사용할 때마다 철저하게 세척해야 한다.

어떤 나무로 만들까?

각 수종의 입자는 특징이 있다. 이 입자의 특징에 따라 외부 공기와의 접촉이 촉진되거나 억제되는가 하면, 와인에 주는 타닌의 양도 달라지고 드러나는 아로마의 복합성에도 차이가 생긴다. 참나무는 가장 널리 쓰이고 애용되는 수종인데 특히 리무쟁의 참나무와 트롱세의 참나무가 유명하다. 밤나무 혹은 아카시아나무로 만든 나무통도 있다.

　통 제조공의 역할이 무척 중요하다. 통을 만들 때 통을 '토스트'한다. 즉 통 안쪽을 그을리는데 그을리는 시간과 그을림 정도에 따라 아로마가 크게 달라지기 때문이다(바닐라 향에서 커피 향까지, 코코넛 향에서 토스트 향까지).

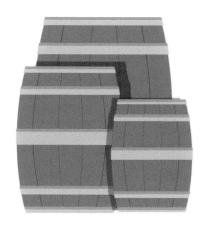

어떤 용량이 있을까?

1,000L 이상(푸드르), 500에서 600L(드미 뮈), 456L(쾨), 225L(바리크), 228L(피에스), 114L(푀이에트) 등 각 용량에는 이름이 있고 이 이름은 지역마다 다르다.

　프랑스에서는 나무통 숙성을 거치는 와인의 대부분이 225L(750mL 병 300병 분량)의 보르도 바리크, 228L의 부르고뉴 피에스 안에 담겨 있다. 빈 바리크 한 통의 무게는 40~48kg이고 600L의 드미 뮈의 무게는 140kg이다.

와인 센스

'나무통 숙성(élevage en fûts)'이 품질을 보증할까?
라벨에 'élevage en fûts'를 표기하는 것은 의무가 아니다. 나무통에서 숙성한 많은 와인은 이를 뒤쪽 라벨에 표기하는 데 그친다. 하지만 라벨의 이 표기가 품질보증이라도 되는 듯 눈에 띄게 표시해놓은 와인이 분명 있다. 프랑스 법은 와인이 대팻밥과의 접촉 없이, 나무로 된 통에서 발효·숙성된 와인에만 '나무통 숙성'을 표기할 수 있다고 규정하고 있다. 적어도 와인의 절반이 나무로 된 통에 적어도 6개월 동안 담겨 있어야 한다. 그렇기 때문에 나무통 숙성 기간이 항상 긴 것도 아니고 게다가 어떤 나무통인지 알 수도 없다.
결론 : 라벨을 강조할수록 의심해보자!

나무통 들여다보기

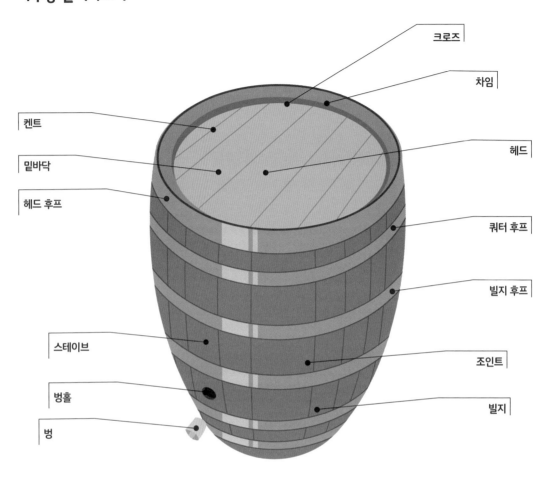

크로즈

차임

켄트

헤드

밑바닥

헤드 후프

쿼터 후프

빌지 후프

스테이브

조인트

벙홀

빌지

벙

황과 와인, 적인가 동지인가?

황은 수 세기 전부터 와인 양조에 사용되어 왔다. 라벨에 표시된 '이산화황 첨가'는 와인에 황이 포함되어 있음을 알려준다. 그런데 현재 이 첨가물의 역할이 다시금 도마에 올랐다.

황이란 무엇일까?

황(SO₂)은 '이산화황' 또는 '무수아황산'이라고도 한다. 석유산업에서 유래한 화학물질이다. 화산성 토양에서도 천연 황이 발견되지만 굉장히 드물다.

황의 역할은 무엇일까?

▶ 산화방지제 : 와인이 공기와 접촉해 상하는 것을 방지한다.
▶ 살균제 : 불청객 박테리아를 파괴한다.
▶ 발효를 중단시킨다.

언제 황을 사용할까?

▶ 수확할 때 : 와인이 산화되지 않도록 보호하고 발효가 시작되는 것을 막는다.
▶ 양조 중 : 발효를 제어할 수 있게 해준다.
▶ 와인을 나무통에 담을 준비를 하는 과정 중 : 통에 유황 초를 태운다. 이산화황이 나무에 침투해 나무를 살균한다. 와인을 채울 때 이산화황이 와인으로 옮겨가 아황산염이 된다.
▶ 병입할 때 : 아황산염은 와인이 산화되지 않도록 보호하고 안정화시킨다.

황은 왜 비난을 받을까?
▶ 대개 썩은 포도 수확에서 기인하는 아로마 편차를 황으로 쉽게 가릴 수 있기 때문에 와인메이커가 황을 남용하는 경우가 있다.
▶ 잠재적 알레르기 유발물질로 알려졌고, 이 때문에 황 함유 표시가 의무화되었다.
▶ 과도하게 함유되었을 경우 두통을 유발할 수 있다.
▶ 와인의 아로마 표현을 방해한다.

와인 센스

황이 그 자체로 문제가 되는 것은 아니다. 문제는 바로 황의 배합률이다.

취약한 와인

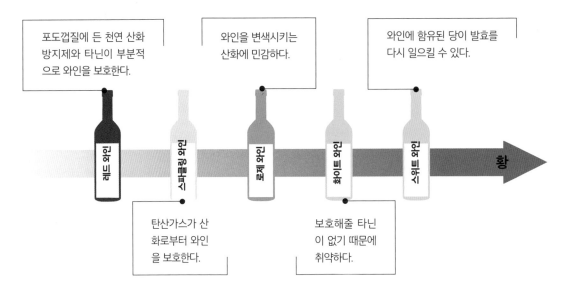

포도껍질에 든 천연 산화 방지제와 타닌이 부분적으로 와인을 보호한다.

와인을 변색시키는 산화에 민감하다.

와인에 함유된 당이 발효를 다시 일으킬 수 있다.

탄산가스가 산화로부터 와인을 보호한다.

보호해줄 타닌이 없기 때문에 취약하다.

레드 와인

스파클링 와인

로제 와인

화이트 와인

스위트 와인

황

허용되는 함유량은?

허용되는 최대 이산화황 함유량은 와인의 타입과 인증에 따라 다르다.

와인 타입	관례	AB 인증*	데메테르**	비오디뱅***	나튀르 에 프로그레****	AVN*****
화이트 와인과 드라이 로제 와인 (당<5g/L)	200mg/L	170mg/L	90mg/L	105mg/L	90mg/L	40mg/L
레드 와인 (당<5g/L)	150mg/L	120mg/L	70mg/L	80mg/L	70mg/L	30mg/L
스위트 와인 (당>35g/L)	300~400mg/L	270~370mg/L	200mg/L	175~200mg/L	150~210mg/L	150mg/L
고급 스파클링 와인	185mg/L	155mg/L	70mg/L	96mg/L	60mg/L	60mg/L

* AB(Agriculture Biologique) 유기농 라벨. 1985년 프랑스에서 만든 유기농 인증마크
** Demeter : 국제 유기농 인증기관 데메테르의 인증마크
*** Biodyvin : 국제 바이오다이내믹 와인메이커 조합(SIVBD)의 바이오다이내믹 인증마크
**** Nature et progrès : 1964년 설립된 대표적 농업생물학 및 바이오다이내믹 농업협회
***** 프랑스 내추럴 와인협회 인증

첨가물을 사용하지 않거나 사용을 최대한 제한하려는 와인메이커는 누구일까?

유기농, 바이오다이내믹 농법을 기반으로 하는 와인메이커 그리고 내추럴 와인 지지자들은 어떠한 첨가물도 사용하지 않으면서 이산화황의 함유량을 극도로 제한하거나 아예 사용하지 않으려고 한다.

어떻게 하면 사용하지 않을 수 있을까?

이산화황을 사용하지 않으려면 포도나무가 건강하고 튼튼해야 하며, 엄격한 선별로 썩은 포도를 완벽히 제거하고, 와인 저장고의 위생 관리 또한 완전무결해야 한다. 더불어 탱크를 세심하게 관리하고 와인을 여과하는 과정에도 주의를 기울여야 한다.

산화로부터 와인을 보호하기 위해 낮은 온도 양조 방식이나 불활성 기체 방식 혹은 병에 약간의 탄산가스를 주입하는 방식을 적용하는 와인메이커도 있다.

이산화황을 첨가하지 않은 와인이라는 것을 어떻게 알 수 있을까?

라벨에 '황 무첨가', '이산화황 무첨가', '자연 그대로', '양조 및 병입 과정에서 어떠한 황도 첨가되지 않았음'과 같은 문구가 표기된다.

발효 과정에서 자연적으로 황이 생성되기 때문에 모든 와인에는 약간의 황이 있을 수 있다. 하지만 이러한 황은 인위적으로 첨가하는 황과는 성질이 다르다.

이산화황을 첨가하지 않으면 와인의 맛이 변할까?

이산화황을 첨가하지 않은 와인은

▶ 탄산가스를 함유할 수 있다. 기포는 통풍을 시키거나 병을 살짝 흔들면 빠져나간다.
▶ 좀 더 불안정하다. 따라서 큰 온도 차를 겪거나 지나치게 높은 온도(14~16℃)에서 장시간 저장할 경우 변질될 위험이 있다.

유기농 와인, 바이오다이내믹 와인, 내추럴 와인

포도밭에서 과도한 농약을 사용하고 양조하는 과정에서 적지 않은 양조 첨가물을 사용하는 데 반기를 들면서 내추럴 와인 혹은 유기농이나 바이오다이내믹 농법으로 생산되는 와인이 발전하고 있다.

농약이란 무엇일까?

포도나무와 포도에 해를 끼칠 수 있는 것들을 퇴치하기 위해 사용하는 화학약품 일체를 가리킨다.

 살충제는 벌레를 제거한다.

 살진균제는 특히 습도가 지나치게 높을 때 잘 생기는 균류를 제거한다.

 제초제는 포도나무와 경쟁을 하거나 너무 커버려 습도를 올리는 잡초를 제거한다.

왜 다른 방식의 포도 재배 및 양조법이 발달할까?

▶ 합성 화학약품이 건강에 해롭다는 인식이 늘어나고 있다. 또한 화학약품이 생물다양성뿐만 아니라 화학약품을 사용하는 농민과 재배지 주변에 사는 주민들의 건강을 해칠 것으로 추측하고 있다. 와인에서 농약의 잔재가 확인되기도 했다.

▶ 환경과 자신의 건강을 보호하기 위해 이전과는 다른 방식으로 재배하려는 와인메이커가 늘어나고 있다.

▶ 유기농 제품과 지속가능한 방식으로 만든 제품을 찾는 소비자가 늘고 있다.

와인 센스	
	수많은 노력에도 불구하고 재래식 포도 재배는 농약을 가장 많이 쓰는 농업 중 하나다. 재배면적의 3%를 차지하는 포도 재배의 농약 사용이 전체 농약 사용의 20%를 차지한다.

기존과 다른 접근방식들

바이오다이내믹 농법

식물을 건강하게 유지해 외부 공격으로부터 스스로를 보호하게 만드는 예방에 근거한 농법이다. 식물 기초준비 작업과 천연 재료로 식물의 생명력을 유지한다. 포도밭의 생물다양성이 고양된다. 토양이 토양 안의 효소와 박테리아, 지렁이와 활발하게 작용할 수 있도록 토양을 아주 가볍게 갈거나 아예 갈지 않는다. 달의 주기도 살펴야 한다. 저장고에서는 사용하는 이산화황의 양이 줄어든다.

 장점
- 환경과 와인메이커의 건강을 소중히 여기는 농법으로, 식물에 대한 이해와 식물과 환경의 상호작용에 대한 이해에 있어 유기농에서 한 걸음 더 나아간 농법이다.

 단점
- 화학약품을 사용하지 않으면서 병충해에 맞서야 하기 때문에 끊임없는 포도밭 관리와 풍부한 경험이 필요하다. 생산량도 낮아진다.
- 적시에 적절하게 식물을 보살필 수 있도록 와인메이커가 항시 대기하고 있어야 하고 많은 인력이 필요하다. 즉 리스크가 크다.
- 정확한 과학을 기반으로 하지 않는 실행 방법도 있기 때문에 바이오다이내믹 농법에 문외한인 사람들에게는 '난해하고' 기이하게 보이기도 한다.

알고 있었나요?

 바이오다이내믹 농법의 원리는 수많은 접근법과 실험으로 풍부해진 루돌프 슈타이너(1861~1925)의 이론을 기초로 한다.

유기농

유기농은 포도밭에서 합성농약을 사용하지 못하게 하고 양조장에서 허용되는 첨가물을 규제한다. 아울러 양조에 사용되는 이산화황의 양을 제한한다. 모든 실행 방법은 유럽 차원으로 조정된 공식 규정서에 명확하게 설명되어 있다. 인증을 받은 와인만이 유기농 와인이라고 말할 수 있다.

 장점
- 모든 포도밭에 적용되는 명확한 기준이 있다.

 단점
- 유기농 재배에 사용되는 대체 물질이 무해한 것은 아니다. 토양에 필요 이상으로 구리가 많아지면 해로운 영향을 끼친다.

지속가능한 농법

절제농법은 농약 사용을 금하지는 않지만 사용을 줄이려고 하는 농법이다.

 장점
- 실행 방법을 바꾸려는 노력이며 지속가능한 발전이라는 절대적 필요성을 고려한 농법이다.

 단점
- 문서화된 규정이 없어 각각의 와인메이커가 '절제'에 대한 자신만의 기준을 가지고 있다. 인증마크가 개발되고 있지만 넘쳐나는 인증마크가 오히려 혼란을 주기도 한다.

주요 숫자

 프랑스 포도밭의 **10%** 가 유기농 인증을 받았거나 유기농으로 전환 중이다.

 유기농 와인메이커 중에서 바이오다이내믹 농법을 실시하는 와인메이커의 비중은 **15%** 로 추산된다.

생산요소(비료, 설비 등) 및 와인 양조에 허용되는 방식의 숫자

 **72** 재래식 농법

 **52** 유럽 유기농 인증마크

 **23** 데메테르 (바이오다이내믹)

인증마크의 정글 세계

인증받은 와인이 가장 좋은 와인일까?

▶ 와인의 품질은 와인메이커의 재능과 선택한 양조 방식에 따라 달라진다. 재래식 농법으로 재배한 포도든 유기농으로 재배한 포도든 제대로 선별되지 못한 포도 혹은 제대로 성숙하지 않은 포도로는 결코 좋은 와인을 만들 수 없다.

▶ 테이스팅 전문가는 바이오다이내믹 와인 특유의 아로마 프로파일, 즉 아로마가 좀 더 복잡하고 순수하며 와인의 균형감을 보증하는 산미가 좀 더 두드러지는 특징을 식별해낸다.

AB와 유로리프

재배와 와인 양조

2007년부터 유럽 차원의 유기농 관련법이 제정되었다. 2012년부터 이 법은 재배뿐만 아니라 와인 양조에도 적용되었다. 병에 의무적으로 표시해야 하는 것은 유로리프(Euro-leaf) 로고뿐이다. 하지만 대부분 프랑스 AB 로고와 함께 표시되는데 프랑스 AB가 더 널리 알려졌기 때문이다. 유기농으로의 전환은 3년 걸린다.

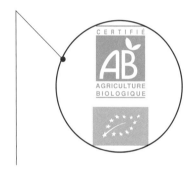

 장점
• 어떠한 화학적 생산요소 투입도 금지하기 때문에 절제농법에 비해 더욱 투명하고 명확하다.

 단점
• 포도밭에 구리가 과도하게 사용될 여지가 있다.
• 트랙터 작업이 빈번하면 에너지를 잡아먹고 토양이 내려앉을 수 있다. 트랙터 작업을 최소화하거나 아예 하지 않는 와인메이커도 있지만 이 두 마크는 이러한 부분을 고려하지 않는다.
• 와인 양조 과정에 허용되는 양조 첨가물과 실행법이 많다.

주의할 것!

 '이산화황 무첨가'와 유기농을 같은 뜻이라고 보면 안 된다. 두 표기 사이에는 어떠한 필연적 연관도 없다.

나튀르 에 프로그레

민간, 비영리협회 나튀르 에 프로그레(Nature & Progrès)의 접근방식으로 이미 유기농 인증을 받은 와인을 대상으로 하지만 와인 양조에 있어서 유기농보다 한 걸음 더 나아갔다고 할 수 있다. 손으로 따는 수확과 효모를 첨가하지 않는 자연발효를 장려하고, 허용 이산화황 양을 낮추었다.

장점
- 기존과는 다른 소비 및 경제발전 모델을 구현한다는 발상으로 유기농을 끝까지 밀어붙인 까다로운 마크. 재배 관행을 변화시키는 미래지향적 마크이며 생산자와 소비자, 전문가를 연결하는 협업 모델을 발전시키기도 한다.

단점
- 나튀르 에 프로그레는 거의 알려지지 않았고 다른 접근방식과 경쟁하고 있다.

데메테르

재배와 와인 양조

데메테르 인증을 받은 와인은 반드시 유기농 인증을 이미 받은 와인이어야 한다. 허용 구리 사용량을 유기농에서보다 더욱 제한하고 바이오다이내믹 기초 작업을 우선시한다. 와인 이외의 생산활동을 한다면, 이 모든 생산 또한 유기농이어야 한다.

장점
- 유기농보다 허용 양조 방법에 제약이 많다. 저온 살균은 실시할 수 없고, 허용 이산화황 사용량도 더 낮으며, 자생효모(포도 자체에서 유래한 효모)가 권장된다.
- 마크가 모든 식품에 적용되면서 인지도가 높아지고 있다.

단점
- 인증마크가 '데메테르 포도로 만든 와인'이라는 로고와 함께 명시된다면 포도나무 재배에만 적용되었다는 의미다.
- 국제적 차원에서 개발된 규정서가 지나치게 엄격하다고 생각하는 바이오다이내믹 와인메이커들이 있다.

HVE(Haute Valeur Environnementale, High Environmental Value)

프랑스 농림부가 지속가능한 발전 관행과 생물다양성 보존을 장려하기 위해 2012년부터 실시한 접근법이다. 포도 재배 전체에 적용되는 환경성과 지수에 기반한다.

 장점
- 울타리와 가장자리에 풀을 심은 수로를 설치하고 포도나무 충해의 포식곤충 활용, 꽃과 나무 심기를 권장한다.
- 화학약품을 사용하는 농법을 제한한다.
- 절제농법을 위한 공식적 접근방식이다. 외부 기관이 감독한다.

 단점
- 접근방식과 로고가 거의 알려지지 않았다. 점차 늘어나는 서로 다른 절제농법 접근방식 중에서 두각을 나타내기 어렵다.
- 인증 방식은 세 단계로 세분화되는데, 단계3 인증을 받아야만 HVE 인증을 받은 것으로 인정되고 로고도 사용할 수 있다.

테라 비티스

환경적 측면과 사회적 측면을 결합한 민간 인증으로 프랑스 농림부로부터 승인을 받았다.

 장점
- 자연의 수호자이자 고용주이기도 한 와인메이커가 하는 일의 모든 측면을 고려한 포괄적 인증 방식이다. 하나의 조직망을 이루는 인증받은 와인메이커 간에 경험을 교류할 것을 장려한다.
- 공식적으로 승인받은 인증으로 독립기관이 이 인증서의 규정서를 감독·관리한다. 라벨에 표시된 인증마크가 눈에 잘 띈다.

 단점
- 환경적 측면에서 HVE보다 덜 엄격하다. 포도 재배 방식에 있어서는 상당히 관대한 절제농법이라고 할 수 있다.

비오디뱅

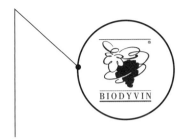

재배와 와인 양조

데메테르와 마찬가지로 '어떠한 첨가도, 어떠한 회수도, 어떠한 조작도 없이'라는 원칙에 따라 자연이 포도에 주는 것을 존중하기 위해 양조에 사람의 개입을 최소화하고 바이오다이내믹 원칙에 따라 포도를 재배하는 것이다. 비오디뱅 인증을 받으려면 유기농 인증을 먼저 받아야 한다.

 장점
- 바이오다이내믹 농법을 전파하는 데 열정적이면서도 국제기관인 데메테르로부터 독립성을 지키고자 하는 와인메이커들이 모여 탄생시킨 인증이다.

 단점
- 인증기관보다는 협회의 성격이 강하며 모든 지원자에 오픈되어 있다. 인증은 외부 기관에서 실시하지만 멤버 와인메이커들의 감독과 보호하에 실시된다. 와인 양조 과정에 허용되는 양조 첨가물과 실행법이 많다.

유기농 와인, 바이오다이내믹 와인, 내추럴 와인을 구입하는 3가지 팁

❶ 라벨을 자세히 살핀다. 마크를 표시하는 데 제약이 있기는 하지만 라벨은 와인메이커가 무엇을 약속하는지 알릴 특권이 있다. 유기농 와인은 인증을 받고 여기에 해당하는 로고를 삽입해야 한다. 바이오다이내믹 와인을 찾으려면 라벨에서 데메테르나 비오디뱅 로고를 찾아보자.
❷ 라벨에 퀴베 이름이나 '내추럴' 혹은 '네이처'라는 단어가 들어간 문장을 발견했다면 무엇을 뜻하는지 꼼꼼히 살펴보자.
❸ 유기농 와인이나 바이오다이내믹 와인이 마케팅 수단으로 이용되는 대형 슈퍼마켓보다는 와인메이커와 와인메이커의 접근방식을 잘 알고 있는 특화된 와인 전문점에서 구입하도록 하자.

당신이 지속가능한 발전과 환경보호에 민감하다면 → **유기농, 데메테르, 비오디뱅, HVE, 테라 비티스**

최소한의 양조 첨가물을 사용한 와인을 찾는다면 → **바이오다이내믹, 비오디뱅, 나튀르 에 프로그레, AVN과 S.A.I.N.S**(이산화황과 첨가물 없는) **와인협회의 와인**

이산화황 함유량이 적은 와인을 찾는다면 → **유기농, 데메테르, 비오디뱅, 나튀르 에 프로그레, AVN의 와인**

내추럴 와인이란 무엇일까?

내추럴 와인 혹은 네이처 와인을 인증하는 공식적인 인증마크는 없지만 내추럴 와인협회(AVN)와 이산화황과 첨가물 없는 와인협회(S.A.I.N.S)가 헌장 마련을 책임지고 있다.

한 가지 구별할 것

▶ '내추럴(naturel)'은 아주 제한된 양의 이산화황이 첨가되었음을 의미한다.
▶ '네이처(nature, 자연 그대로)'는 어떠한 이산화황도 첨가되지 않았음을 의미한다.

수확 직후 양조되는 과정에 적용되는 방식이다. 이산화황뿐만 아니라 어떤 양조 첨가물이든 극도로 제한하거나 아예 사용하지 않는 와인메이커도 있다. 자연이 와인에게 준 것을 그대로 표현하려는 것이다.

 장점
- 어떠한 기법도 없이 자신의 테루아를 있는 그대로 표현하는 건강한 와인을 양조하고자 하는 의욕에 고취된 흥미로운 접근방식이다.

 단점
- 어떤 인증도 없기 때문에 오로지 생산자의 양심에 맡겨야 한다.
- '네이처'와 '내추럴'이라는 용어가 극도로 많은 철학과 실행 방식을 가리키는 데 쓰이고 있다.
- 이 방식은 자주 유기농이나 바이오다이내믹과 혼동되는데, 어떤 와인은 '네이처'지만 유기농은 아닐 수 있다.
- 라벨에 표시된 '이산화황 없음' 혹은 '이산화황 무첨가'는 수공업 포도 재배뿐만 아니라 산업형 포도 재배 방식에도 해당한다.
- 내추럴 와인 양조는 와인을 취약하게 만들어 아로마가 어긋날 수도 있다.

제**3**장

주요 포도 재배지 여행

프랑스 와인 재배지

포도밭의 가격은 얼마나 될까?

와인메이커가 되길 꿈꾸는가? 자, 여기 포도밭의 1ha당 가격이 있다.

그야말로 천차만별이다!

와인메이커의 선택

포도밭의 1ha당 가격은 다음에 따라 달라진다.

▶ 포도밭이 어느 정도 품질이 있는 와인을 생산할 역량이 있는가.

▶ 포도밭의 지명도 : 상세르의 1ha는 바로 옆에 위치해 있으며 공통점도 많은 코토 뒤 지에 누아의 2ha보다 비싸게 팔린다.

▶ 포도밭의 크기에 따른 공급과 와인 애호가들의 요구에 의한 수요의 차이

부르고뉴 최고급 크뤼 포도밭의 1ha당 가격의 급등이 좋은 예다. 부르고뉴 최고급 와인의 세계적 성공과 확장이 불가능한 포도밭 크기의 차이 때문에 가격이 급등한 것이다.

2014년 프랑스 명품 대기업 LVMH는 부르고뉴의 와이너리 도멘 데 랑브레와 그 포도밭 10.71ha(이 중 8.66ha는 전설의 포도밭 르 클로 데 랑브레다.)를 1억 100만 유로에 인수했다.

비싸지 않은 포도밭이라도 그곳에서 생산되는 와인이 인지도가 낮아 팔기 어려울 경우 수지타산이 안 맞을 수 있다.

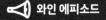 **와인 에피소드**

아주 낮은 가치평가를 받은 포도밭이라도 와인메이커가 잠재력을 발휘하면 인기 있는 포도밭이 될 수 있다. 북부 론 밸리에 위치한 코트 로티의 포도밭은 1950년까지는 가치를 인정받지 못했지만 현재는 1ha당 100만 유로 이상에 팔리고 있다.

프랑스 주요 포도밭의 ha당 가격(단위 유로)

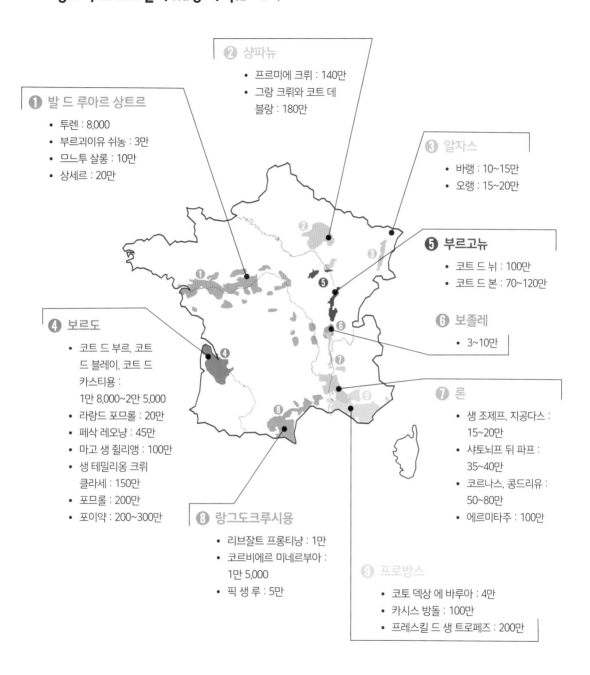

❷ 샹파뉴
- 프르미에 크뤼 : 140만
- 그랑 크뤼와 코트 데 블랑 : 180만

❶ 발 드 루아르 상트르
- 투렌 : 8,000
- 부르괴이유 쉬농 : 3만
- 므느투 살롱 : 10만
- 상세르 : 20만

❸ 알자스
- 바랭 : 10~15만
- 오랭 : 15~20만

❺ 부르고뉴
- 코트 드 뉘 : 100만
- 코트 드 본 : 70~120만

❹ 보르도
- 코트 드 부르, 코트 드 블레이, 코트 드 카스티용 : 1만 8,000~2만 5,000
- 라랑드 포므롤 : 20만
- 페삭 레오냥 : 45만
- 마고 생 쥘리앵 : 100만
- 생 테밀리옹 크뤼 클라세 : 150만
- 포므롤 : 200만
- 포이약 : 200~300만

❻ 보졸레
- 3~10만

❼ 론
- 생 조제프, 지공다스 : 15~20만
- 샤토뇌프 뒤 파프 : 35~40만
- 코르나스, 콩드리유 : 50~80만
- 에르미타주 : 100만

❽ 랑그도크루시용
- 리브잘트 프롱티냥 : 1만
- 코르비에르 미네르부아 : 1만 5,000
- 픽 생 루 : 5만

❾ 프로방스
- 코토 덱상 에 바루아 : 4만
- 카시스 방돌 : 100만
- 프레스킬 드 생 트로페즈 : 200만

랑그도크루시용

랑그도크루시용은 총 재배면적과 생산량에서 있어서 프랑스 제1의 포도 재배 지역이다. 폭넓은 와인 선택이 가능하고 숨겨진 보물 같은 합리적인 가격의 고급 와인을 찾을 수 있는 이 지역이야말로 모든 가능성의 땅이다.

랑그도크루시용은 프랑스 유기농 포도밭의 36%를 차지하며 유기농 와인을 가장 많이 생산하는 지역이다. 이 지역 내에서 유기농 포도밭이 차지하는 비중이 10%임에도 불구하고 말이다. 이는 유기농 포도밭이 24%를 차지하는 프로방스와 비교했을 때 한참 낮은 비중이다.

지리적 분포

● 레드 와인 ● 로제 와인 ● 화이트 와인
* AOC/AOP로 표기

❶ 랑그도크의 주요 포도밭*
- ●●● 랑그도크
- ●●● 카바르데스
- ●●● 코르비에르
- ●●● 포제르
- ● 피투
- ●● 리무
- ●● 말페르
- ●●● 미네르부아
- ● 미네르부아 라 리비니에르
- ● 뮈스카 드 생 장 드 미네르부아
- ● 뮈스카 드 프롱티냥 뱅 드 리쾨르
- ● 뮈스카 드 미르발
- ● 뮈스카 드 뤼넬
- ●●● 생 쉬니앙
- ● 클레레트 뒤 랑그도크

❷ 루시용의 주요 포도밭*
- ●● 바뉠스
- ●●● 콜리우르
- ● 코트 뒤 루시용 빌라주
- ● 코트 뒤 루시용 빌라주 카라마니
- ● 코트 뒤 루시용 빌라주 라투르 드 프랑스
- ● 코트 뒤 루시용 빌라주 레케르드
- ● 코트 뒤 루시용 빌라주 토타벨
- ● 뮈스카 드 리브잘트
- ●● 모리
- ●●● 리브잘트

재배면적 : 24만 6,000ha(AOC 20%, IGP 70%, 뱅 드 프랑스 10%)
평균 생산량 : 16억 병
생산자 1명당 평균 면적 : 12ha
수출 : 생산량의 37%
기후 : 지중해성 온난 기후
토양 : 점토질 석회석, 편암, 사암, 충적토, 자갈밭, 모래, 이회토 등

주요 포도 품종

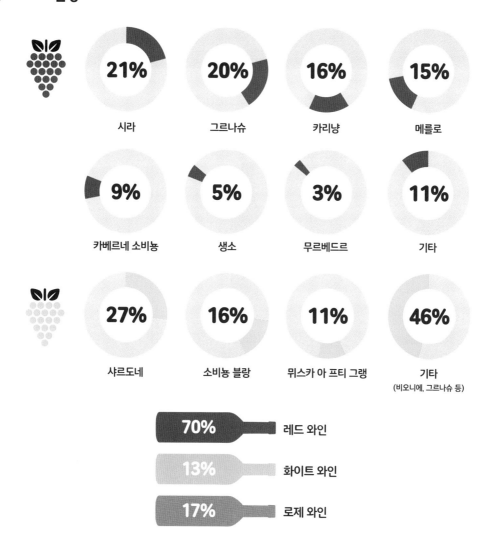

| 시라 | 그르나슈 | 카리냥 | 메를로 |
| 21% | 20% | 16% | 15% |

| 카베르네 소비뇽 | 생소 | 무르베드르 | 기타 |
| 9% | 5% | 3% | 11% |

| 샤르도네 | 소비뇽 블랑 | 뮈스카 아 프티 그램 | 기타 (비오니에, 그르나슈 등) |
| 27% | 16% | 11% | 46% |

70% 레드 와인

13% 화이트 와인

17% 로제 와인

원산지 명칭

28개 AOC/AOP
(이 중 23개가 랑그도크에 있음)

25개 IGP
(이 중 22개가 랑그도크에 있음)

주요 AOC/AOP

바뉠스, 클레레트 뒤 랑그도크, 콜리우르, 코르비에르, 코트 뒤 루시용, 포제르, 피투, 랑그도크, 모리, 미네르부아, 뮈스카 드 프롱티냥, 뮈스카 드 리브잘트, 리브잘트, 생 쉬니앙

최고의 빈티지

2012, 2011, 2010, 2006, 2005, 2004, 2001, 1998, 1995, 1991, 1990, 1989, 1988, 1985

어떤 와인으로 시작할까?

랑그도크의 드라이 화이트 와인

꽃 아로마(산사나무 꽃, 아카시아 꽃 등)가 풍부하고 입 안에서 상쾌한 픽풀 드 피네(picpoul de Pinet : picpoul은 랑그도크 루시용 지방에서 재배되는 화이트 와인 품종-옮긴이)로 시작해보자. 갑각류, 조개류와 완벽하게 어울린다.

랑그도크의 레드 와인

편암에서 자란 카리냥, 생소, 무르베드르, 시라, 그르나슈 누아로 만든 포제르로 이어가자. 포제르는 볶거나 훈제한 곡물 향이 나고 오래된 빈티지에서는 동물 노트가 느껴진다.

루시용의 레드 와인

그르나슈 누아로 만든 뱅 두 나튀렐 와인인 모리로 마무리하자. 모리에서는 포도, 붉은 과일, 검은 과일 향이 나는 동시에 체리와 부드러운 향료, 나아가 말린 무화과와 감초 노트가 입 안을 가득 채운다.

보르도

보르도 와인은 수 세기 전부터 세계적인 명성을 이어왔다. 프랑스 와인이 탁월하다는 평판은 대부분 AOC 와인을 생산하며 포도밭 1위를 차지하고 있는 보르도 지역에서 형성되었다. 그랑 크뤼뿐만 아니라 쉽게 접할 수 있는 와인도 생산한다.

지리적 분포

보르도는 스타일이 뚜렷한 6개의 하위 지방으로 나뉜다. 메독과 그라브를 묶어 '좌안'이라고 하고, 리부른(생 테밀리옹, 포므롤)과 블라예를 묶어 '우안'이라고 한다.

❺ 앙트르 되 메르의 주요 포도밭*
- ●●◐ 그라브 드 바이르
- ●●◐ 생트 푸아 보르도
- ◐ 앙트르 되 메르
- ◐◐ 보르도 오 브노주
- ◐ 앙트르 되 메르 오 브노주
- ◐ 프리미에르 코트 드 보르도
- ● 카디약 코트 드 보르도
- ● 코트 드 보르도
- ◐ 카디약
- ●◐ 코트 드 보르도 생 마케르
- ◐ 루피악
- ◐ 생트 크루아 뒤 몽

❶ 메독의 주요 포도밭*
- ● 메독
- ● 생 테스테프
- ● 포이약
- ● 생 쥘리앵
- ● 리스트락 메독
- ● 물리
- ● 마고
- ● 오 메독

❻ 소테른의 주요 포도밭*
- ◐ 세롱
- ◐ 바르삭
- ◐ 소테른

❷ 그라브의 주요 포도밭*
- ●◐ 페삭 레오냥
- ●◐ 그라브
- ◐ 그라브 쉬페리외르

❹ 리부른의 주요 포도밭*
- ● 프롱삭
- ● 카농 프롱삭
- ● 라랑드 드 포므롤
- ● 포므롤
- ● 뤼삭 생 테밀리옹
- ● 몽타뉴 생 테밀리옹
- ● 생 조르주 생 테밀리옹
- ● 퓌스갱 생 테밀리옹
- ● 생 테밀리옹
- ● 생 테밀리옹 그랑 크뤼
- ●●◐ 프랑 코트 드 보르도
- ● 코트 드 보르도
- ● 카스티용 코트 드 보르도

❸ 블레이와 부르제의 주요 포도밭*
- ● 블레이
- ◐ 코트 드 블레이
- ●◐ 블레이 코트 드 보르도
- ● 코트 드 보르도
- ●◐ 코트 드 부르

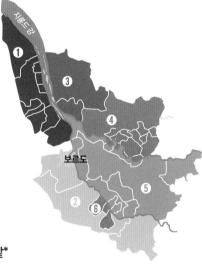

● 레드 와인 ◐ 화이트 와인 ◐ 스위트 와인
* AOC/AOP로 표기

재배면적 : AOC/AOP 면적 11만 8,000ha

평균 생산량 : 7억 병

생산자 1명당 평균 면적 : 12ha(메독은 이보다 넓다.)

수출 : 생산량의 42%(수출 상대국 1위는 중국이지만 40%는 유럽연합으로 수출된다.)

기후 : 해양성 기후

토양 : 점토질 석회석, 자갈, 모래

보르도에는 8,100개의 샤토와 300개의 네고시앙 하우스에 76명의 쿠르티에가 있다.

주요 포도 품종

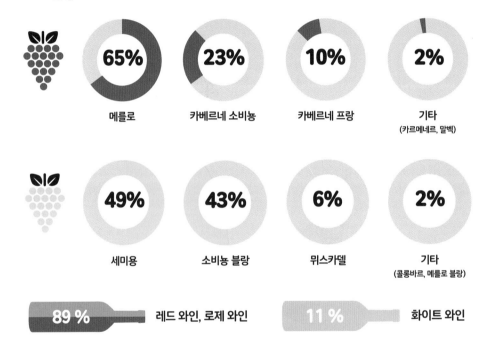

65%	23%	10%	2%
메를로	카베르네 소비뇽	카베르네 프랑	기타 (카르메네르, 말벡)
49%	43%	6%	2%
세미용	소비뇽 블랑	뮈스카델	기타 (콜롱바르, 메를로 블랑)

89 % 레드 와인, 로제 와인　　11 % 화이트 와인

알고 있었나요?

? 보르도의 주요 품종은 세계에서 가장 많이 재배되는 품종에 속한다. 하지만 보르도 와인을 특별하게 만드는 것은 바로 블렌딩이다. 단일품종 와인은 드물고 주로 메를로를 사용한다.

원산지 명칭

 **45개 AOC/AOP**

 2개 IGP

읍 / 면 AOC 생 테밀리옹, 포므롤, 페삭 레오냥, 마고, 생 쥘리앵, 포이약, 생 테스테프

하위 지방 AOC 그라브, 메독, 오 메독, 블레이, 앙트르 되 메르, 코트 드 부르

지방 AOC 보르도, 보르도 쉬페리외르, 크레망 드 보르도

최고의 빈티지
2018, 2016, 2015, 2010, 2009, 2008, 2005, 2003, 2000, 1998, 1996, 1995, 1990, 1989

어떤 와인으로 시작할까?

페삭 레오냥의
드라이 화이트 와인

보르도는 맛이 풍부하고 오래 숙성시킬 수 있는 고급 품질의 화이트 와인도 만든다. 소비뇽 블랑이 신선함을, 세미용이 입 안의 기름진 느낌과 과일 향을 부여한 화이트 와인이다. 조개와 갑각류, 생선과 함께하기에 안성맞춤이다.

소테른의
리쿼뢰 와인

이 뛰어난 테루아에서는 '귀부병'이라고도 불리는 보트리티스 시네레아균 덕분에 포도의 씨가 와인에 당절임 과일이나 구운 과일 향을 부여한다. 캐러멜라이즈 양고기와 로크포르 치즈(단짠 페어링), 그리고 모든 과일 베이스 디저트와 잘 어울린다.

생 테밀리옹의
레드 와인

보르도 블렌딩 와인의 정수다. 블렌딩의 주를 이루는 메를로가 선사하는 감미로움이 일품이다. 아주 오랫동안 숙성시킬 수 있는 생 테밀리옹은 로스트비프, 오리 가슴살, 안심 스테이크와 완벽하게 어울린다.

보르도 지역의 특징

플라스 드 보르도 시스템

그랑 크뤼 와인에만 해당하는 '플라스 드 보르도'는 보르도 특유의 유통 시스템을 말한다.

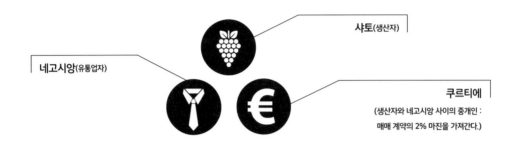

작은 샤토의 와인은 생산자에게 직접 구매할 수 있지만 그랑 크뤼 클라세 와인은 직접 구매가 매우 드물고 복잡하다. 생산된 그랑 크뤼 클라세 와인의 거의 대부분은 플라스 드 보르도에 팔린다. 즉 생산자가 네고시앙에게 팔고, 네고시앙은 이 와인을 전 세계 수입업체에 파는 것이다.

프리뫼르* 시스템

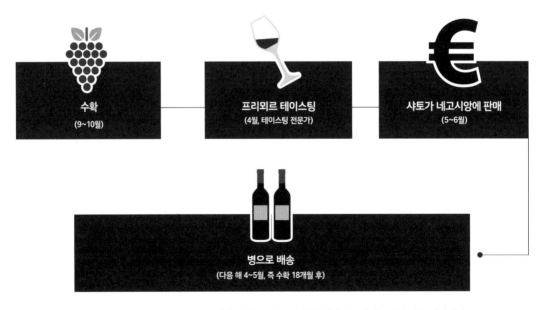

* 보르도에서 시작된 판매 시스템으로 발효만 된 상태의 와인을 테이스팅한 후 선지불로 예약 구매를 하는 방식이다.

130

등급만 자그마치 5개!

1 1855년 등급

같은 해에 열린 세계박람회를 위해 나폴레옹 3세가 주문해 마련된 이 등급은 60개의 메독 크뤼와 1개의 페삭 레오냥 크뤼(샤토 오 브리옹)를 포함해 총 88개의 크뤼 클라세를 포함하고 있으며 5등급으로 구분되어 있다. 1등급 5개, 2등급 15개, 3등급 14개, 4등급 10개, 5등급 18개다. 이 등급은 단 한 번 재검토되었고 단 하나의 샤토만이 한 등급 위로 올라갔다(1973년 무통 로칠드). 더 이상 본래의 등급을 유지할 만한 자격이 없는 샤토도 있고 더 높은 등급으로 올라가야 하는 샤토도 있기 때문에 이 등급은 논란이 되고 있다.

2 그라브 등급

1953년에 만들어진 이 등급은 거의 문제시 된 적이 없는 요지부동의 등급으로 16개의 크뤼 클라세를 포함하고 있다(모두 페삭 레오냥 AOC에 해당한다.).

3 생 테밀리옹 등급

64개의 그랑 크뤼 클라세와 18개의 프르미에 그랑 크뤼 클라세(4개의 A등급을 포함 : 샤토 오존, 샤토 슈발 블랑, 샤토 파비, 샤토 앙젤뤼스)를 포함해 총 82개의 AOC 생 테밀리옹 크뤼 클라세를 이룬다. 등급은 10년마다 수정되지만 한편에서는 부적합하다고 여기기도 한다.

4 메독의 크뤼 부르주아 등급

메독 와인의 40%를 차지하는 240~260개 와이너리를 포함한다. 매년 테이스팅과 함께 재검토되기 때문에 일종의 라벨이라고 할 수 있다.

5 크뤼 아르티장 등급

메독 8개 원산지 명칭에 속한 10ha 이하의 44개 소규모 포도원 와이너리를 포함한다. 10년마다 수정되는 이 등급은 잘 공개되지 않는다.

와인 센스

부르고뉴의 등급이 테루아라는 개념을 기반으로 한다면 보르도의 등급은 농지를 전제로 한 노하우를 기반으로 한다. 각 등급은 고유의 작동 방식이 있다. 등급은 와인을 홍보하는 수단이지만 소비자들은 갈피를 못 잡고 헤매기도 한다.

에노투어리즘

보르도 관광안내소는 포도원을 따라 다양하고 알찬 투어 코스를 선보이고 있다. 보르도 시가 방문 1순위이긴 하지만 유네스코 세계문화유산으로 선정된 생 테밀리옹도 꼭 들러보자.

루아르 밸리

프랑스에서 가장 넓게 펼쳐진 포도 재배지(루아르 강을 따라 1,000km)로 풍부한 와인 스펙트럼을 자랑한다. 다양한 품종과 함께 스파클링 와인, 드라이 화이트 와인, 무알뢰, 리쿼뢰, 로제 와인, 가볍거나 강한 레드 와인 등 와인 타입도 다양하며 가격대비 품질도 좋다.

지리적 분포

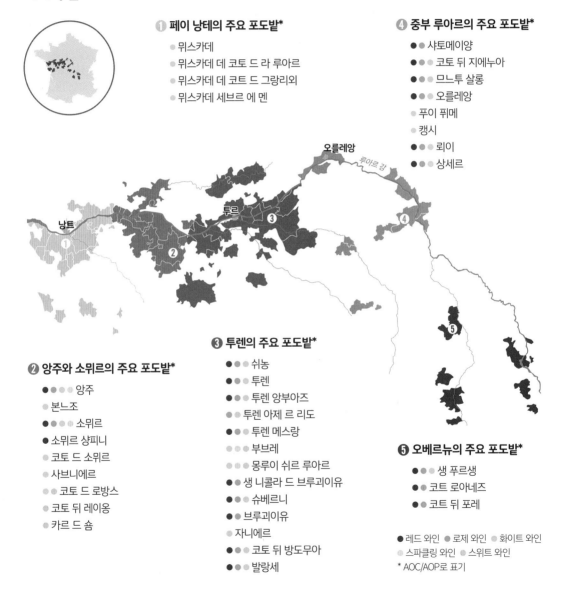

❶ 페이 낭테의 주요 포도밭*
- 뮈스카데
- 뮈스카데 데 코토 드 라 루아르
- 뮈스카데 데 코트 드 그랑리외
- 뮈스카데 세브르 에 멘

❹ 중부 루아르의 주요 포도밭*
- 샤토메이양
- 코토 뒤 지에누아
- 므느투 살롱
- 오를레앙
- 푸이 퓌메
- 캥시
- 뢰이
- 상세르

❷ 앙주와 소뮈르의 주요 포도밭*
- 앙주
- 본느조
- 소뮈르
- 소뮈르 샹피니
- 코토 드 소뮈르
- 사브니에르
- 코토 드 로방스
- 코토 뒤 레이옹
- 카르 드 숌

❸ 투렌의 주요 포도밭*
- 쉬농
- 투렌
- 투렌 앙부아즈
- 투렌 아제 르 리도
- 투렌 메스랑
- 부브레
- 몽루이 쉬르 루아르
- 생 니콜라 드 브루괴이유
- 슈베르니
- 브루괴이유
- 자니에르
- 코토 뒤 방도무아
- 발랑세

❺ 오베르뉴의 주요 포도밭*
- 생 푸르생
- 코트 로아네즈
- 코트 뒤 포레

● 레드 와인 ● 로제 와인 ● 화이트 와인
● 스파클링 와인 ● 스위트 와인
* AOC/AOP로 표기

재배면적 : 7만 ha 중 5만 2,000ha가 AOC/AOP다. 보르도와 론 다음으로 큰 AOC 와인 생산 포도 재배지며 첫 번째 AOC 화이트 와인 산지다.

평균 생산량 : 4억 2,000만 병

수출 : 생산량의 16%(3대 수출 상대국 : 미국, 영국, 벨기에)

기후 : 서쪽 페이 낭테는 해양성 기후이며 동쪽 중부 루아르는 대륙성 기후다.

토양 : 페이 낭테-편암, 화강암, 운모, 편마암/앙주-석회화 백토, 편암, 이회토/투렌-석회화 백토, 모래, 둥근 자갈, 플린트 클레이/중부-점토질 규토, 석회석, 점토질 석회석

루아르 밸리에는 7,000개의 와인메이커와 100개의 네고시앙, 24개의 협동조합 와인 저장고가 있다.

주요 포도 품종

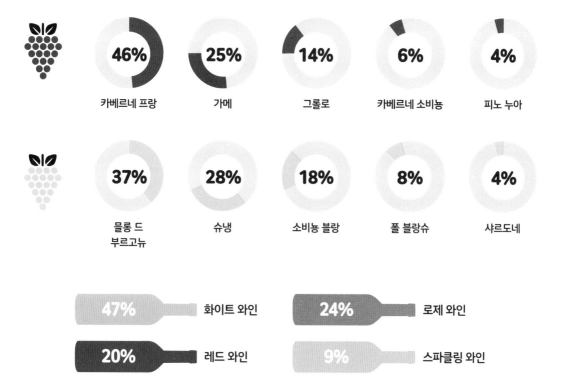

46% 카베르네 프랑	25% 가메	14% 그롤로	6% 카베르네 소비뇽	4% 피노 누아
37% 믈롱 드 부르고뉴	28% 슈냉	18% 소비뇽 블랑	8% 폴 블랑슈	4% 샤르도네

47% 화이트 와인   24% 로제 와인

20% 레드 와인   9% 스파클링 와인

원산지 명칭

 69개 AOC/AOP

 8개 IGP

스파클링 와인 크레망 드 루아르, 몽루이 쉬르 루아르, 부브레 등 전통 방식의 발포성 와인

로제 와인 로제 당주, 카베르네 당주

드라이 화이트 와인 뮈스카데, 뮈스카데 세브르 에 멘, 앙주, 사브니에르, 자니에르, 므느투 살롱, 푸이 퓌메, 캥시, 뢰이, 상세르

레드 와인 앙주 빌라주, 부르괴이유, 생 니콜라 드 부르괴이유, 쉬농, 소뮈르 샹피니, 투렌, 상세르, 므느투 살롱

무알뢰 화이트 와인 코토 뒤 레이옹, 본느조, 카르 드 숌, 부브레, 몽루이 쉬르 루아르

최고의 빈티지
2018, 2010, 2007, 2005, 2001, 1996, 1995, 1990, 1989

어떤 와인으로 시작할까?

뮈스카데 쉬르 리

과일 향과 꽃 향이 나며 부드러운 산미가 돋보이는 드라이 와인이다. 모든 해산물과 잘 어울린다.

쉬농 레드

점토질 석회석 토양의 경작지와 이곳의 기후가 카베르네 프랑을 훌륭하게 성숙시켜 오랫동안 숙성시킬 수 있는 와인을 낸다.

부브레 무알뢰

과일 디저트와 함께 서빙해보자. 디저트의 단맛이 슈냉의 천연 산미와 완벽한 조화를 이룬다.

알고 있었나요?

 루아르 밸리는 유네스코 세계문화유산에 등재된 10개의 포도 재배지 중 한 곳이다.

론 밸리

프랑스 제2의 AOC 포도 재배지인 론 밸리는 5,000여 와인메이커가 모여 있고, 북부의 전설적인 AOC 코트 로티, 샤토 그리예, 콩드리유, 에르미타주뿐만 아니라 남부의 샤토 뇌프 뒤 파프 혹은 지공다스와 바케라스 주위의 포도밭까지 최고급 와인을 자랑한다.

지리적 분포

북부 론은 론 밸리 전체 생산량의 10%를 차지한다. 북부 론의 레드 와인은 100% 시라지만 화이트 품종인 비오니에를 20%까지 블렌딩할 수 있는 코트 로티의 와인만 예외다. 콩드리유 같은 곳에서 화이트 와인은 비오니에로 만들지만 에르미타주나 생 조제프에서는 마르산이나 루산으로 만든다.

남부 론은 레드 와인을 양조하는 데 들어갈 수 있는 품종만 해도 13가지나 되는 블렌딩의 왕국이다. 특히 샤토 드 보카스텔은 13가지 품종 모두를 사용하는 드문 포도원 중 하나다.

❷ 남부 론의 주요 포도밭*
- 타벨
- 리락
- 지공다스
- 바케라스
- 샤토뇌프 뒤 파프
- 라스토
- 코트 뒤 비바레
- 봄 드 브니즈
- 방투
- 뱅소브르
- 뤼베롱
- 클레레트 드 벨가르드
- 코스티에르 드 님
- 코트 뒤 론
- 코트 뒤 론 빌라주

비엔
론 강
발랑스
몽텔리마르
아비뇽

❶ 북부 론의 주요 포도밭*
- 코트 로티
- 콩드리유
- 샤토 그리예
- 생 조제프
- 코르나스
- 생 페레
- 에르미타주
- 크로즈 에르미타주
- 샤티용 앙 디우아
- 클레레트 드 디

● 레드 와인 ● 로제 와인 ● 화이트 와인
✦ 스파클링 와인 ● 스위트 와인
* AOC/AOP로 표기

재배면적 : 7만 365ha(이 중 10%는 유기농, 바이오다이내믹, 혹은 유기농이나 바이오다이내믹으로 전환 중인 포도밭이다.)

평균 생산량 : 3억 7,200만 병

생산자 1명당 평균 면적 : 14ha

수출 : 생산량의 33%(3대 수출 상대국 : 영국, 벨기에, 미국)

기후 : 지중해성 온난 기후로 산바람과 대륙성 영향을 받는다.

토양 : 석회질과 화강암질

주요 포도 품종

프로방스에서는 27가지 품종이 재배된다. 샤토뇌프 뒤 파프의 와인은 최대 13가지 품종이 들어갈 수 있다.

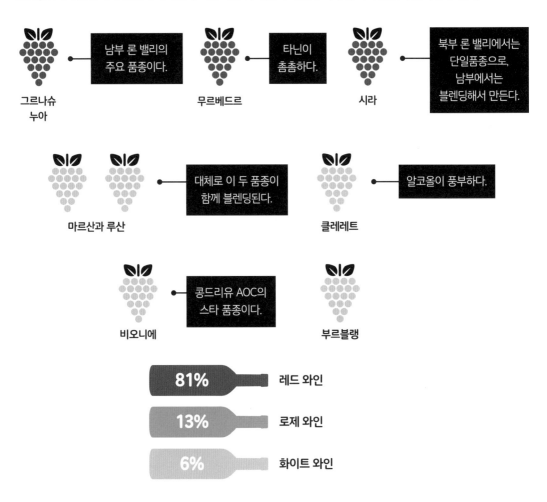

그라슈 누아 — 남부 론 밸리의 주요 품종이다.

무르베드르 — 타닌이 촘촘하다.

시라 — 북부 론 밸리에서는 단일품종으로, 남부에서는 블렌딩해서 만든다.

마르산과 루산 — 대체로 이 두 품종이 함께 블렌딩된다.

클레레트 — 알코올이 풍부하다.

비오니에 — 콩드리유 AOC의 스타 품종이다.

부르블랭

81% 레드 와인

13% 로제 와인

6% 화이트 와인

원산지 명칭

28개 AOC/AOP

(8개는 북부 론, 나머지는 남부에 있다.)

13개 IGP

봄 드 브니즈, 샤토 그리예, 샤토뇌프 뒤 파프, 콩드리유, 코르나스, 코트 로티, 코트 뒤 론, 크레망 드 디, 크로제 에르미타주, 에르미타주, 지공다스, 리락, 라스토, 생 조제프, 생 페레, 타벨, 바케라스

최고의 빈티지
2016, 2015, 2010, 2009, 2005, 2004, 2001, 2000, 1999, 1998, 1995, 1990, 1989, 1985, 1979, 1961…

어떤 와인으로 시작할까?

생 페레 화이트

마르산과 루산을 블렌딩한 북부 론 밸리의 AOC로 꽃과 미네랄뿐만 아니라 꿀, 아몬드 노트까지 더해진 풍부한 아로마의 상쾌한 와인이다.

크로제 에르미타주 레드

100% 시라로 만든 북부 론 최고의 AOC로 뛰어난 타닌 구조와 붉은 과일, 후추, 향료, 묵은 가죽 노트의 기품 있는 와인이다.

지공다스 레드

남부 론의 AOC로 입 안에서 풍부하고 복잡한 와인이다. 붉은 과일과 검은 과일 아로마가 키르슈(버찌를 양조·증류해 만든 증류주(스피릿)-옮긴이)와 오래된 초목 노트로 옮겨간다. 그르나슈 누아가 큰 비중을 차지하는 이 블렌딩 와인은 가리그와 타임 노트가 드러나기도 한다.

원산지 명칭에 따라 토양 작업의 난이도가 달라진다. 샤토뇌프 뒤 파프에 있는 1ha 포도나무는 연간 600시간의 작업이 필요한 반면 에르미타주 언덕의 기복이 심하고 경사진 포도원의 1ha 포도나무를 작업하는 데는 무려 2,000시간이 필요하다.

부르고뉴

부르고뉴 정신은 정체성이 뚜렷한 마이크로 테루아를 식별해내는 몇 세대에 걸친 탐색과 연구에 있다. 이러한 마이크로 테루아는 샤르도네 화이트 와인, 피노 누아 레드 와인처럼 단일품종 와인으로 더욱 빛을 발한다.

지리적 분포

5개 지역으로 구분한다.

▶ 디종과 마콩 사이 4개의 코트(언덕) : 코트 드 뉘(레드 와인 95%), 코트 드 본(레드 와인 70%), 코트 샬로네즈(레드 와인 60%), 마코네(화이트 와인 85%)

▶ 본의 북서부 130km에 있는 샤블리(화이트 와인 100%)

❶ 샤블리의 주요 포도밭*
- 프티 샤블리
- 샤블리
- 샤블리 프르미에 크뤼
- 샤블리 그랑 크뤼

❷ 코트 드 뉘의 주요 포도밭*
- 마르사네
- 픽싱
- 제브레 샹베르탱
- 모레 생 드니
- 샹볼 뮈지니
- 부조
- 본 로마네
- 뉘 생 조르주

❸ 코트 드 본의 주요 포도밭*
- 라두아
- 페르낭 베르쥘레스
- 알록스 코르통
- 사비니 레 본
- 쇼레 레 본
- 본
- 코트 드 본
- 포마르
- 볼네
- 볼네 상트노
- 몽텔리
- 오세 뒤레스
- 생 로뱅
- 뫼르소
- 블라니
- 퓔리니 몽라셰
- 샤사뉴 몽라셰
- 생 오뱅
- 상트네
- 마랑주

❹ 코트 샬로네즈의 주요 포도밭*
- 부즈롱
- 륄리
- 메르퀴레
- 지브리
- 몽타니

❺ 마코네의 주요 포도밭*
- 비레 클레세
- 푸이 퓌세
- 푸이 로쉐
- 푸이 뱅젤
- 생 베랑

디종
본
샬롱 쉬르 손
마콩
욘 강
손 강

● 레드 와인　● 로제 와인　● 화이트 와인
* AOC/AOP로 표기

재배면적 : AOC 2만 9,000ha

평균 생산량 : 1억 8,300만 병

생산자 1명당 평균 면적 : 6ha

수출 : 생산량의 50%이며 절반은 유럽연합으로 수출된다. 주요 수출 상대국은 미국과 영국, 일본이다.

기후 : 해양성 기후의 영향을 받는 준대륙성 기후

토양 : 점토질 석회암

부르고뉴에는 16개의 협동조합 와인 저장고와 288개의 네고시앙, 3,901개의 도멘이 있다.

주요 포도 품종

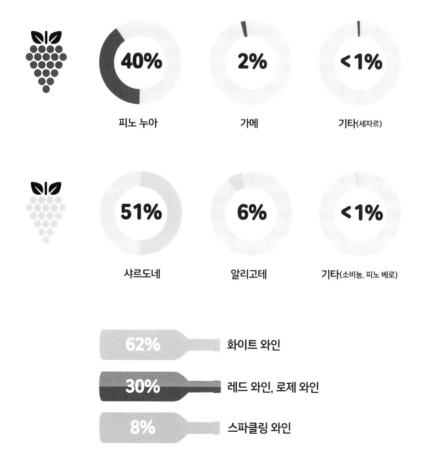

| 피노 누아 | 가메 | 기타(세자르) |
| 40% | 2% | <1% |

| 샤르도네 | 알리고테 | 기타(소비뇽, 피노 베로) |
| 51% | 6% | <1% |

- 62% 화이트 와인
- 30% 레드 와인, 로제 와인
- 8% 스파클링 와인

원산지 명칭

84개 AOC

크뤼 피라미드는 프르미에 크뤼와 그랑 크뤼의 희소성을 보여주면서, 왜 이들 와인이 다른 부르고뉴 와인에 비해 가격이 높은지 잘 설명해준다.

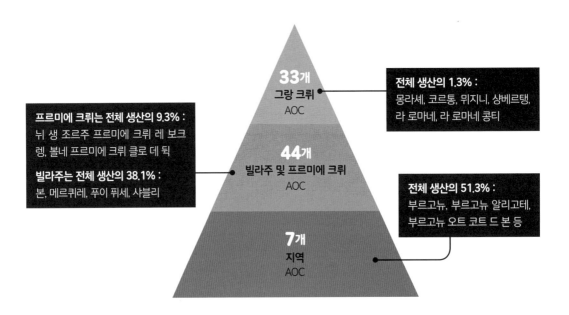

부르고뉴에서 크뤼의 서열은 토양의 구조와 긴밀한 연관이 있다. 최고의 구획(프르미에 크뤼와 그랑 크뤼)은 언덕의 중앙에 위치한다. 언덕 중앙이야말로 최적의 일조량과 메마르고 배수가 잘되는 이회질 석회석 토양의 혜택을 톡톡히 받을 수 있기 때문이다. 언덕 아래의 토양은 충적토가 축적되어 기름진 토양이 되는데 이는 포도의 산출량에 해를 끼친다. 포도나무는 물이 고이지 않는 메마른 땅에서 잘 자라기 때문이다.

최고의 빈티지

2018, 2016, 2015, 2012, 2010, 2009, 2005, 2002, 2000, 1999, 1996, 1993, 1990, 1985

어떤 와인으로 시작할까?

오트 코트 드 뉘 지방급
AOC 레드

아름다운 체리 빛깔과 체리, 라즈베리, 산딸기 아로마, 가벼운 후추 노트가 어우러진 이 와인은 여러 사람이 함께 즐길 수 있는 간단한 요리(샤퀴테리, 필레미뇽, 얇게 썬 가금류 요리)와 잘 어울린다.

본 프르미에 크뤼 그레브
레드

좀 더 복잡하고 구조적인 이 와인은 본의 최고 프르미에 크뤼 중 하나이며 이 지역을 가장 잘 대표하는 와인 중 하나이다. 향신료 향이 살짝 나는 블랙커런트의 노트, 섬세한 타닌, 입 안에서 느껴지는 풍부한 균형감이 돋보인다. 노르망디식 자고새 요리, 에스칼로프 파네(얇게 썬 고기에 빵가루를 입혀 튀겨낸 요리-옮긴이) 혹은 테린과 놀라울 정도로 잘 어울린다.

뫼르소 프르미에 크뤼
레 페리에르
화이트

부르고뉴에서는 일반적으로 레드 와인을 맛본 후 화이트 와인을 마신다. 코트 드 본의 이 마을(본의 남부)은 오랫동안 숙성시킬 수 있는 부르고뉴에서도 손꼽히는 화이트 와인을 생산한다. 풍부하고 복잡하며 싱싱함과 미네랄 짠맛이 가득하고 풋과일의 아로마가 돋보인다. 키조개 관자 요리, 작은 바닷가재(랑구스틴) 요리와 완벽한 조합을 이룬다.

부르고뉴의 특성

클리마의 개념

부르고뉴에서 클리마(프랑스어로 '기후'를 의미-옮긴이)는 단순한 기상학이 아닌, 각각의 농지 구획과 테루아의 정체성을 뜻한다. 중세시대 수도사를 시작으로 생산자들이 여러 세대에 걸쳐 코트 도르(코트 드 뉘와 코트 드 본)의 경계를 이루는 1,247개의 기후를 식별해냈다. 이 기후는 특정 지리적·기후적 조건의 혜택을 받는 테루아와 같다. 바로 이렇게 코트 도르가 진정한 테루아 모자이크가 되어 독특한 특징의 와인을 생산하게 된 것이다.

알고 있었나요?

부르고뉴 포도 재배지의 클리마는 2015년 7월 샹파뉴 언덕, 샴페인 하우스, 저장고와 함께 유네스코 세계문화유산에 등재되었다. 이러한 세계문화유산 지정은 부르고뉴와 부르고뉴 와인이 세계적 명성을 얻는 계기가 되었다.

클로의 개념

원래 클로는 돌을 쌓아 만든 담장으로 둘러친 단순한 경작지였다. 이러한 클로 중 가장 유명한 클리마에 속하는 클로가 있는데 클로 드 타르, 클로 드 베즈, 클로 데 무슈, 클로 데 랑브레, 클로 부조, 클로 데 포레, 클로 생 자크를 예로 들수 있다.

모노폴의 개념

부르고뉴 대부분의 클리마는 여러 와인메이커에 의해 분할 경작된다. 모노폴은 단 하나의 와인메이커에 속하는 포도밭을 의미하며, 이 와인메이커만이 포도밭의 포도로 와인을 생산할 수 있다. 부르고뉴의 그랑 크뤼에는 단 5개의 모노폴이 있다. 모레 생 드니의 클로 드 타르(7.5ha), 라 로마네(0.8ha), 라 그랑드 뤼(1.2ha), 라 타슈(6ha), 본 로마네의 라 로마네 콩티(1.8ha).

반면 클로 드 부조(50ha)는 80여 와인메이커가 나누어 가지고 있다.

에노투어리즘

자동차나 자전거로 1937년에 만들어진 그랑 크뤼 길을 따라가는 것은 부르고뉴 포도밭의 아름다움과 복잡함을 감상할 수 있는 최적의 방법이다. 슈노브에서 상트네까지 이어지는 이 길을 따라가면 37개의 빌라주와 문화유산이 풍부한 디종과 본의 도시를 가로지르게 된다.

본에서 꼭 가봐야 할 곳

- 아테나움 : 아름다운 와인 전문 서점
- 부샤르 페르 에 피스, 부샤르 에네 에 피스, 알베르 비쇼, 조셉 드루앵(와인 박물관) 혹은 루이 자도와 같은 네고시앙 대가문의 와인 저장고
- 부르고뉴 와인 학교는 와인 교육 워크숍을 개최한다.
- 오스피스 드 본(왼쪽 그림 참조) : 1443년에 설립된 비영리재단으로 매년 11월 오스피스에 기부된 경작지에서 생산한 오크통 와인을 경매에 붙이는 와인 자선 경매를 개최한다.

샹파뉴

원산지 명칭이 하나의 브랜드가 되고 연간 3억 700만 병이 팔리는 축제의 와인 샴페인은 다양한 테루아와 스타일이 공존하는 동명의 지역에서 유래했다.

세계적 명성과 성공으로 관심과 사랑을 받는 만큼 현지 와인메이커와 네고시앙은 "샹파뉴에서 생산한 샴페인만이 샴페인이다."라며 끊임없이 상기시키고 있다. 또한 세계적으로 '샴페인'이라는 단어의 남용과 위조품을 근절하고자 노력하고 있다.

지리적 분포

파리에서 서쪽으로 150km 떨어진 곳에 위치한 샹파뉴의 포도밭은 프랑스에서 가장 북쪽에 위치한 포도밭이다. 샹파뉴는 5개 하위 지역으로 구분된다.

▶ 몽타뉴 드 랭스에서는 주로 피노 누아가 재배된다.

▶ 코트 데 블랑과 코트 드 세잔에서는 대부분 샤르도네가 재배된다.

▶ 마른 밸리에서는 대부분 뫼니에가 재배된다.

▶ 코트 데 바에서는 피노 누아가 주로 재배된다.

❶ 몽타뉴 드 랭스의 주요 포도밭*
- 샹파뉴
- 샹파뉴 그랑 크뤼
- 샹파뉴 프르미에 크뤼
- ●●◐ 코토 샹파누아

❷ 마른 밸리의 주요 포도밭*
- 샹파뉴
- 샹파뉴 그랑 크뤼
- 샹파뉴 프르미에 크뤼
- ●●◐◌ 코토 샹파누아

❸ 코트 데 블랑의 주요 포도밭*
- 샹파뉴
- 샹파뉴 그랑 크뤼
- 샹파뉴 프르미에 크뤼
- ●●◐ 코토 샹파누아

❹ 코트 드 세잔의 주요 포도밭*
- 샹파뉴
- 샹파뉴 그랑 크뤼
- 샹파뉴 프르미에 크뤼
- ●●◐ 코토 샹파누아

❺ 코트 데 바의 주요 포도밭*
- 샹파뉴
- 샹파뉴 그랑 크뤼
- 샹파뉴 프르미에 크뤼
- ●●◐ 코토 샹파누아
- ● 로제 데 리세

● 레드 와인 ● 로제 와인
◌ 화이트 와인 ◌ 스파클링 와인
* AOC/AOP로 표기

재배면적 : 3만 4,300ha

평균 생산량 : 3억 700만 병

생산자 1명당 평균 면적 : 12ha지만 루이 로드레와 같이 240ha까지 소유한 메종(샴페인 하우스)이 있다.

수출 : 생산량의 50%가 영국과 미국, 일본에 수출된다.

기후 : 대부분 해양성 기후지만 대륙성 경향도 보인다.

토양 : 대부분이 석회질로 백악은 이 지역 포도밭의 특징이며 수분 조절에 있어 중요한 역할을 한다.

샹파뉴에는 320개의 메종과 140개의 협동조합 와인 저장고, 1만 5,800개의 와인메이커가 있다.

알고 있었나요?

? 샹파뉴는 역사적 산물로 독특한 구조를 가진 포도밭이다. 많은 와인메이커들이 포도를 재배하지만 와인을 직접 양조하지는 않고, 자신의 포도를 메종과 협동조합 와인 저장고에 판매한다. 메종과 협동조합 와인 저장고는 전체 샹파뉴에서 생산되는 와인의 70%를 유통한다.

주요 포도 품종

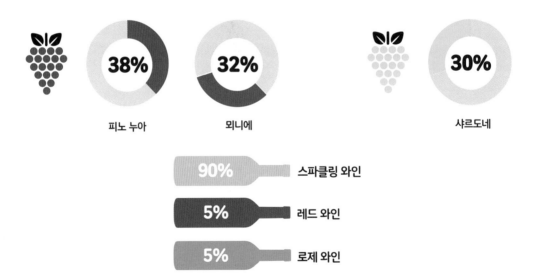

38% 피노 누아

32% 뫼니에

30% 샤르도네

90% 스파클링 와인

5% 레드 와인

5% 로제 와인

샴페인의 타입

논빈티지

생산량의 80%를 차지한다. 60~80%의 베이스 와인에 '뱅 드 레제르브(저장 와인)'라고도 하는 지난해의 와인을 다수 블렌딩한 것이다.

빈티지 와인

품질이 좋은 빈티지라면 이 빈티지 와인은 표기된 해에 수확한 와인으로만 생산된다. 적어도 3년간 숙성시킨다.

블랑 드 블랑

샤르도네로만 만든다.

블랑 드 누아

피노 누아 혹은/그리고 뫼니에로만 만든다.

퀴베 드 프레스티주

하나의 메종에서 생산된 최고의 그랑 크뤼 포도로 만든 퀴베를 선별한 것이다.

로제 와인

5~10%의 레드 와인을 블렌딩해 붉은색과 붉은 과일 아로마를 내는 방식과 세니에 방식(100~101쪽 참조)이 있다. 세니에 방식으로 양조할 때는 압착 전 침용-추출 과정이 단 몇 시간으로 제한된다.

최고의 빈티지

2015, 2012, 2008, 2004, 2002, 1998, 1996, 1995, 1990, 1989, 1988, 1985, 1982

와인 센스

샴페인은 본질적으로 블렌딩 와인이다.
- 여러 해의 포도가 블렌딩된 와인(전체 생산의 80%를 차지하는 논빈티지 와인)
- 여러 품종의 포도가 블렌딩된 와인(두 품종 혹은 세 품종이 다양한 비중으로 블렌딩)
- 여러 테루아의 포도가 블렌딩된 와인(4개 하위 지역의 서로 다른 테루아)

샴페인의 당 함유량은 샴페인에 균형과 복합미를 더해준다

- ▶ 브뤼 나튀르 혹은 도자주 제로 : 당 함유량 3g/L 이하
- ▶ 엑스트라 브뤼 : 당 함유량 0~6g/L
- ▶ 브뤼 : 당 함유량 12g/L 이하
- ▶ 엑스트라 드라이 : 당 함유량 12~17g/L
- ▶ 세크 : 당 함유량 17~32g/L
- ▶ 드미-세크 : 당 함유량 32~50g/L
- ▶ 두 : 당 함유량 50g/L 이상

어떤 와인으로 시작할까?

논빈티지 브뤼

마이 그랑 크뤼처럼 여러 전문 재배자의 아름다운 협업으로 탄생한다.

빈티지 블랑 드 블랑

루이 로드레와 동일한 메종에서 생산된다.

세니에 방식으로 만든 로제 와인

라르망디에 베르니에와 같은 굉장한 실력의 와인메이커가 생산한다.

에노투어리즘

파리에서 150km(초고속열차 TGV로 45분 거리), 샤를 드 골 공항에서 1시간 거리 정도 떨어져 있는 랭스와 샹파뉴 포도밭은 접근성으로 볼 때 유럽에서 가장 이상적인 곳에 위치해 있다.

샹파뉴의 언덕과 지하 저장고, 메종은 2015년 7월 (부르고뉴의 클리마와 함께) 유네스코 세계문화유산에 등재되었다.

유명한 샴페인 저장고는 일반인도 쉽게 들어가 볼 수 있다 (유료 입장). 이곳에 들어서면 고대 로마시대부터 도시 건설에 필요한 돌을 채취하던 채석장에서 현재 최적의 와인 저장고가 된 백악갱을 감상할 수 있다.

알자스

프랑스 동부의 최대 화이트 와인 포도 재배지인 알자스는 지질 구조판의 이동에 의해 토양이 분열하는 동시에 론 밸리가 부식되면서 생긴 무수히 많은 마이크로 테루아를 품고 있다. 서쪽에 위치한 보주 산맥의 보호를 받는 알자스는 뛰어난 기후 조건의 혜택을 받아 랑그도크루시용 지방 다음으로 프랑스에서 두 번째로 건조한 포도 재배지가 되었다.

지리적 분포

위아래로 아주 긴 알자스 포도 재배지는 남북 길이가 120km에 이르는 반면 동서 간 폭은 2~15km에 불과하다.

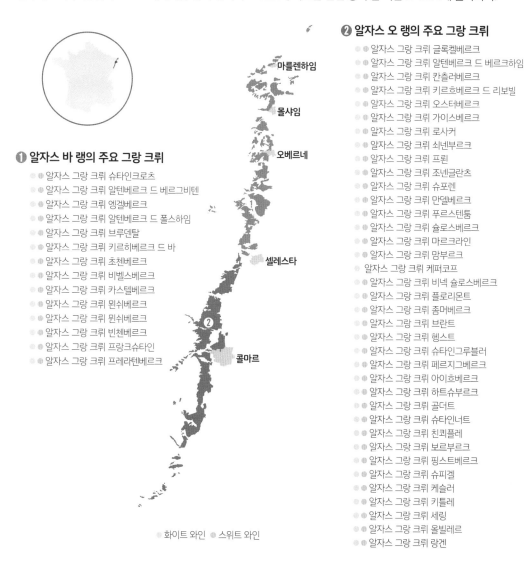

❶ 알자스 바 랭의 주요 그랑 크뤼
- 알자스 그랑 크뤼 슈타인크로츠
- 알자스 그랑 크뤼 알텐베르크 드 베르그비텐
- 알자스 그랑 크뤼 엥겔베르크
- 알자스 그랑 크뤼 알텐베르크 드 폴스하임
- 알자스 그랑 크뤼 브루덴탈
- 알자스 그랑 크뤼 키르히베르크 드 바
- 알자스 그랑 크뤼 초첸베르크
- 알자스 그랑 크뤼 비벨스베르크
- 알자스 그랑 크뤼 카스텔베르크
- 알자스 그랑 크뤼 뫼슈베르크
- 알자스 그랑 크뤼 뮌슈베르크
- 알자스 그랑 크뤼 빈첸베르크
- 알자스 그랑 크뤼 프랑크슈타인
- 알자스 그랑 크뤼 프레라텐베르크

❷ 알자스 오 랭의 주요 그랑 크뤼
- 알자스 그랑 크뤼 글록켈베르크
- 알자스 그랑 크뤼 알텐베르크 드 베르크하임
- 알자스 그랑 크뤼 칸츨레베르크
- 알자스 그랑 크뤼 키르흐베르크 드 리보빌
- 알자스 그랑 크뤼 오스터베르크
- 알자스 그랑 크뤼 가이스베르크
- 알자스 그랑 크뤼 로사커
- 알자스 그랑 크뤼 쇠넨부르크
- 알자스 그랑 크뤼 프뢴
- 알자스 그랑 크뤼 조넨글란츠
- 알자스 그랑 크뤼 슈포렌
- 알자스 그랑 크뤼 만델베르크
- 알자스 그랑 크뤼 푸르스텐툼
- 알자스 그랑 크뤼 슐로스베르크
- 알자스 그랑 크뤼 마르크라인
- 알자스 그랑 크뤼 맘부르크
- 알자스 그랑 크뤼 케퍼코프
- 알자스 그랑 크뤼 비넥 슐로스베르크
- 알자스 그랑 크뤼 플로리몬트
- 알자스 그랑 크뤼 좀머베르크
- 알자스 그랑 크뤼 브란트
- 알자스 그랑 크뤼 헹스트
- 알자스 그랑 크뤼 슈타인그루블러
- 알자스 그랑 크뤼 페르지그베르크
- 알자스 그랑 크뤼 아이흐베르크
- 알자스 그랑 크뤼 하트슈부르크
- 알자스 그랑 크뤼 골더트
- 알자스 그랑 크뤼 슈타인네트
- 알자스 그랑 크뤼 친쾨플레
- 알자스 그랑 크뤼 보르부르크
- 알자스 그랑 크뤼 핑스트베르크
- 알자스 그랑 크뤼 슈피겔
- 알자스 그랑 크뤼 케슬러
- 알자스 그랑 크뤼 키틀레
- 알자스 그랑 크뤼 세링
- 알자스 그랑 크뤼 올빌레르
- 알자스 그랑 크뤼 랑겐

재배면적 : AOC 포도밭 면적 1만 5,500ha
평균 생산량 : 1억 5,000만 병
생산자 1명당 평균 면적 : 3.5ha
수출 : 전체 생산량의 26%가 벨기에, 독일, 네덜란드로 수출된다.
기후 : 준대륙성 기후
토양 : 화강암, 점토, 편암, 사암, 석회암, 이회암

주요 포도 품종

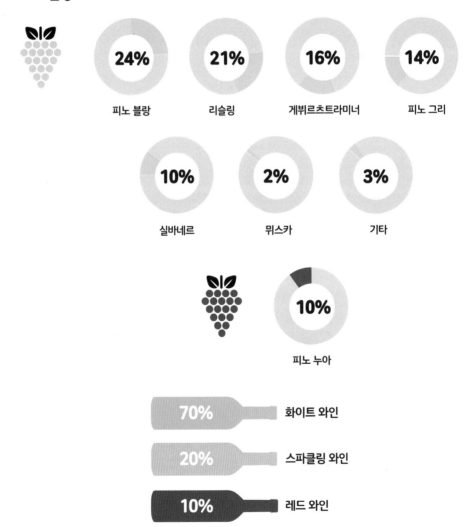

24%	21%	16%	14%
피노 블랑	리슬링	게뷔르츠트라미너	피노 그리

10%	2%	3%
실바네르	뮈스카	기타

10%
피노 누아

70% 화이트 와인

20% 스파클링 와인

10% 레드 와인

원산지 명칭

3개 AOC

알자스
알자스 와인의 71%가 이 명칭에 해당한다(AOC 명칭은 가끔 읍 단위 지리적 명칭이나 리외 디(프랑스 토지장부상 기록된 지리학적 명칭 이름-옮긴이)가 함께 보충 표기되기도 한다.).

크레망 달자스
전체 와인 생산의 25%를 차지한다.

알자스 그랑 크뤼
알자스 와인의 4%를 차지하며, 1975년 알자스 최초로 그랑 크뤼로 인정받은 슐로스베르크를 포함한 51개의 그랑 크뤼를 포함하고 있다. 리슬링과 뮈스카, 피노 그리, 게뷔르츠트라미너만이 허용된다.

최고의 빈티지

2012, 2008, 2007, 2005, 1999, 1996, 1995, 1990, 1989, 1986, 1985, 1983

알자스의 특징

이상적인 기후
부르고뉴와 마찬가지로 포도 재배지 라인이 동쪽, 남동쪽, 남쪽까지 온전히 태양에 노출되는 한편 해발 550m의 보주 산맥이 비를 막아주는 장벽 역할(연 강수량이 650mm에 못 미친다.)을 해주어 포도 재배에 이상적인 조건이다. 알자스의 위도에서 더욱 두드러지는 이러한 기후에서 포도는 느리게, 긴 시간 동안 성숙하게 된다.

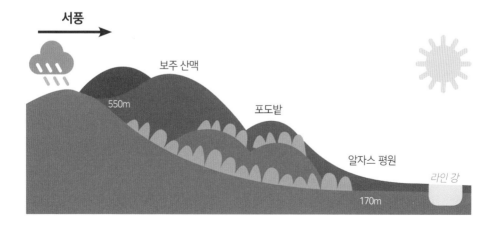

포도 품종의 왕국

알자스는 라벨에 지역명보다는 품종명을 표기하는 특징이 있다(그랑 크뤼의 경우 크뤼명을 함께 표기하기도 한다.).

리슬링

드라이하고 청량한 와인으로 알자스의 '바로 그' 와인으로 인식되고 있다.

피노 블랑

크레망 달자스의 베이스 품종으로 와인은 가벼운 훈제 맛이 난다.

게뷔르츠트라미너

장미 꽃잎과 자몽, 리치 향이 특징이다.

피노 그리

보디감은 풍부하지만 다른 와인에 비해 향이 덜하다.

피노 누아

알자스의 유일한 레드 와인이다. 붉은 과일 노트로 단번에 알아챌 수 있다.

실바네르

가볍고 드라이한 와인으로 청량하고 신선한 생과일 맛이 나지만 다른 품종에 비해 기품은 떨어진다.

뮈스카

전형적인 포도 아로마가 있는 와인이다.

늦은 수확 와인과 귀부 포도 선별 와인

여느 해보다 조건이 특히 뛰어난 해에는 포도에 귀부, 즉 '귀한 부패'가 자리 잡을 수 있도록 일부 포도 품종(게뷔르츠트라미너, 피노 그리, 리슬링 혹은 뮈스카)을 늦게 수확한다. 귀부는 특정한 기후 조건에서 보트리티스 시네레아라는 균에 의해 생긴다. '귀한 부패'라고 하는 것은 이 부패가 달고 맛이 농축된 포도를 얻게 해주기 때문이다.

강우량이 굉장히 적고 일조량이 큰 가을은 파스리야주(포도를 건조시켜 당도를 높이는 방법-옮긴이)에 유리하다. 파스리야주는 포도를 나무 밑동에 그대로 두어 토양과 바람의 작용으로 자연 건조시키는 방법이다.

늦은 수확 와인은 귀부와 결합한 파스리야주의 결과물이지만 귀부 포도 선별 와인은 귀부로만 가능하다.

어떤 와인으로 시작할까?

알자스 리슬링

연한 노란색과 감귤류(레몬, 자몽), 아카시아 꽃과 보리수 꽃 향이 특징인 청량하고 드라이한 이 와인은 입 안에 긴 여운을 남기고 생선과 흰 살코기 요리를 더욱 돋보이게 한다.

알자스 게뷔르츠트라미너

장미, 아카시아 꽃, 오렌지 제스트, 열대과일, 팽 데피스, 후추 맛이 나는 민트, 꿀, 모과 향이 풍부하며 금빛이 도는 노란색 옷을 입은 이 와인은 프로마주 포르(한 가지 또는 여러 종류의 치즈를 가늘게 분쇄한 뒤 다양한 재료를 함께 넣어 발효 숙성시킨 것-옮긴이), 인도 요리, 중국 요리와 잘 어울린다.

귀부 포도 선별 와인

꿀, 프랑스식 팽 데피스, 무화과, 말린 살구, 열대과일 향으로 굉장히 풍부하고 풍만하며 금빛이 도는 강렬한 노란색 옷을 입은 이 와인은 과일 디저트와 안성맞춤이다.

알고 있었나요?

프랑스에서 소비되는 화이트 와인의 30%가 알자스 와인이다. 알자스 포도 재배지는 프랑스 와인의 18%를 생산한다(스파클링 와인 제외).

남서 프랑스

남서 프랑스는 생산량으로 볼 때 프랑스에서 네 번째로 넓은 포도 재배 지역이다. 또한 세계적인 해양성 기후 포도 품종 그리고 프랑스 포도 품종 4분의 1의 원산지이기도 하다. 1241년부터 보르도에 특권이 부여되면서 영국 시장에서 제외된 남서 프랑스 포도밭은 뒤처져 있는 가격과 명성을 단 한 번도 회복하지 못하고 여전히 보르도의 그늘에 가려져 있다.

지리적 분포

남서 프랑스 포도 재배지는 북동쪽 중앙 산악지대와 서쪽의 대서양, 남쪽의 피레네 산맥 사이에 위치한다. 이 광대한 포도 재배지는 13개 도에 걸쳐져 있다.

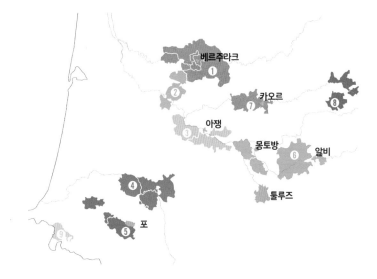

❶ 베르주라크의 주요 포도밭*
- ●●● 베르주라크
- ●● 몽라벨
- ● 몽바지악
- ● 페샤르망
- ●●● 코트 드 베르주라크

❷ 마르망드의 주요 포도밭*
- ●●● 코트 뒤 마르망데
- ●●●● 코트 드 뒤라

❸ 아쟁의 주요 포도밭*
- ●●● 코트 드 뷔제
- ●● 브뤼루아

❹ 샬로스의 주요 포도밭*
- ●●● 생 몽
- ●●● 튀르상
- ● 마디랑
- ● 파슈랑 뒤 빅 빌

❺ 베아른의 주요 포도밭*
- ● 쥐라송
- ●●● 베아른

❻ 툴루즈의 주요 포도밭*
- ●● 뱅 드 라빌디외
- ●● 프롱통
- ●●●●● 가이약

❼ 카오르의 주요 포도밭
- ● 카오르

❽ 아베롱의 주요 포도밭*
- ●● 마르시악
- ●●● 뱅 당트라그 에 뒤 펠
- ●●● 뱅 데스텡
- ●●● 코트 드 밀로

❾ 바스크의 주요 포도밭*
- ●●● 이룰레기

- ● 레드 와인 ● 로제 와인 ● 화이트 와인
- ● 스파클링 와인 ● 스위트 와인
- * AOC/AOP로 표기

재배면적 : 5만 ha 중 30%는 AOC/AOP, 45%는 IGP 포도 재배지다.

평균 생산량 : 3억 2,000만 병

생산자 1명당 평균 면적 : 5.7ha

수출 : 전체 AOP 생산의 18%

기후 : 서쪽은 해양성 온난 기후, 동쪽은 준대륙성 경향이 있다.

토양 : 점토질 석회석, 자갈, 황갈색 모래, 조약돌, 진흙, 사암질 석회석

주요 포도 품종

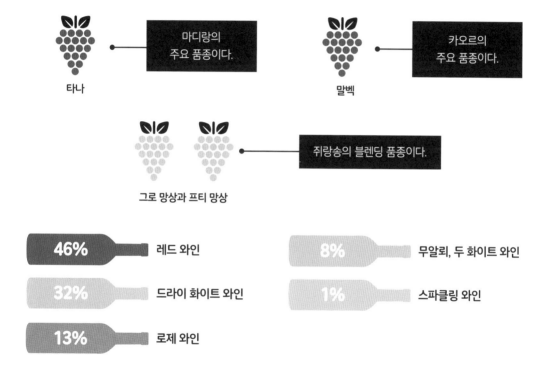

타나 — 마디랑의 주요 품종이다.

말벡 — 카오르의 주요 품종이다.

그로 망상과 프티 망상 — 쥐랑송의 블렌딩 품종이다.

46% 레드 와인

32% 드라이 화이트 와인

13% 로제 와인

8% 무알뢰, 두 화이트 와인

1% 스파클링 와인

알고 있었나요?

? 포도 재배지의 기원은 고대 로마시대까지 거슬러 올라간다. 그 후 중세시대 산티아고 데 콤포스텔라 순례자들이 남서 프랑스 전체에 포도 품종을 전파하는 데 큰 역할을 했다. 현재 남서 프랑스에는 130개 품종이 재배되고 있다.

원산지 명칭

 29개 AOC/AOP

 13개 IGP

주요 AOC/AOP

베르주라크, 뷔제, 카오르, 코토 뒤 케르시, 프롱통, 가이약, 이룰레기, 쥐랑송, 마디랑, 파슈랑 뒤 빅 빌, 페샤르망, 튀르상

최고의 빈티지

2018, 2016, 2015, 2011, 2010, 2009, 2005, 2002, 2001, 1998,
1995, 1990, 1989, 1988, 1986, 1985, 1982, 1975, 1970

어떤 와인으로 시작할까?

쥐랑송 세크

프티 망상, 그로 망상이 주품종인 이 와인은 감귤류, 향신료, 꽃 노트와 함께 굉장히 표현적인 와인이다. 연어, 가리비 관자 요리와 잘 어울린다.

카오르

대표적인 말벡 와인이다. 검은 과일과 꽃, 묵은 트러플 노트가 특징이다. 입 안에서는 타닌이 두드러지고 박하와 감초 노트가 풍부하면서도 강력한 맛을 낸다.

파슈랑 뒤 빅 빌

피레네 산맥의 스위트 와인으로 망고와 복숭아, 살구 향이 특징이며 입 안에서 섬세한 산미가 느껴진다.

보졸레

가메 품종의 왕국인 보졸레는 지금까지도 세계적으로 상업적 성공을 누리고 있지만 이 지역 포도 재배지의 품질 이미지를 크게 손상시킨 보졸레 누보의 과잉으로 막대한 피해를 입기도 했다. 다행히 실력 있는 생산자들 덕분에 보졸레 와인의 명성을 유지하거나 되찾을 수 있었다. 코트 도르의 땅값과 비교했을 때 여전히 합리적인 땅값 덕분에 좋은 기회를 찾는 와인메이커와 메종이 모여들고 있다.

지리적 분포

❶ 크뤼 뒤 보졸레의 주요 포도밭*
- ● 쥘리에나
- ● 생 타무르
- ● 셰나
- ● 물랭 아 방
- ● 플뢰리
- ● 쉬루블
- ● 모르공
- ● 레니에
- ● 코트 드 브루이
- ● 브루이

❷ 보졸레 빌라주의 주요 포도밭* ● ● ●

❸ 보졸레의 주요 포도밭* ● ● ●

● 레드 와인　● 로제 와인　○ 화이트 와인
* AOC/AOP로 표기

재배면적 : 1만 5,700ha
평균 생산량 : 1억 700만 병
생산자 1명당 평균 면적 : 10ha
수출 : 전체 생산량의 40%가 일본, 미국, 영국으로 수출된다.
기후 : 대륙성 기후 경향이 있는 해양성 온난 기후
토양 : 편암, 화강암, 점토

주요 포도 품종

가메 98%

샤르도네 2%

95% 레드 와인

5% 화이트 와인

원산지 명칭

12개 AOC/AOP

1개 IGP

주요 명칭

보졸레, 보졸레 빌라주

10개의 크뤼

브루이, 셰나, 쉬루블, 코트 드 브루이, 플뢰리, 쥘리에나, 모르공, 물랭 아 방, 레니에, 생 타무르

최고의 빈티지

2011, 2010, 2009, 2005, 1997, 1995, 1989

어떤 와인으로 시작할까?

보졸레 빌라주

보졸레보다 구조가 더 잘 잡혀 있음에도 불구하고 가벼운 보졸레 빌라주는 복합미는 없지만 신선한 과일 향과 함께 담백하고 유쾌한 와인이다.

생 타무르

가메 품종 특유의 탐스러운 과일 향과 함께 밸런스가 좋고 섬세하며 생기 있는 생 타무르는 시간이 지나면 작약과 아이리스, 제비꽃, 라즈베리 노트가 드러난다.

모르공 코트 뒤 피

잘 익은 과일과 제비꽃, 키르슈 향과 입 안에서 느껴지는 섬세하고 세련된 타닌으로 강한 복합미를 드러낼 수 있고, 꽤 긴 숙성 잠재력을 가지고 있다.

알고 있었나요?

2016년 2,500만 병 이상의 보졸레 누보가 판매되었는데 그중 600만 병이 보졸레 누보 최대 수입국인 일본에 판매되었다. 일본에서는 11월 셋째 주 목요일이 되면 보졸레 누보 출시를 열렬하게 축하한다.

보졸레 누보란?

11월, 보졸레 누보가 상륙한다! 수확이 끝나고 몇 달 후 이제 막 발효를 마친 와인을 파는 것은 보졸레 지역의 오래된 전통이다. 이러한 전통이 압도적인 광고의 대상이 된 1970년대부터 전통의 규모가 확대되었다. 축제와 연결되는 보졸레 누보는 와인메이커에게 와인만큼이나 빠른 시일에 돈을 수령할 수 있게 해준다. 11월 15일이었던 출시 날짜는 1985년부터 11월 셋째 주 목요일로 고정되었다. 몇몇 영향력 있는 네고시앙의 홍보로 큰 성공을 거둔 보졸레 누보는 일종의 획일화라는 결과를 가져왔고, 보졸레 포도밭 전체 이미지를 손상시켰다. 그럼에도 불구하고 잘 만들어진 보졸레 누보는 유연하면서 신선하고 담백한 와인으로 함께하는 즐거움을 준다. 보졸레 누보는 그 유명한 출시일이 몇 달 혹은 1년이 지난 후에도 마실 수 있다.

에노투어리즘

보졸레는 와인 가도를 따라가며 감상하기 좋은 무척 아름다운 지역이다. 와인 가도를 따라가다 보면 부르고뉴와 리옹 론 강이 이 지역에 미친 영향을 느낄 수 있다.

프로방스

프랑스에서 가장 오래된 포도밭이 있는 프로방스는 이 지역 와인의 89%를 차지하고 프랑스 로제 와인의 39%, 전 세계 로제 와인의 6%를 차지하는 등 로제 와인으로 유명하다. 프로방스는 와인 시장에 론 밸리의 타벨과 같은 짙은 색의 살진 로제 와인을 제치고 연한 색의 가볍고 과일 향이 풍부한 프로방스 로제 와인 모델을 성공적으로 정착시켰다.

전 세계적으로 로제 와인 수요가 여전히 증가하는 상황에서 프로방스는 신중하게 고급화 전략을 펼쳤고, 이는 프로방스에 유익한 결과를 가져다주었다.

지리적 분포

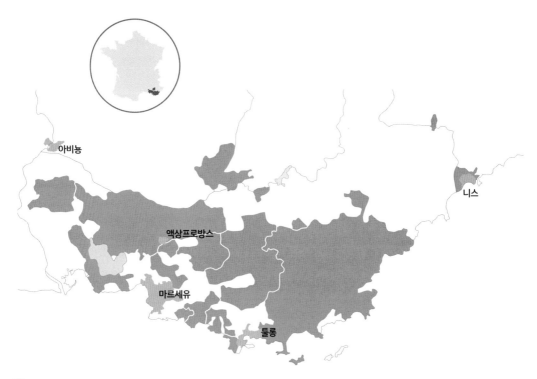

🍇 **프로방스의 주요 포도밭***

- ●●● 방돌
- ●●● 벨레
- ●●● 카시스
- ●●● 코토 덱 상 프로방스
- ●●● 코토 바루아 앙 프로방스

- ●●● 코트 드 프로방스
- ●●● 레 보 드 프로방스
- ●●● 팔레트
- ●●● 피에르베르

●레드 와인 ●로제 와인 ●화이트 와인
* AOC/AOP로 표기

재배면적 : 2만 6,680ha

평균 생산량 : AOC/AOP 와인 1억 7,600만 병

생산자 1명당 평균 면적 : 37ha

수출 : 전체 생산량의 26%를 미국과 영국, 벨기에로 수출한다.

기후 : 배후지의 산악 기후 영향을 받는 지중해성 기후

토양 : 석회질(최근 토양), 모래와 자갈(오래된 토양)

프로방스 포도 재배지에는 100개의 네고시앙 기업과 81개의 협동조합 지하 와인 저장고, 562개 와인메이커가 있다.

주요 포도 품종

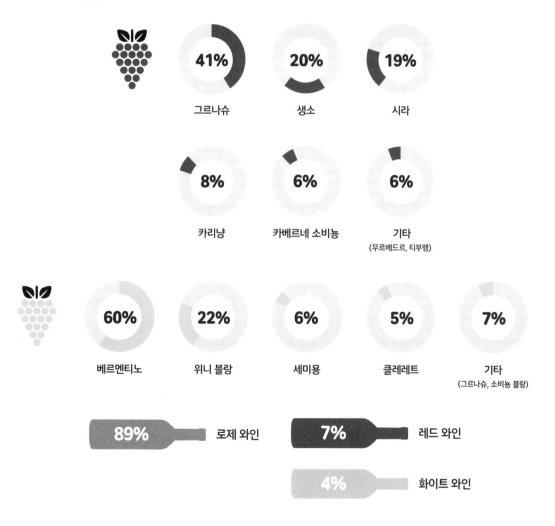

원산지 명칭

9개 AOC/AOP

주요 원산지 명칭

AOP 수 레지옹 : 코토 덱스, 코토 덱 상 프로방스, 코트
드 프로방스(프레쥐스, 라 롱드, 생트 빅투아르)

AOP 코뮌 : 방돌, 팔레트, 카시스, 레 보 드 프로방스

IGP 레지옹 : 메디테라네(가장 넓음)

IGP 데파르트망 : 부슈 뒤 론

IGP 지역 : 알피유

최고의 빈티지
2015, 2010, 2009, 2007, 1998, 1995, 1990, 1988, 1984, 1983

어떤 와인으로 시작할까?

코토 덱 상 프로방스 로제

흰색 과일(페슈 드 비뉴(붉은 복숭아의 일종-옮긴이), 사과, 모과), 식물(회향)과 꽃(양귀비) 노트가 돋보이고 입 안에서 굉장히 신선한 동시에 원만한 와인이다.

코트 드 프로방스 로제

그르나슈와 티부랭을 베이스로 한 코트 드 프로방스 로제는 레드자몽과 백도 노트와 함께 코로는 감귤류 향이 느껴지고 입에서는 섬세하고 신선하며 복합미가 함께 느껴지는 와인이다.

방돌 레드

무르베드르 베이스에 그보다는 적은 그르나슈를 블렌딩한 방돌 레드는 향이 강하고 풍만한 고품질 와인이다. 그릴에 굽거나 소스를 곁들인 붉은 고기와 잘 어울린다.

알고 있었나요?

코트 드 프로방스의 메종 데 뱅은 매년 와인 테이스팅 워크숍을 개최한다.

코르시카

코르시카의 포도 재배지는 주로 해안지대를 따라 펼쳐져 있어 바다의 신선함과 섬에 부는 바람의 덕을 본다. 이색적인 토종 품종 선별과 연간 2,885시간에 이르는 뛰어난 일조량 덕분에 코르시카의 와인은 주로 베르멘티노와 뮈스카로 만드는 화이트 와인뿐만 아니라 니엘루치오와 시아카렐로로 만드는 레드 와인 모두 독창적이고 강하면서도 우아하다.

지리적 분포

코르시카의 포도 재배지는 크기가 제한적이지만 거의 대부분의 연안 지역을 포함한다.

바스티아

칼비

코르트

아작시오

포르토 베키오

🍇 **코르시카의 주요 포도밭***
- ●●●● 아작시오
- ● 뮈스카 뒤 캅 코르스
- ●●● 파트리모니오
- ●●● 코르스 피가리
- ●●● 코르스 칼비
- ●●● 코토 뒤 캅 코르스
- ●●● 코르스 포르토 베키오
- ●●● 코르스 사르텐

● 레드 와인　● 로제 와인
● 화이트 와인　● 스위트 와인
* AOC/AOP로 표기

재배면적 : 7,100ha 중 2,841ha는 AOC/AOP, 2,719ha는 IGP
평균 생산량(AOC) : 1,500만 병
생산자 1명당 평균 면적 : 16ha
수출 : 전체 생산의 20%를 벨기에, 독일, 미국으로 수출한다.
기후 : 지중해성 기후
토양 : 서쪽은 화강암, 동쪽은 점판암, 북서쪽과 남쪽은 석회암, 동해안은 규토, 점토, 석회암

주요 포도 품종

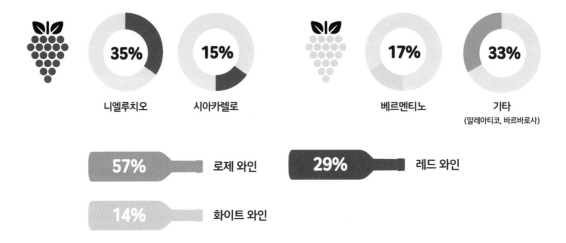

니엘루치오 35% 시아카렐로 15% 베르멘티노 17% 기타 33% (알레아티코, 바르바로사)

57% 로제 와인 29% 레드 와인

14% 화이트 와인

와인 타입에 따른 품종

- 드라이하고 톡 쏘는 화이트 와인(비안코 젠틸레, 베르멘티노, 말부아지에)
- 뱅 두 나튀렐(뮈스카 뒤 캅 코르스, 라푸)
- 로제 와인 : 시아카렐로로 만든다.
- 레드 와인 : 알레아티코, 바르바로사, 니엘루치오, 시아카렐로, 카르카졸로 누아로 만든다. 원산지 명칭 '아작시오'
  와 '파트리모니오'에서 최고의 와인을 생산한다.

알고 있었나요?

코르시카의 와인은 고대 그리스, 로마시대부터 유명했다. 기원전 600년 그리스인들이 이미 이 섬의 와인을
찬양했다.

원산지 명칭

9개 AOP

주요 원산지 명칭

하나의 AOP 레지옹 : 코르스(AOC 포도밭의 50%)

AOP 빌라주 : 코르스 칼비, 코르스 사르텐, 코르스 피가리, 코르스 포르토 베키오, 코르스 코토 뒤 캅 코르스, 뮈스카 뒤 캅 코르스

크뤼 : 파트리모니오, 아작시오

최고의 빈티지
2009, 2007, 2006

어떤 와인으로 시작할까?

아작시오 레드

시아카렐로로 만든 아작시오 레드는 약간의 후추, 붉은 과일, 향신료, 커피 향과 함께 입 안에서 우아하게 표현되며 유연하고 적당하게 틀이 잡힌 굉장히 섬세한 와인이다.

파트리모니오

깊은 맛의 레드 와인을 내는 산지오베제의 사촌 격 품종인 니엘루치오로 만든 파트리모니오는 감초와 붉은 과일, 제비꽃 노트를 드러낸다. 입 안에서는 강렬하고 풍부하며 나무 향이 난다.

뮈스카 뒤 캅 코르스

히아신스, 청포도, 아카시아, 감귤류 향이 풍부하고 균형미와 섬세함을 결합한 뮈스카 뒤 캅 코르스는 마무리로 제격이다.

에노투어리즘

파트리모니오의 포도 재배지는 2017년 보석함과 같은 눈부신 자연에 폭 안긴 경작지 전체의 아름다움과 화려함이 두드러지는 독특한 특징을 인정받아 그랑 시트 드 프랑스(프랑스의 위대한 경관) 라벨을 획득하면서 두각을 나타내기 시작했다. 이 라벨은 파트리모니오의 관광 잠재성을 강조한다. 이제 당신이 직접 가볼 일만 남았다.

쥐라

쥐라 와인의 대부분은 힘찬 스타일의 드라이한 화이트 와인이다. 이색적인 양조 방식으로 만든 강력한 아로마의 뱅 존과 뱅 드 파이유는 멋진 지방 특산품이다. 쥐라의 와인은 강력한 전형성(포도 품종이나 만들어진 지역에 따라 갖게 되는 와인의 고유한 특징-옮긴이)을 가지고 있지만 적은 생산량으로 인해 잘 알려지지 않았다. 그럼에도 불구하고 최근 몇 년 전부터 쥐라 포도밭은 다시금 흥미를 불러일으키고 있는데 덕분에 몇몇 도멘은 엄청난 세계적 명성을 쌓을 수 있었다.

지리적 분포

프랑스 동부에 자리한 쥐라 포도 재배지는 남북 80km에 걸쳐 폭 6km의 띠처럼 펼쳐져 있다.

❶ 아르부아의 주요 포도밭*
- ●●● 아르부아
- ●●● 아르부아 퓌필랭
- ● 아르부아 퓌필랭 뱅 드 파이유
- ● 아르부아 퓌필랭 뱅 존
- ● 아르부아 뱅 드 파이유
- ● 아르부아 뱅 존

❷ 코트 뒤 쥐라의 주요 포도밭*
- ● 샤토 샬롱
- ●● 레투알
- ●●●● 코트 뒤 쥐라

● 레드 와인　● 로제 와인　● 화이트 와인　● 스위트 와인
* AOC/AOP로 표기

재배면적 : 2,100ha

평균 생산량 : 1,200만 병

생산자 1명당 평균 면적 : 9ha

수출 : 전체 생산의 10%

기후 : 찬 대륙성 기후

토양 : 이회질 석회암

쥐라 포도 재배지에는 4개의 협동조합 와인 저장고와 더불어 230개의 와인메이커와 네고시앙이 있다.

주요 포도 품종

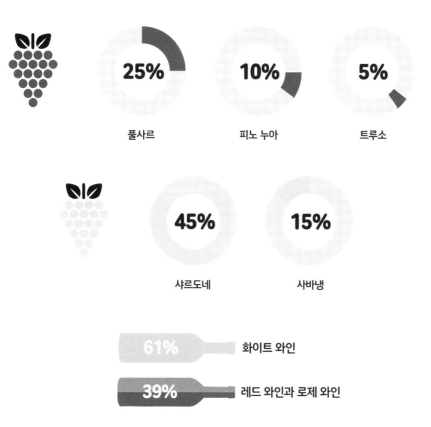

풀사르 25%

피노 누아 10%

트루소 5%

샤르도네 45%

사바냉 15%

61% 화이트 와인

39% 레드 와인과 로제 와인

원산지 명칭

7개 AOC

주요 AOC

아르부아, 샤토 샬롱, 레투알, 코트 뒤 쥐라, 마크뱅 뒤 쥐라, 마르크 뒤 쥐라, 크레망 뒤 쥐라

최고의 빈티지
2018, 2011, 2010, 2006, 2005, 2003, 1996, 1990, 1989

어떤 와인으로 시작할까?

드라이 샤르도네

하얀 과일(배)과 아몬드 향, 그릴에 구운 노트가 두드러지고 입 안에서 유연하고 미네랄이 느껴지는 와인이다.

풀사르

무화과와 말린 과일, 검은 자두 향이 나고 입 안에서 새콤한 와인이다.

뱅 존

금빛의 노란색 옷을 입은 뱅 존은 오랜 시간 동안 숙성시킬 수 있는 와인으로 코에서 신선한 호두와 아몬드, 육두구, 캐러멜 향이 느껴지는데 입 안에서도 같은 아로마가 강력하게 느껴진다.

주의할 것!

뱅 존과 뱅 드 파이유를 혼동하지 말자. 뱅 드 파이유는 늦게 수확해 적어도 6주 동안 짚이나 체에서 건조한 포도로 만든다.

쥐라의 특산품, 뱅 존

사바냉 단일품종으로 만든 뱅 존은 나무통 숙성 중에 양이 줄더라도 다시 가득 채우지 않는다. 즉 '천사의 몫'이라고도 하는 숙성 중에 조금씩 증발하고 나무에 스며들어 줄어든 양을 보충하지 않는 것이다. 효모가 얇은 막을 형성해 지속적인 산화가 일어나고 아로마(호두, 향신료 등)는 더욱 풍부해진다.

병입과 유통 전까지 6년 3개월간 숙성시킨다. 뱅 존은 '클라블랭'이라고 부르는 62cL 짜리 병에 담겨 판매되는데 이는 1L 와인이 6년간의 나무통 숙성을 거친 후 남는 양에 해당한다.

연간 평균 24만 병만 생산된다. 놀라울 정도로 오랜 기간 보관할 수 있다.

에노투어리즘

2011년 프랑스 관광청이 훌륭한 와인 관광지에 수여하는 비뇨블 & 데 쿠베르트 인증 라벨을 받은 쥐라의 경관은 무척이나 아름답다.

2월 초에 시작되며 연간 4만 5,000명이 찾는 페르세 뒤 뱅 존(오랜 기간의 숙성을 거친 뱅 존이 나무통에서 나오는 것을 기념하는 축제-옮긴이)도 놓치지 말자.

와인 세계일주

주류 전문점과 대형 마트의 주류 코너가 와인에 점점 더 많은 자리를 내주고 있다. 프랑스를 제외한 나라의 와인도 선택만 잘하면 새로운 품종과 모르고 있던 테루아, 독특한 양조 방식을 발견하는 즐거운 경험이 된다.

스페인 •

프랑스, 이탈리아와 함께 세계 최대 와인 생산국이다. 오랜 시간 잠들어 있던 스페인은 세계적 등급의 도멘, 국제품종 개발, 지역품종 와인의 개선, 설비 개선, 뛰어난 가격대비 품질로 다시 깨어났다.

| 어떤 와인으로 시작할까?

짙은 검붉은색 옷을 입은 템프라니요를 주품종으로 한 리오하 리제르바는 붉은 과일과 향신료 아로마와 나무 향 노트가 드러나고, 입 안에서는 달콤하면서도 균형이 잘 잡힌 긴 여운이 남는 와인이다.

알고 있었나요?

? 프랑스에서는 제레스, 스페인에서는 헤레스라고 불리는 셰리는 안달루시아 지방의 뱅 뮈테(발효 중 알코올 혹은 이산화황을 첨가한 와인–옮긴이)로 독특한 방식으로 숙성된다. 일단 여러 개의 나무통을 여러 층으로 쌓는다. 바닥과 가장 가까운, 즉 가장 아래 열의 나무통을 '솔레라'라고 하는데 이 나무통에 가장 오래된 와인을 담는다. 여기에서 와인을 덜어내면 그 바로 위의 나무통에 있는 좀 더 어린 와인을 흘러내려 채워주고 연속해서 같은 방법으로 와인을 내려 채운다. 숙성된 와인과 어린 와인이 섞이는 것이다. 이것을 나이 든 와인이 어린 와인을 가르친다고도 한다.

서로 다른 세대의 와인을 블렌딩하는 시스템 덕분에 셰리는 시간이 지나도 같은 스타일을 유지할 수 있다.

이탈리아

에트루리아, 그리스, 로마에서 상속받은 4,000년의 역사 덕분에 이탈리아 포도 재배지는 세계에서 가장 오래된 포도 재배지에 속한다. 이탈리아 전 지역에서 찾아볼 수 있는 와인은 매우 다양한 기후와 테루아, 품종의 혜택을 받았다. 19세기까지 재배된 품종만 1,000종이 넘었고 현재는 338종이 재배되고 있다.

| 어떤 와인으로 시작할까?

바롤로 부시아 리제르바는 네비올로 품종으로 만든 피에몬테 와인이다. 검붉은색과 붉은 과일 향이 특징이다. 부드러운 타닌과 에너지 넘치는 피니시로 입 안에서 구조적이고 틀이 잘 잡힌 느낌을 선사하는 와인이다.

알고 있었나요?

? 피에몬테의 고품질 와인 바롤로와 바르바레스코는 테루아 접근법이 유사하고 역량 있는 소수의 와인메이커가 만든다는 점에서 종종 부르고뉴 와인과 비교된다.

남아프리카공화국

남아프리카공화국의 포도나무는 17세기 유럽 위그노(프랑스 프로테스탄트 칼뱅파 교도에 대한 호칭-옮긴이)에 의해 심어졌다. 대부분의 포도밭은 케이프 주에 위치한다.

| 어떤 와인으로 시작할까?

스텔렌보스 슈냉 블랑은 감귤류와 천도복숭아, 멜론 향이 나고 핵과(복숭아, 살구)와 레몬 제스트 맛과 함께 신선함으로 입 안을 순식간에 장악한다. 입 안에서는 질감이 좋고 적절한 산미로 균형미가 느껴진다.

알고 있었나요?

 피노타지(혹은 에르미타주)는 피노 누아와 생소를 교배해 만든 남아프리카공화국 특유의 레드 와인 품종이다. 타닌이 강하고 자두, 오디와 같은 짙은 색의 과일 향이 풍부한 풀보디 와인을 만든다.

포르투갈 •

포르투갈은 매우 다양한 토종 품종이 재배되고 있고 생산된 와인은 20년 전부터 품질이 향상되면서 알아두면 좋은 와인이 되었다. 프랑스에서 가장 잘 알려진 포트 와인은 크게 루비와 타우니로 나뉘며, 네고시앙을 기반으로 생산된다.

| 어떤 와인으로 시작할까?

LBV(late bottled vintage) 포트 와인은 짙은 루비색 옷을 입고 으깬 붉은 과일, 블랙베리류의 향이 난다. 입 안에서 풍부하고 우아하며 향신료와 포도, 붉은 과일 노트가 느껴진다. 균형 잡힌 구조감이 돋보이고 특유의 양조 방식을 거치면서 알코올 함유량이 높아지고(17~19%) 타닌이 두드러지지만 입 안에서는 부드럽고 긴 여운이 남는다.

알고 있었나요?

? 포트 와인은 뱅 뮈테다. 즉 당을 최대한 많이 함유한 포도를 얻기 위해 완숙한 포도를 수확하고, 포도즙이 탱크에 담기면 효모를 죽이는 중성 알코올을 첨가해 발효를 중단시킨다. 그 후 원하는 스타일에 따라 다소 긴 시간 동안 숙성시킨다.

칠레 •

칠레 와인은 변함없는 고품질 덕분에 수출에서 큰 성공을 거두었지만 혹자는 표준화된 와인과 적절한 가격, 강력한 와인메이커 그룹 덕분이라고 한다.

| 어떤 와인으로 시작할까?

아콩카과 밸리의 카르메네르는 짙은 체리빛 붉은 옷을 입고 있고 생과일(오디, 자두, 블루베리, 장과류)과 검은 후추 향이 난다. 뛰어난 복합미와 풍부함으로 입 안에서 강력하다.

알고 있었나요?

 칠레에서 주요 와인 플레이어가 된 프랑스 와인메이커가 있다. 특히 고급 와인에서 찾아볼 수 있는데, 예를 들어 알마비바 와인은 프랑스 바롱 필립 드 로칠드(샤토 무통 로칠드)사와 남미 초대 와이너리 중 하나인 콘차 이 토로의 성공적 합병으로 탄생했다.

뉴질랜드

오스트레일리아에서 남동쪽으로 2,000km 떨어진 2개의 섬으로 이루어진 오세아니아 국가 뉴질랜드는 매우 다양한 기후대의 영향으로 지역에 따라 차이가 뚜렷한 와인이 생산된다.

| 어떤 와인으로 시작할까?

해풍으로 인해 건조하고 온난한 혹스 베이(북섬)의 소비뇽 블랑은 농축된 과일(감귤류, 구스베리) 향에서 비롯된 신선함과 함께 짠맛과 미네랄이 느껴지는 입 안의 피니시가 돋보인다.

알고 있었나요?

? 소비뇽 블랑은 뉴질랜드 포도 품종의 57%를 차지하며, 특히 말보로에서 소비뇽 블랑의 90%가 재배된다. 강렬한 과일 향과 생생한 산미가 특징인 소비뇽 블랑 덕분에 뉴질랜드 와인이 전 세계적으로 명성을 얻게 되었다.

오스트레일리아

18세기 말부터 사막 불모지에 가까운 중부를 피해 남서부에서 남동부에 이르는 남부와 동부에서 포도를 재배했다. 오스트레일리아 와인은 전 세계적으로 널리 알려져 있지만 오스트레일리아는 관개 포도 재배를 위협하는 점차 심각해지는 가뭄과 맞서 싸워야 하는 상황에 놓였다.

| 어떤 와인으로 시작할까?

바로사 밸리의 쉬라즈는 검은 과일의 풍만함이 두드러지는 진한 와인이다. 입 안에서 강렬하지만 모카와 자두, 향신료, 다크 초콜릿 노트의 풍부한 텍스처에서 드러나는 붉은 과일, 검은 과일 향으로 인해 신선함을 그대로 머금고 있다.

알고 있었나요?

 프랑스 론 밸리의 상징적 품종으로, 풍성한 과일 향과 향신료 향이 특징인 시라는 '쉬라즈'라는 이름으로 오스트레일리아에서 가장 많이 재배되는 품종이 되었다.

독일

독일의 포도 재배지는 포도나무를 심을 수 있는 기후 경계(차가운 공기와 적은 일조량)에 해당하는 북위 51도 가까이에 위치한다. 주로 남서부에 위치하며 최고의 도멘은 라인 강과 그 지류의 가장자리를 따라 자리 잡고 있다. 독일은 주로 달콤하고 드라이한 화이트 와인을 생산한다.

| **어떤 와인으로 시작할까?**

카비네트 등급(소비자가 많이 찾는 엔트리 등급이며 점차 더 달콤해지고 있다.)의 드라이 모젤 리슬링으로 시작해보자. 신선한 감귤류와 사과, 복숭아, 파인애플 향과 흰 꽃 노트를 드러낸다. 침샘을 자극하는 잘 짜인 산미와 매력적인 농도 덕분에 입 안에서 훌륭한 긴장감이 느껴지는 와인이다.

알고 있었나요?

독일 와인은 포도밭뿐만 아니라 수확 당시 포도에 함유된 천연 당의 정도에 따라 등급이 매겨진다. 기후 조건 때문에 포도 재배가 쉽지 않은 독일에서는 포도의 숙성 정도가 우선시되는 것이다. 이는 유럽에서는 보기 드문 독특한 시스템이다.

아르헨티나

아르헨티나는 400년 이상의 와인 양조 전통을 보유한 세계 5위 와인 생산국이지만 수출 비중이 매우 낮은 편이다. 포도밭은 특히 멘도사 지방의 안데스 산맥을 따라 해발 800~1,700m 사이에 자리 잡고 있다.

| **어떤 와인으로 시작할까?**

완숙 과일(블랙체리, 자두)과 부드러운 향신료의 향이 코에서 진하게 느껴지는 짙은 자줏빛의 멘도사 말벡은 훌륭한 타닌이 돋보이는 풍부하고 탐스러운 와인이다.

알고 있었나요?

말벡은 아르헨티나에서 가장 흔한 품종이다. 남서 프랑스 출신(카오르는 말벡의 역사적 중심지)인 말벡은 아르헨티나 기후에 무척이나 잘 적응해 아르헨티나를 대표하는 품종의 하나로 자리 잡았다.

오스트리아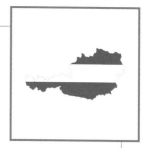

오스트리아 와인은 전 세계 와인 생산의 1%밖에 차지하지 않지만 품질이 뛰어나고 종류가 다양해 국제적으로 널리 알려졌다. 화이트 와인이 대부분이고 적은 수의 레드 와인은 타 지역보다 조금 더 따뜻한 동부의 부르겐란트에서 생산된다.

| 어떤 와인으로 시작할까?

캄프탈 지역의 그뤼너 벨트리너는 가끔은 후추 노트가 느껴지는 자몽과 노란 과일 향이 나는 상쾌하고 과실 향이 두드러지는 와인이다.

알고 있었나요?

? 부르겐란트에서 매년 11월 11일은 성 마르틴의 날이다. 이날을 기념하기 위해 와인을 생산하는 마을과 소도시는 등불 행렬과 함께 와인 잔을 손에 들고 '마르틴의 거위'라고 하는 거위 요리를 먹으며 서로 가볍게 치는 축제를 연다.

미국

대부분 캘리포니아 주에 위치한 미국의 포도 재배지는 무척 역동적이다. 2008년부터 2012년 사이에 와인 생산량은 25%나 증가했고 현재 와이너리 숫자는 7,000개가 넘는다.

| 어떤 와인으로 시작할까?

나파 밸리의 진판델은 풍만한 붉은 과일(체리)과 자두, 가죽의 노트로 입 안을 풍성하게 채우며 향신료와 더불어 살짝 절인 과일 맛과 매끈한 타닌 덕분에 매력적이고 강렬하게 다가온다.

알고 있었나요?

? 미국의 원산지 명칭 표기 시스템은 와인 생산 지역을 지정하고 있는데, 바로 AVA(American Viticultural Areas)다. 그럼에도 불구하고 프랑스의 AOC와는 달리, AVA는 양조 방식과 노하우를 거의 규제하지 않는다. 또한 하나의 와인 스타일을 지리적으로 연결해 설명하는 것도 어렵다.

세계의 와인 생산

모든 대륙에서 포도를 재배하고 있지만 포도로 와인만 만드는 것은 아니다.

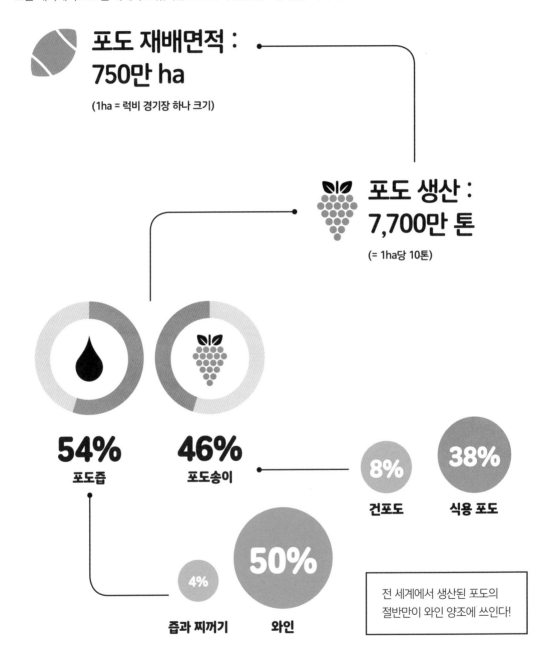

포도 재배면적 :
750만 ha

(1ha = 럭비 경기장 하나 크기)

포도 생산 :
7,700만 톤

(= 1ha당 10톤)

54%
포도즙

46%
포도송이

8%
건포도

38%
식용 포도

4%
즙과 찌꺼기

50%
와인

전 세계에서 생산된 포도의
절반만이 와인 양조에 쓰인다!

전 세계 와인 생산 분포

매년 달라지지만 해마다 세계에서 2억 4,700만~2억 9,000만 hL에 이르는 와인이 생산된다. 세계 와인 생산의 가장 큰 부분이 유럽에 집중되어 있지만 변화가 일고 있다. 새롭게 포도 재배지를 개발하는 국가들이 늘고 있는데, 중국의 경우 2005년부터 2015년 사이에 포도 재배지가 2배 늘었다.

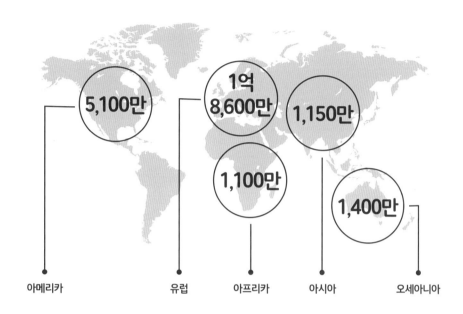

세계 10대 와인 생산국가(단위 백만 hL)

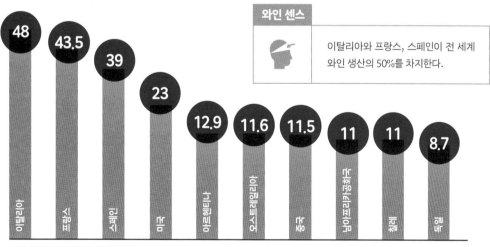

와인 센스

이탈리아와 프랑스, 스페인이 전 세계 와인 생산의 50%를 차지한다.

자료 : 2013~2017년 평균, 국제와인기구

제**4**장

내 취향에 맞는 와인 찾기

퀴즈 : 당신이 좋아할 만한 와인을 찾아보자!

당신이 정말 아무것도 모르는 '0' 상태에서 시작한다면, 다음 퀴즈가 당신의 마음에 들 만한 와인을 찾는 데 도움을 줄 것이다. 각 질문당 하나의 답만 선택하자.

1 와인이 아닌 다른 음료를 선택해야 한다면, 그 음료는?
a. 홍차   b. 커피   c. 과일주스   d. 허브티

2 어떤 건과를 좋아하나요?
a. 아몬드   b. 호두   c. 말린 자두   d. 말린 살구

3 어떤 감귤류를 좋아하나요?
a. 자몽   b. 오렌지   c. 라임   d. 레몬

4 어떤 꽃향기를 좋아하나요?
a. 제비꽃   b. 장미   c. 아카시아 꽃   d. 산사나무 꽃

5 어떤 종류의 돌을 좋아하나요?
a. 화강암   b. 규석   c. 편암   d. 백묵

6 어떤 향신료를 좋아하나요?
a. 사프란   b. 후추   c. 시나몬   d. 감초

7 붉은 과일 중에서는 어떤 것을 좋아하나요?
a. 체리   b. 딸기   c. 라즈베리   d. 블랙커런트

8 자연의 어떤 곳에서 산책하고 싶나요?
a. 강가   b. 해변   c. 산   d. 시골

①
a. 마디랑, 코트 로티, 바롤로, 메독
b. 쥐라의 뱅 드 파이유, 포트 와인, 생 테스테프와 나무통에서 숙성시킨 메독의 다른 와인들
c. 보졸레, IGP 코트 드 가스코뉴, 투렌 소비뇽, 툴의 뱅 그리, 코트 드 프로방스 로제
d. 뮈스카데, 카르 드 숌, 리슬링, 사브니에르, 앙주 블랑, 소뮈르 블랑, 샴페인

②
a. 부르고뉴 블랑, 쥐라의 샤르도네, 리무 블랑, 앙주 블랑, 사브니에르
b. 코트 뒤 쥐라, 아르부아, 샤토 샬롱, 셰리, 가이약의 뱅 드 부알(와인을 효모막 아래에서 오래 숙성시킨 와인. 뱅 존이 쥐라
   지방의 뱅 드 부알이다.-옮긴이), 드라이 랑시오(나무통에 넣어 햇볕에 노출된 상태로 몇 년간 숙성시킨 독특한 풍미의 주정강화 와
   인-옮긴이), 리브잘트, 바뉠스
c. 모리, 바뉠스, 포트 와인, 포이약, 생 테밀리옹, 카스티용 코트 드 보르도, 코르비에르 부트낙
d. 콩드리유, 비오니에 주품종의 와인, 소테른, 바르삭, 몽바지약, 카르 드 숌

③
a. 코트 드 가스코뉴, 리슬링, 소비뇽 주품종의 와인(드라이 보르도 화이트 와인, 투렌 화이트 와인)
b. 본느조와 루아르의 기타 스위트 혹은 주정강화 와인, 몽바이약, 소시냑, 소테른, 쥐랑송
c. IGP 코트 드 가스코뉴, 생 몽, 랑드 사블 포브, 보르도 블랑, 투렌 소비뇽
d. 페삭 레오냥, 상세르, 리슬링, 실바네르, 픽풀 드 피네, 부르고뉴 알리고테

④
a. 카오르, 투렌 앙부아즈, 코트 로티, 생 조제프, 아르뱅 몽되즈, 크로즈 에르미타주, 포므롤
b. 알자스 게뷔르츠트라미너, 알자스 뮈스카, 뮈스카 드 리브잘트, IGP 페이 도크 뮈스카, 포이약, 바르바레스코
c. 부르고뉴 화이트 와인과 기타 샤르도네 주품종의 화이트 와인, 부브레, 몽루이, 사브니에르
d. 샹파뉴 블랑 드 블랑, 에르미타주, 생 조제프, 샤르도네로 만든 화이트 와인

⑤
a. 알자스 그랑 크뤼 브란트, 알자스 그랑 크뤼 슐스베르크, 쉬로블, 플뢰리, 브루이
b. 상세르, 푸이 퓌메, 코토 뒤 지에누아
c. 앙주, 사브니에르, 포제르, 생 쉬니앙, 생 조제프, 퓌이(스위스), 모르공
d. 샤블리, 소뮈르, 부르괴이유, 쉬농, 샴페인

⑥
a. 쥐랑송, 파슈랑 뒤 빅 빌, 소테른, 바르삭, 피노 그리, 몽바지약, 소시냑
b. 그르나슈, 시라, 몽되즈(사부아), 피노 도니스(루아르) 품종으로 만든 와인
c. 방돌, 게뷔르츠트라미너, 피노 그리
d. 카오르(말벡 품종), 프롱통(네그레트 품종), 미네르부아, 케란, 카베르네 프랑으로 만든 와인

⑦
a. 부르고뉴 레드, 바롤로, 포트 와인과 타우니 혹은 루비 타입의 뱅 두 나튀렐, 샤토뇌프 뒤 파프
b. 보졸레의 와인, 마르사네, 그르나슈를 베이스로 한 로제 와인
c. 생 테밀리옹, 포므롤
d. 마디랑, 카베르네 소비뇽을 주품종으로 한 메독 와인

⑧
a. 코트 로티, 콩드리유, 생 조제프, 생 페레, 크로즈 에르미타주, 에르미타주, 카오르, 포트 와인, 소뮈르
b. 콜리우르, 바뉠스, 피에프 방데앙 브렘, 뮈스카데, 코트 드 프로방스, 뮈스카 미레발, 뮈스카 드 프롱티냥,
   파트리모니오, 코르스 피가리, 코르스 칼비, 아작시오, 시칠리아 와인, 리아스 바이사스(갈리시아)
c. 사부아 와인, 이룰레기, 리무, 카바르데스, 미네르부아, 코르비에르
d. IGP 코트 드 가스코뉴, 가이약, 코트 뒤 쥐라, IGP 오 푸아투, 생 테밀리옹, 포므롤, 쥐랑송, 코트 뒤 마르망데,
   베르주라크, 로이, 보졸레, 부르고뉴, 키안티, 피에몬테 와인

와인의 맛을 이루는 요소

각각의 와인은 개성이 있는데, 이 개성은 동일한 요소들에 영향을 받는다. 이 각각의 요소들이 어떻게, 얼마만큼 작용하는가에 따라 서로 다른 와인이 만들어지는 것이다. 당신 스타일에 맞는 와인을 찾는 법을 배우려면 먼저 다음 요소들을 주의 깊게 살펴보자.

타닌

▶ 타닌이 입 안에서 거칠거나 톡 쏘거나 공격적이지 않다면 타닌이 있는 와인이라고 해서 나쁜 와인은 아니다.

타닌이 강한 와인

바롤로, 포이약, 마디랑, 코르비에르 부트낙, 코트 드 프로방스, 이룰레기

타닌이 유연한 와인

보졸레, 생 쉬니앙, 포므롤, 카스티용 코트 드 보르도, 생테밀리옹, 소뮈르 샹피니

과일의 표현

▶ 익은 과일의 향이 나는 와인일지라도 화사함과 생기를 표현할 수 있다. 하지만 '과일 절임' 향이 나는 와인은 입맛을 짜증나게 한다.

풋과일

부르고뉴, 보졸레, 루아르, 쥐라, 사부아

익은 과일

랑그도크루시용, 론, 프로방스

와인의 힘

▶ 취향이나 상황에 따라 유연한 텍스처, 청량한 스타일의 가벼운 와인을 마시고 싶을 때가 있고, 반대로 보디와 질감이 느껴지는 강한 와인을 마시고 싶을 때가 있다.

가벼운 와인

픽풀 드 피네, 뮈스카데, 알자스 피노 블랑, 부르고뉴

강한 와인

뫼르소, 포제르, 포이약, 카오르, 코트 드 프로방스, 콜리우르, 모리 세크, 페삭 레오냥

숙성

(적어도 12개월) 숙성된 와인은 보다 섬세해지고 구조가 잡힌다. 나무통에서 숙성된 와인은 독특한 스타일을 갖는다. 나무통에서 숙성시키면 미세 산화가 일어나고 아로마가 정제되기 때문이다.

▶ 나무통 숙성의 목적은 와인의 힘을 길들이고, 타닌을 정제하고, 와인에 풍부함을 주기 위함이다. 하지만 나무의 맛이 아로마의 핵심이 되면 이는 나쁜 징조다.

방돌(2년 나무통 숙성이 의무), 부르고뉴 레드 와인과 화이트 와인, 메독과 그라브, 카오르(그랑 퀴베) 와인

보졸레, 보르도와 보르도 쉬페리외르(대부분), 투렌, 가메, 픽풀 드 피네

와인의 나이

자신의 취향과 와인의 타입에 따라 어린 와인을 찾거나 피한다.

어린 와인

▶ 나무통 숙성을 거치지 않은 드라이 화이트 와인, 가격이 10유로 미만인 로제 와인과 레드 와인을 선택하자.

아로마의 신선함, 역동성, 혈기 때문에 어린 와인을 찾는다. 타닌이 좀 더 두드러지는 와인도 있지만 음식과 함께하면 타닌은 느껴지지 않는다.

오래된 와인

▶ 8~10년 숙성된 와인부터 오래된 와인이라고 한다. 지나치게 나이가 많은 와인은 (산화해서) 마디라산 맛이 나거나 맛 자체가 아예 없어지기도 한다. 질감과 구조를 잃어버린 것처럼 텍스처도 엉성하다.

깊은 타닌과 시든 장미에서 뽑아낸 듯하지만 이끼, 버섯으로 옮겨가는 섬세한 아로마 때문에 오래된 와인을 찾는다.

포도 품종과 테루아

▶ 같은 포도 품종이라도 양조 방식과 장소에 따라 서로 다른 맛의 와인을 만든다(아르헨티나 말벡은 카오르 100% 말벡과는 다르다.).

▶ 테루아 와인은 부르고뉴에서처럼 단일품종 와인일 수 있고, 프로방스에서처럼 블렌딩 와인일 수도 있다.

다양한 스타일의 와인

가벼운 화이트 와인

 색

연한 노란색, 황녹색에서 구리색까지

아로마 : 섬세한 아로마

꽃과 식물 재스민, 아카시아, 아몬드 나무, 회양목, 버베나, 인동초, 산사나무, 보리수, 녹차, 민트, 회향, 건초, 고사리, 오렌지 꽃

바다 요오드, 염분

과일 배, 풋사과, 구스베리, 살구, 복숭아, 모과, 머스캣

향신료 바닐라, 육두구, 생강, 아니스

광물 염분과 규석, 부싯돌, 석회석, 흑연 노트

감귤류 레몬, 라임, 유자, 베르가모트, 자몽, 귤

 가벼움의 비밀

이 와인의 개성은 섬세한 아로마가 풍부한 포도 품종, 토양, 기후, 양조 방식에서 온다. 나무통에서 숙성된 경우는 극히 드물고 알코올 함량이 매우 낮다.

 포도 품종

- 실바네르
- 폴 블랑슈
- 샤르도네
- 샤슬라
- 피노 블랑
- 오세루아
- 자케르
- 믈롱 드 부르고뉴
- 슈냉
- 소비뇽
- 클레레트
- 픽풀
- 모작

 지역

모젤 : 코트 드 툴

알자스 : 알자스 샤슬라, 알자스 피노 블랑, 알자스 실바네르

사부아 : 사부아, 아프르몽, 사부아 크레피, 사부아 리파유, 사부아 마랭

루아르 : 그로 플랑 뒤 페이 낭테, 뮈스카데, 푸이 쉬르 루아르, IGP 발 드 루아르

부르고뉴 : 프티 샤블리, 부르고뉴 알리고테, 생 브리

오베르뉴 : 생 푸르생

랑그도크 : 픽풀 드 피네

남서 프랑스 : 가이약, IGP 코트 뒤 타른

182

언제 마시면 좋을까?

연중 내내 아페리티프로 서빙하기 좋다. 입맛을 돋우고, 갈증을 해소하기 좋으며, 간단한 요기와 함께하기에도 무난하기 때문이다.

라이트 보디의 화이트 와인은 특히 봄과 여름, 야외에서 샐러드와 채소, 해산물, 염소젖 치즈를 베이스로 한 가벼운 요리와 함께 즐기기에 좋다.

어떻게 서빙할까?

온도 : 8~10℃

와인을 언 채로 서빙하면 안 된다. 산미가 강해지고 아로마가 파괴될 수 있기 때문이다. 어린 와인은 좀 더 표현력이 풍부한 아로마를 드러낸다.

어떤 음식과 함께 마실까?

꼭 지키면 좋은 원칙 : 청량한 와인이 생각나게 하는 모든 음식

- 그린 올리브
- 외 마요네즈(반으로 자른 완숙 달걀에 마요네즈소스를 올린 앙트레-옮긴이)
- 돼지고기 리예트(돼지고기 혹은 오리고기, 닭고기와 같은 고기를 지방과 함께 열을 가해 만든 프랑스식 스프레드-옮긴이)
- 조개류 : 굴, 대합, 맛조개, 홍합, 바지락 등
- 곰새우
- 안티초크
- 오징어 튀김

- 훈제 생선
- 생선 리예트
- 화이트 와인 고등어조림
- 오일에 담근 정어리
- 작은 생선 튀김
- 생선 뫼니에르(생선에 밀가루를 묻혀 버터를 녹인 팬에 지져내는 요리-옮긴이)
- 혼합 샐러드
- 아스파라거스
- 염소젖 치즈

팁 하나!

라이트하다는 것은 결점이 아니다. 라이트한 보디감과 신선함으로 오히려 마시기에 더 좋을 수도 있다. 하지만 와인에서 맹물 맛이 나거나 공격적인 맛이 난다면 질이 좋지 않은 와인이다.

과일 향이 나는 산뜻한 화이트 와인

 색

황녹색에서 연한 금색까지

아로마 : 새콤한 스타일

꽃과 식물 재스민, 아카시아, 아몬드 나무, 회양목, 인동초, 버베나, 보리수, 녹차, 민트, 회향, 오렌지 꽃

광물 규석, 부싯돌, 백묵, 흑연

감귤류 레몬, 라임, 유자, 베르가모트, 자몽, 오렌지, 귤

과일 배, 풋사과, 구스베리, 살구, 복숭아, 모과, 머스캣, 미라벨 자두

열대과일 파인애플, 망고, 패션프루트, 리치

향신료 바닐라, 육두구, 카레, 시나몬, 붓순나무, 생강, 소두구

사탕 마시멜로, 꿀맛 사탕

 지역

모젤 : 코트 드 툴, 모젤

알자스 : 알자스 샤슬라, 알자스 피노 블랑, 알자스 실바네르, 알자스 리슬링, 알자스 뮈스카

사부아 : 사부아, 아프르몽, 사부아 크레피, 사부아 리파유, 사부아 마랭, 루세트 드 사부아, 세셀

론 : 뷔제, 코토 뒤 리오네, 코토 드 피에르베르, 코트 뒤 론, 코트 뒤 비바레, IGP 아르데슈

루아르 : 그로 플랑 뒤 페이 낭테, 뮈스카데, 푸이 쉬르 루아르, IGP 발 드 루아르, 피에프 방데앙, 소뮈르, 앙주, 투렌, 슈베르니, 발랑세, 코토 뒤 지에누아, 상세르, 므느투 살롱, 뢰이, 켕시, 생 푸르생, 코트 도베르뉴, IGP 위르페

부르고뉴 : 프티 샤블리, 부르고뉴 알리고테, 생 브리, 샤블리, 코토 부르기뇽, 생 베랑, 마콩, 마콩 빌라주

보졸레 : 보졸레 블랑

랑그도크루시용 : 픽풀 드 피네, IGP 페이 도크 샤르도네, IGP 페이 도크 소비뇽, IGP 페이 도크 비오니에, IGP 페이 도크 뮈스카

보르도 : 보르도, 그라브, 앙트르 되 메르, 생트 포이 보르도, 코트 드 부르, 블레이 코트 드 보르도

남서 프랑스 : 베르주라크 세크, 뷔제, 가이악, IGP 코트 뒤 타른, IGP 코트 드 가스코뉴, 베아른, IGP 콩테 톨로상, IGP 코트 뒤 로, IGP 제르, IGP 랑드, 생 몽, 코트 드 뒤라

 특징에 숨은 비밀

아로마가 매우 풍부한 품종을 이용해 가볍고 청량감 있는 스타일의 와인을 만드는 데 적합한 방식으로 양조된다. 아주 복잡하지는 않지만 풍부한 아로마와 청량감이 균형을 이루어 기분 좋게 마실 수 있다. 이러한 타입의 와인은 대부분 탱크에서 숙성되고 나무통에서 숙성되는 경우는 드물다.

포도 품종

- 알리고테
- 알테스
- 오세루아
- 샤르도네
- 샤슬라
- 슈냉
- 클레레트
- 폴 블랑슈

- 자케르
- 마르산
- 모작
- 믈롱 드 부르고뉴
- 뮈스카델
- 뮈스카
- 픽풀
- 피노 블랑

- 루산
- 소비뇽
- 세미용
- 실바네르
- 트레살리에
- 위니 블랑
- 비오니에

언제 마시면 좋을까?

봄과 여름, 모든 종류의 앙트레(전식)를 비롯해 가벼운 요리와 함께 내기에 좋다. 채소와 시리얼, 생선, 염소젖 치즈로 차린 캐주얼한 식사에 안성맞춤이다.

어떻게 서빙할까?

온도 : 8~10℃
이러한 스타일의 와인도 숙성시킬 수는 있지만 어렸을 때 아로마의 활력이 넘친다.

어떤 음식과 함께 마실까?

꼭 지키면 좋은 원칙 : 기름지고 짠맛이 나는 입을 상쾌하게 해줄 와인을 찾게 만드는 요리, 과일 향이 나고 톡 쏘듯 상큼한 와인이 생각나게 하는 요리와 함께 낸다.

- 아페리티프
- 앙트레 : 외 마요네즈
- 샤퀴트리 : 돼지고기 리예트, 파테, 초리조, 장봉 페르시예(부르고뉴식 전통 샤퀴트리-옮긴이)
- 조개류와 갑각류 : 굴, 대합, 맛조개, 홍합, 가리비 관자, 큰 새우, 작은 새우, 게
- 날생선, 오븐이나 팬으로 조리한 생선
- 훈제 생선

- 지방이 많은 생선 : 화이트 와인 고등어조림, 오일에 담근 정어리
- 튀김 : 생선튀김, 오징어튀김
- 채소 : 아스파라거스, 프렌치드레싱을 곁들인 대파, 혼합 샐러드
- 웍 요리와 아삭거리는 채소 요리
- 키슈, 타르트 살레, 케이크 살레
- 염소젖 생치즈 혹은 반건조 치즈

팁 하나!

전체적으로 아로마가 풍부하면서도 생기 있고 비교적 가볍다. 하지만 맹물 맛, 공격적인 맛이 나거나 인위적인 아로마가 있어서는 안 된다. 이러한 와인은 품질이 떨어지는 와인이다.

풍부하고 섬세한 화이트 와인

색

연한 노란색에서 금빛을 띤 노란색

지역

알자스 : 알자스 리슬링 그랑 크뤼, 알자스 그랑 크뤼 초첸베르크(실바네르), 알자스 뮈스카 그랑 크뤼

쥐라 : 아르부아, 코트 뒤 쥐라, 샤토 샬롱

루아르 밸리 : 뮈스카데 세브르 에 멘, 클리송, 고르주, 르 팔레트, 굴렌, 샤토 테보, 앙주 누아, 사브니에르, 쉬농, 몽루이, 부브레, 쿠르 슈베르니, 투렌 우아슬리, 자스니에르, 푸이 퓌메, 상세르

부르고뉴 : 샤블리 그랑 크뤼와 프르미에 크뤼, 부르고뉴 베즐레, 픽생, 마르사네, 모레 생 드니, 뮈지니, 뉘 생 조르주, 코트 드 뉘 빌라주, 코트 드 본, 쇼레 레 본, 본, 본 프르미에 크뤼, 생 로맹, 몽텔리, 사비니 레 본, 오세 뒤레스, 오세 뒤레스 프르미에 크뤼, 퓔리니 몽라셰, 바타르 몽라셰, 비엥브뉘 바타르 몽라셰, 몽라셰, 샤사뉴 몽라셰, 생 오뱅, 라두아, 페르낭 베르줄레스, 뫼르소, 코르통, 상트네, 상트네 프르미에 크뤼, 몽타니, 지브리, 메르퀴레, 륄리, 부즈롱, 푸이 퓌세, 푸이 로쉐, 푸이 뱅젤

보르도 : 페삭 레오냥 그랑 크뤼 클라세

남서 프랑스 : 코트 드 베르주라크, 몽라벨

론 밸리 : 샤토 그리예, 콩드리유, 에르미타주

랑그도크 : 리무

프로방스 : 팔레트 블랑

아로마 : 복합적 아로마

꽃과 식물 재스민, 아카시아, 아몬드 나무, 회양목, 인동초, 산사나무 꽃, 버베나, 녹차, 민트, 건초, 유칼립투스, 오렌지 꽃

숲속 향 버섯, 이끼, 송로버섯(트러플), 갈잎

광물 규석, 부싯돌, 흑연, 백묵

감귤류 레몬, 라임, 유자, 베르가모트, 자몽, 귤

과일 배, 풋사과, 살구, 복숭아, 모과, 미라벨 자두, 신선한 아몬드

견과류 아몬드, 호두, 헤이즐넛

향신료 바닐라, 육두구, 백후추, 카레

바다 요오드, 염분

제과/제빵 꿀, 브리오슈, 녹인 버터, 밀크캐러멜

탄내 훈제 향, 석쇠에 구운 향, 태운 장작

나무 향 송진, 떡갈나무, 코코넛, 바닐린, 소나무, 백향목

우아함의 비밀

이러한 와인의 개성은 복합적인 아로마를 가진 품종과 양조 과정 중 탱크나 나무통에서 꽤 긴 시간 숙성을 하는 최고급 와인을 만드는 역량이 있는 테루아에서 온다.

와인은 텍스처의 기름짐, 아로마의 복합성, 미네랄리티와 섬세한 산미 사이에서 다채로운 감각을 제공한다. 입 안에 여운이 길게 남는다.

포도 품종

- 리슬링
- 실바네르
- 뮈스카
- 믈롱 드 부르고뉴
- 슈냉

- 로모랑탱
- 소비뇽
- 샤르도네
- 세미용
- 비오니에

- 마르산
- 루산
- 사바냉

언제 마시면 좋을까?

앙트레부터 서빙해 메인요리와 치즈까지 함께할 수 있는 식사 와인이라고 할 수 있다.

어떻게 서빙할까?

온도 : 8~10℃
너무 차가우면 와인의 섬세함이 빛을 발하지 못한다. 숙성이 잘되는 와인이기 때문에 2~3년 혹은 더 오래된 빈티지의 와인을 준비하자. 식사 3~4시간 전에 미리 오픈해두면 좋다.

어떤 음식과 함께 마실까?

꼭 지키면 좋은 원칙 : 와인처럼 풍부하고 섬세한 요리와 페어링해보자.

- **해산물** : 랍스터, 닭새우, 가리비 관자, 서대, 광어, 아귀, 게, 연어
- **요리** : 뵈르 블랑 소스 혹은 아몬드소스 생선, 강꼬치고기 크넬(밀가루, 물, 지방을 혼합한 반죽인 파나드에 달걀, 지방, 향신료, 곱게 간 고기, 닭고기, 수렵육, 생선살을 섞어 만든 음식으로 방추형으로 갸름하게 빚어 익힌다. 전통 방식의 크넬은 리옹 미식의 꽃이라 할 수 있으며, 보통 강꼬치고기와 송아지 콩팥기름을 넣어 만든다.-옮긴이), 생선 테린
- **푸짐한 앙트레** : 부쉐 아 라 렌(페이스트리 반죽 한가운데를 움긴이), 장봉과 버섯 푀이테(페이스트리 반죽에 소(치즈, 햄 또는 해산물 등)를 채워 구운 것으로 길쭉한 스틱 모양, 삼각형 등 다양한 모양으로 구운 요리-옮긴이), 파테 앙 크루트(테린의 겉면을 파이로 감싼 뒤 구운 요리-옮긴이), 구제르(치즈를 넣은 슈 반죽을 작은 공 모양으로 빚어 구운 요리-옮긴이), 치즈 수플레
- **송아지 요리** : 블랑케트(송아지나 닭고기와 함께 화이트 와인 소스로 만든 스튜-옮긴이), 그르나댕(송아지 넓적다리살 찜-옮긴이), 송아지 오를로프(익힌 송아지 등심 덩어리에 깊은 칼집을 낸 다음 치즈나 베이컨, 토마토, 버섯 등을 채워 넣고 요리용 실로 묶어 오븐에 구워낸 요리-옮긴이), 살팀보카(얇게 저민 송아지고기에 햄과 세이지를 얹거나 말아 싼 뒤 화이트 와인 소스로 익힌 요리-옮긴이), 에스칼로프, 리 드 보(송아지 흉선 요리-옮긴이)
- **가금류 요리** : 크림, 타라곤, 삿갓버섯 또는 그물버섯소스
- **리소토** : 사프란, 해산물, 버섯
- **베지테리언 요리** : 버섯이나 파, 엔다이브와 같은 익힌 채소나 견과류와 함께 익힌 퀴노아 혹은 벌거 요리
- 레몬그라스나 고수가 들어간 태국 요리
- 카레와 견과류가 들어간 인도 요리
- **치즈** : 가열 압착 치즈(콩테, 보포르), 흰곰팡이 치즈(브리, 생 마르슬랭, 브리야 사바랭), 세척 외피 치즈(에푸아스, 몽 도르), 염소젖 치즈

팁 하나!

섬세함이 코에서 느껴지고 아로마가 입 안에 오래 남아 있는 와인을 선택하자.

둥글고 강한 화이트 와인

색
연한 노란색에서 금갈색까지

아로마 : 태양의 맛

꽃과 식물　버베나, 녹차, 민트, 건초, 유칼립투스, 타임

숲속 향　버섯, 송로버섯, 가리그

광물　부싯돌, 백묵, 흑연

감귤류　레몬, 라임, 유자, 베르가모트, 자몽, 블러드 오렌지, 귤

당 절임　오렌지 절임, 파트 드 쿠엥(모과 젤리-옮긴이), 설탕에 절인 감귤류 제스트

과일　배, 살구, 복숭아, 모과, 멜론, 자두

열대과일　파인애플, 망고, 패션프루트, 리치

말린 과일　아몬드, 헤이즐넛, 호두, 건포도

향신료　바닐라, 육두구, 카레, 시나몬, 붓순나무, 생강, 소두구

바다　요오드, 염분

제과/제빵　꿀, 브리오슈, 녹인 버터, 밀크캐러멜

나무 향　송진, 떡갈나무, 코코넛, 바닐라, 소나무, 백향목

지역

알자스 : 알자스 피노 그리, 알자스 게뷔르츠트라미너

사부아 : 사부아 쉬냉 베르주롱의 와인과 베르주롱(혹은 루산)을 베이스로 한 사부아의 기타 와인

부르고뉴 : 뫼르소 프르미에 크뤼, 코르통 샤를마뉴, 생 오뱅 프르미에 크뤼, 비레 클레세

남서 프랑스 : 쥐랑송 세크, 파슈랑 뒤 빅 빌 세크, 이룰레기

북부 론 밸리 : 생 조제프, 생 페레, 크로즈 에르미타주

남부 론 밸리 : 샤토뇌프 뒤 파프, 케란, 코트 뒤 론 빌라주, 로덩, 리락, 바케라스, 방투, 뤼베롱, 그리냥 레 자데마르, 코스티에 드 님

프로방스 : 방돌, 코토 덱 상 프로방스, 코토 바루아, 코트 드 프로방스, 카시스

코르시카 : 아작시오, 파트리모니오, 뱅 드 코르스

랑그도크루시용 : 랑그도크, 미네르부아, 코르비에르, 포제르, 생 쉬니앙, 콜리우르, 코트 뒤 루시용

풍부함의 비밀

와인의 강력한 힘은 일조량이 풍부한 테루아와 표현력이 강한 품종에서 비롯된다. 많은 경우 향신료 향이 가미된 풍부한 노트와 함께 입 안에서 풍부함과 너그러움이 느껴진다. 포도 품종과 생산 지역에 따라 숙성 방식이 매우 다르다.

포도 품종

- 피노 그리
- 게뷔르츠트라미너
- 루산
- 마르산
- 베르멘티노(롤)
- 클레레트
- 샤르도네
- 프티 망상
- 그로 망상
- 그르나슈 블랑
- 그르나슈 그리
- 세미용
- 위니 블랑

언제 마시면 좋을까?

타파스, 케이크 살레, 카나페, 부쉐 토스트, 크로스티니(작은 크기의 빵을 바삭하게 구워 토핑을 올려 먹는 이탈리아식 전채요리-옮긴이), 피자, 타르트 살레와 함께 식전주로 마시거나 디저트에 이르기까지 전체 식사와 함께할 수 있다.

어떻게 서빙할까?

온도 : 10~12℃
테루아, 빈티지, 와인메이커가 선택한 양조 방식에 따라 어릴 때 마시거나 몇 년간의 숙성을 거친 후 마신다. 오랜 시간 숙성할 수 있는 와인도 있다.

어떤 음식과 함께 마실까?

꼭 지키면 좋은 원칙 : 둥글고 힘이 강한 와인이라고 하면 향신료가 가미된 양념이 진하면서 풍미가 강하고 풍부한 요리를 떠올린다. 고기와 함께 곁들여도 좋다.

- 생선 수프, 부야베스, 부리드(부야베스와 비슷한 생선 스튜-옮긴이)
- 그릴에 구운 생선 혹은 향신료와 안초비, 케이퍼, 올리브, 마늘을 넣어 오븐에 구운 생선 요리
- 팬이나 철판에 구운 오징어, 새우
- 해산물 요리 : 마늘과 요리한 홍합과 조개, 해산물 파스타
- 양파잼 요리 : 피살라디에르, 양파 그라탱
- 가스코뉴식 혹은 이베리아식 돼지고기 요리
- 향이 강한 요리 : 돼지고기 혹은 닭고기 콜롬보 (강한 향신료가 가미된 서인도제도와 프랑스령 기아나의 전통 요리-옮긴이), 양고기 카레, 탄두리 치킨, 레몬 절임과 올리브가 들어간 닭고기 타진(소고기, 양고기, 닭고기, 생선 등의 주재료와 향신료, 채소를 넣어 만든 모로코의 전통 스튜-옮긴이)
- 채소 티안(프로방스식 채소 그라탱-옮긴이), 허브와 올리브유를 넣고 구운 채소
- 병아리콩, 완두콩, 허브(고수, 바질, 파슬리, 처빌, 타임)를 가미한 벌거로 만든 샐러드
- 풍미를 높인 타르타르나 카르파초
- 치즈 : 가열 압착 치즈, 건조 혹은 반건조 염소젖 치즈, 양젖 치즈

팁 하나!

이러한 타입의 와인이 풀어야 할 숙제는 풍부하고 뚱뚱하다고 할 정도로 살진 맛이지만 부드러움이 결여되어 금방 싫증이 날 수도 있다는 것이다. 따라서 풍만한 와인임에도 신선함과 동의어라 할 수 있는 섬세한 산미가 코에서 느껴져야 한다.

로제 와인

색

양파 껍질, 벽돌색, 살색, 연어 살빛, 핑크 대리석, 코랄, 귤, 살구, 망고, 멜론, 리치, 포멜로, 라즈베리, 레드커런트

프랑스에서 소비되는 와인 3분의 1이 로제 와인이다. 26년 전보다 3배 늘어난 것이다. 프랑스는 현재 세계 제1의 로제 와인 생산국이자 소비국이다.

아로마 : 모든 과일

꽃과 식물　버베나, 녹차, 민트, 보리수, 재스민, 아카시아, 아몬드 나무, 인동초, 산사나무, 유칼립투스, 엘더베리 꽃, 장미, 회양목, 오렌지 꽃

감귤류　레몬, 유자, 베르가모트, 자몽, 오렌지, 귤, 블러드 오렌지

생과일　살구, 복숭아, 모과, 멜론, 석류

열대과일　파인애플, 망고, 파파야, 패션프루트, 리치, 바나나

베리류　딸기, 체리, 앵두, 블랙커런트, 라즈베리, 구스베리, 블루베리

장과　크랜베리, 로즈힙, 딱총나무

향신료　바닐라, 육두구, 백후추, 시나몬

사탕　딸기 사탕, 감초 사탕, 마시멜로

바다　요오드, 염분

광물　규석, 조약돌, 백묵, 따뜻한 돌

지역

프랑스의 모든 포도원 :
샹파뉴, 알자스, 로렌, 부르고뉴, 보졸레, 쥐라, 사부아, 론, 오베르뉴, 프로방스, 코르시카, 랑그도크, 루시용, 남서 프랑스, 보르도, 루아르

　프랑스 로제 와인의 70%는 론 밸리, 프로방스, 코르시카, 랑그도크루시용에서 생산된다.

로제 와인의 비밀

로제 와인은 레드 와인과 화이트 와인을 섞은 와인이 아니다. 로제 색은 레드 와인 포도의 껍질과 흰색인 포도즙이 다소 긴 시간 동안 접촉해 생긴다. 포도 품종과 접촉 시간에 따라 색은 아주 연한 장밋빛에서 진한 오렌지, 라즈베리 색까지 다양하다. 색은 맛의 진하기와는 직접적인 관련이 없다. 로제 와인은 전통적으로 드라이하지만 카베르네 당주나 코트 도베르뉴 코랑 같은 드미 세크 로제 와인도 있다.

포도 품종

- 카베르네 프랑
- 카베르네 소비뇽
- 카리냥
- 생소
- 가메

- 그르나슈 누아
- 메를로
- 무르베드르
- 피노 도니스
- 피노 그리

- 피노 누아
- 시라
- 베르멘티노

언제 마시면 좋을까?

봄과 여름, 테라스에서 피크닉이나 바비큐 파티를 할 때 아페리티프부터 디저트까지 함께 즐길 수 있다. 가을과 겨울에는 약간의 향신료가 가미된 요리나 페스토소스의 면 요리와 함께 아페리티프로 즐기면 좋다.

어떻게 서빙할까?

온도 : 8℃ 정도로 차갑게 서빙한다. 언 로제 와인은 소화도 안 되고 아로마도 분간할 수 없으니 언 채로 서빙하면 안 된다. 대부분의 로제 와인은 생산된 첫해에 마시도록 만들어졌지만 타벨이나 방돌 같은 강한 로제 와인은 여러 해 동안 숙성시킬 수 있다.

어떤 음식과 함께 마실까?

꼭 지키면 좋은 원칙 : 과일 향이 나고, 타닌이 없고, 식욕을 자극하며, 레드 와인보다 청량하고, 화이트 와인보다 원만한 와인을 생각나게 하는 모든 요리와 잘 어울린다.

- 니스식 샐러드, 토마토 모차렐라 샐러드, 타불레 (벌거에 잘게 썬 토마토, 양파, 민트, 파슬리, 레몬즙, 향신료를 섞어 만든 중동의 대표 음식-옮긴이)
- 채소를 베이스로 한 요리 : 웍 요리, 그라탱, 채소 라자냐
- 애호박, 가지, 토마토, 자색 아티초크를 베이스로 한 지중해식 요리

- 타르트 살레 : 피자, 피살라디에르, 키슈
- 향신료를 가미한 요리 : 양고기 카레, 태국식 샐러드, 탄두리 치킨
- 그릴에 구운 고기와 생선, 메르게즈(강한 향신료를 넣은 가느다란 소시지-옮긴이)
- 새콤한 과일 디저트 : 딸기, 체리, 라즈베리, 복숭아 혹은 살구

팁 하나!

로제 와인은 그리(회색) 와인이라고 불릴 수 있다. 지금도 루아르, 오베르뉴, 카마르그, 부르고뉴, 모젤 지방에서 찾아볼 수 있는 뱅 그리는 붉은 포도껍질을 직접 압착해 만든 색이 아주 연하고 가벼운 전통 와인이다.
로제 와인은 '화이트'라고 불릴 수도 있는데, 블러시 와인이라고도 불리는 장밋빛의 달콤한 미국 와인 '화이트 진판델'을 예로 들 수 있다.

과일 향이 나는 가벼운 레드 와인

색

짙은 핑크색에서 선홍색까지

아로마 : 무엇보다도 과일 향

베리류	구스베리, 체리, 라즈베리. 딸기, 앵두, 블랙커런트, 블루베리, 블랙베리
열대과일	리치, 바나나, 석류
장과	로즈힙, 엘더베리, 크랜베리
꽃과 식물	민트, 장미, 제비꽃, 피망
향신료	후추, 정향, 시나몬, 감초
광물	백묵, 조약돌, 규석
동물	가죽, 모피, 사향, 숙성한 지비에
감귤류	오렌지, 귤
사탕	마시멜로, 감초 사탕, 딸기 사탕

특징의 비밀

품종 특유의 아로마 특징을 강조할 수 있는 방식으로 양조된다. 시원하면서도 숙성된 과일을 깨무는 느낌을 준다. 청량하고 과일 향이 강하며 유쾌한 스타일이다. 보디보다는 경쾌함을 강조한다. 나무통에서 숙성되는 경우는 극히 드물다.

지역

샹파뉴 : 코토 샹파누아
알자스 : 알자스 피노 누아(탱크 숙성)
모젤 : 코트 드 툴
사부아 : 사부아 가메, 사부아 피노 누아, 사부아 몽되즈, 사부아 아르뱅 몽되즈
쥐라 : 아르부아 풀사르, 코트 뒤 쥐라
부르고뉴 : 코토 부르기뇽, 부르고뉴 파스 투 그랑, 코트 도세르, 이랑시, 부르고뉴, 부르고뉴 오트 코트 드 본, 부르고뉴 오트 코트 드 뉘
론 : 코토 뒤 리오네, 코트 뒤 론, 코트 뒤 론 빌라주, IGP 콜린 로다니엔, IGP 아르데슈, IGP 드롬, 크로즈 에르미타주
보졸레 : 보졸레 누보, 보졸레 빌라주, 플뢰리, 브루이, 코트 드 브루이, 생 타무르, 쉬루블, 셰나, 쥘리에나, 레니에, 마콩, 마콩 빌라주
루아르 : 피에프 방데앙, 슈베르니, 투렌, 발랑세, 코토 뒤 루아르, 코토 뒤 방도무아, 코토 뒤 지에누아, 뢰이, 코트 로아네즈, 코트 뒤 포레, 코트 도베르뉴, 생 푸르생, 오 푸아투, IGP 발 드 루아르, 소뮈르, 쉬농, 생 니콜라 드 부르괴이유, 브루괴이유, 상세르, 므뉴투 살롱
보르도 : 보르도, 보르도 쉬페리외르, 생 포이 보르도, 그라브 드 바이르
남서 프랑스 : 베르주라크, 코트 드 뒤라, 코트 뒤 마르망데, 마르시악, 가이약, 프롱통, 뷔제, IGP 콩테 톨로상, IGP 샤랑테, IGP 코트 드 가스코뉴, IGP 랑드, IGP 아베롱, 생 몽, 베아른, 튀르상
랑그도크루시용 : IGP 페이 도크 메를로, IGP 페이 도크 카베르네 소비뇽, IGP 페이 도크 그르나슈, 랑그도크, IGP 페이 데로, IGP 코트 드 통그
프로방스 : IGP 바르, IGP 메디테라네
코르시카 : IGP 일 드 보테

포도 품종

- 가메
- 피노 누아
- 풀사르
- 피노 도니스

- 메를로
- 카베르네 소비뇽
- 카베르네 프랑
- 시라

- 페르 세르바두
- 생소
- 네그레트
- 몽되즈

언제 마시면 좋을까?

여름에 마시기 좋은 레드 와인이지만 1년 내내 언제든 마실 수 있다. 식욕을 돋우기 위해 식전주로 서빙해도 좋고 식사와 함께해도 좋다. 간단한 요기와 바비큐 파티, 뷔페식 식사, 피크닉과도 잘 어울린다.

어떻게 서빙할까?

온도 : 대략 14℃. 과일 향의 향연을 즐기기 위해 어린 나이에 마시고 특별한 경우를 제외하고는 3~5년 숙성할 수 있다.

어떤 음식과 함께 마실까?

꼭 지키면 좋은 원칙 : 아삭거리는 느낌을 주면서 갈증을 해소해주는 와인이 생각나게 하는 모든 요리와 함께하면 좋다.

- 샤퀴트리 : 장봉 크뤼, 소시송, 앙두이예트(속을 잘게 다져 넣은 순대의 일종-옮긴이), 리예트
- 파테 앙 크루트, 테린
- 모르토 소시지, 피스타치오 소시송, 그릴드 소시지, 툴루즈 소시지
- 생선 요리
- 샐러드 : 타불레, 감자와 퀴노아·병아리콩·렌틸콩을 넣은 샐러드
- 베지테리언 요리
- 가정식 : 라자냐, 토마토 파르시(속을 채운 토마토 요리-옮긴이), 아쉬 파르망티에(으깬 감자와 다진 고기로 만든 대표적 프랑스 가정식-옮긴이), 호박 그라탱
- 소고기 : 햄버거, 스테이크 아쉐(소고기를 다져 빚은 패티-옮긴이), 에샬롯소스를 곁들인 바베트(치맛살) 스테이크, 페퍼 스테이크, 석쇠구이
- 양고기 : 양갈비 석쇠구이
- 돼지고기 : 필레미뇽, 돼지고기 구이, 돼지갈비
- 가금류 : 치킨, 마그레(오리 가슴살 스테이크)
- 피자와 토마토 타르트, 키슈
- 송아지고기 : 송아지고기 포피에트(얇게 저민 고기 안에 소를 넣고 실로 묶거나 꼬치로 고정시켜 익히는 요리-옮긴이)
- 조림 요리 : 포토푀(고기와 채소를 넣은 프랑스식 진한 수프-옮긴이), 뵈프 부르기뇽
- 닭고기, 오리고기, 소고기 혹은 두부 웍 요리
- 치즈 : 연질 치즈, 생 넥테르(프랑스 오베르뉴 지방에서 소의 생유나 살균유를 숙성시킨 치즈-옮긴이), 구다, 미몰레트, 톰, 캉탈

팁 하나!

이러한 스타일의 와인을 마실 때 입 안에서 느껴지는 유연함과 부드러움을 찾게 된다. 타닌이 있다면 생기도 느낄 수 있다. 만약 집요함이 느껴지거나 떫은맛이 나면 잘못 만들어진 와인이다. 가볍다는 것이 빼빼 말랐다거나 싱거움을 의미하는 것은 아니다. 아삭거리는 과일 맛이 느껴지는 와인을 선택하자.

복합적이고 우아한 레드 와인

색
선홍색에서 타일 레드까지

아로마 : 복합적인 세계

`베리류` 구스베리, 체리, 라즈베리, 딸기, 크랜베리, 앵두, 블랙커런트, 블루베리, 블랙베리

`생과일` 무화과, 석류

`야생 장과` 로즈힙, 엘더베리

`꽃과 식물` 민트, 장미, 제비꽃, 피망, 아이리스, 작약, 산사나무

`향신료` 후추, 바닐라, 시나몬, 정향

`미네랄` 백묵, 규석, 흑연

`숲속 향` 젖은 땅, 이끼, 건초, 송로버섯, 야생 버섯, 부식토, 가리그

`동물` 가죽, 모피, 사향, 숙성한 지비에, 육즙

`탄내` 훈제 향, 석쇠에 구운 향, 볶은 향, 캐러멜 향, 토스트 향, 태운 장작 향, 커피, 카카오

`발삼 계열` 소나무, 송진, 백향목

`나무 향` 떡갈나무, 코코넛, 바닐라

섬세함의 비밀
이러한 스타일의 와인은 고급 테루아의 포도로 느긋한 양조 과정을 거쳐 탱크나 대형 나무통, 오크통에서 오랫동안 발효된다. 섬세함과 보디감이 적절한 균형을 이룬다. 미묘하고 복합적이며 이러한 특징은 시간이 지나면서 더욱 두드러진다. 타닌이 와인의 구조를 이루고 우아함을 한층 높인다. 입 안에서 여운이 길게 남는다.

지역
알자스 : 알자스 피노 누아(나무통 발효)

쥐라 : 아르부아, 코트 뒤 쥐라

부르고뉴 : 마르사네, 픽싱, 즈브레 샹베르탱, 모레 생 드니, 샹볼 뮈지니, 부조, 본 로마네, 뉘 생 조르주, 페르낭 베르줄레스, 라두아, 알록스 코르통, 사비니 레 본, 쇼레 레 본, 본, 몽텔리, 포마르, 볼네, 생 로맹, 오세 뒤레스, 샤사뉴 몽라셰, 상트네, 부르고뉴 코트 샬로네즈, 몽타니, 메르퀴레, 지브리

보졸레 : 모르공, 물랭 아 방

루아르 : 부르괴이유, 쉬농, 생 니콜라 드 부르괴이유, 소뮈르, 상세르, 므누투 살롱 (높은 등급 와인)

보르도 : 블레이 코트 드 보르도, 코트 드 부르, 메독, 오 메독, 생 테스테프, 포이약, 생 쥘리앵, 마고, 리스트락 메독, 물랭 앙 메독, 그라브, 페삭 레오냥, 카농 프롱삭, 프롱삭, 라랑드 드 포므롤, 뤼삭 생 테밀리옹, 몽타뉴 생 테밀리옹, 생 조르주 생 테밀리옹, 퓌스겡 생 테밀리옹, 포므롤, 생 테밀리옹, 프랑 코트 드 보르도, 카스티용 코트 드 보르도

남서 프랑스 : 코트 드 베르주라크, 몽라벨, 페샤르망

북부 코트 뒤 론 : 코트 로티, 에르미타주, 코르나스, 생 조제프, 크로즈 에르미타주

랑그도크 : 카바르데스, 리무

포도 품종

- 피노 누아
- 카베르네 소비뇽
- 카베르네 프랑
- 말벡

- 메를로
- 시라
- 트루소

언제 마시면 좋을까?

가을과 겨울이야말로 복합적이고 우아한 와인이 인기 있는 시기다. 푸짐한 앙트레와 메인요리에 곁들인다. 같이 곁들일 수 있는 치즈는 종류에 따라 다른데 와인의 섬세함을 해치는 치즈가 있기 때문이다.

어떻게 서빙할까?

온도 : 대략 18℃
이러한 스타일의 와인 대부분이 어린 나이에 금방 마시기에도 좋고 숙성되기에도 좋다. 테루아와 빈티지, 양조 스타일에 따라 10여 년 혹은 더 오랫동안 기다려야 하는 와인도 있다. 아로마를 안에 품고 있는 어린 와인은 디켄팅하거나 마시기 몇 시간 전에 미리 오픈해두는 것을 잊지 말자.

어떤 음식과 함께 마실까?

꼭 지키면 좋은 원칙 : 모든 붉은 고기, 얇게 썬 가금류와 함께 낸다.

- 지비에 테린
- 소고기 : 로스트, 소갈비, 럼 스테이크(우둔살), 투르느도 로시니(소고기 스테이크에 푸아그라와 송로버섯을 올린 프랑스 전통 고급 요리-옮긴이)
- 지비에 : 야생 오리, 꿩, 자고새, 암사슴, 멧돼지
- 가금류 : 칠면조, 거세수탉, 메추라기, 비둘기, 뿔닭

- 오리고기 : 로스트, 마그레
- 송아지고기 : 그르나댕, 로스트
- 조린 고기 요리
- 야생 버섯, 밤
- 양고기 : 넓적다리살, 등살
- 밀라노식 리소토
- 치즈 : 비가열 압착 치즈, 세척 외피 연성치즈

팁 하나!

유명 고급 원산지 명칭에만 제한을 두지 말자. 자신만의 재배 방식과 양조 방식을 통해 테루아와 품종의 연금술을 찾아낸 와인메이커들의 섬세하고 우아한 와인이 도처에 있다. 반대로 고급 원산지 명칭 와인 중에서도 실망스러운 와인이 있을 수 있다.

풍부하고 강한 와인

색

검붉은색에서 검은빛이 도는 자색까지

아로마 : 풍부함

베리류　구스베리, 체리, 라즈베리, 딸기, 크랜베리, 앵두, 블랙커런트, 블루베리, 블랙베리

생과일　무화과, 자두, 복숭아

당 절임　잼, 과일 젤리, 익힌 과일

오드비('생명수'란 뜻으로 화주, 브랜디를 가리킨다.-옮긴이)
키르슈, 자두주

말린 과일　말린 무화과, 말린 자두, 건포도, 대추

야생 장과　로즈힙, 엘더베리

꽃과 식물　민트, 장미, 제비꽃, 피망, 로즈마리, 타임

향신료　후추, 바닐라, 시나몬, 정향, 육두구

광물　백묵, 규석, 흑연

숲속 향　젖은 땅, 이끼, 송로버섯, 야생 버섯, 부식토, 가리그

동물　가죽, 모피, 사향, 숙성한 지비에, 고기

탄내　훈제 향, 석쇠에 구운 향, 볶은 향, 토스트 향, 태운 장작 향, 카카오, 커피

발삼 계열　소나무, 송진, 서양 삼나무

나무 향　떡갈나무, 코코넛, 바닐라

지역

론 : 샤토뇌프 뒤 파프, 봄 드 브니즈, 라스토, 지공다스, 케란, 플랑 드 디외, 바케라스, 리락, 코스티에르 드 님, 코트 뒤 방투, 뤼베롱 루즈, 코트 뒤 비바레, 그리냥 레 아데마르

남서 프랑스 : 마디랑, 카오르, 가이약(프뢴라르), 튀르상

랑그도크루시용 : 코르비에르, 코르비에르 부트낙, 포제르 루즈, 랑그도크, 말페르, 미네르부아, 테라스 뒤 라르작, 생 쉬니앙, 픽 생 루, 코트 뒤 루시용 빌라주, 콜리우르 루즈, 모리 세크

프로방스 : 방돌, 보 드 프로방스, 벨레, 카시스, 코트 드 프로방스, 팔레트, IGP 바르, IGP 보클뤼즈

코르시카 : 아작시오, 파트리모니오, 뱅 드 코르스

관대함의 비밀

풍만하고 훈훈한 이 와인은 아로마의 강렬함을 감추지 않는다. 감미로우면서도 타닌은 와인의 진하고 풍부한 질감이 감싼 듯 부드럽다. 햇빛에 무르익은 느낌이 있어도 신선함을 더해주는 섬세한 산미 덕분에 균형을 유지한다.

포도 품종

- 그르나슈
- 무르베드르
- 카리냥
- 시라
- 말벡

- 타나
- 프룅라르
- 카베르네 소비뇽
- 생소
- 니엘루치오

언제 마시면 좋을까?

가을과 겨울에 인기가 좋다. 봄과 여름에는 차게 식혀 서빙해야 맛이 좋다.

어떻게 서빙할까?

온도 : 14~16℃
테루아와 빈티지 양조 방식에 따라 4~10년 혹은 더욱 오랫동안 숙성할 수 있는 잠재력을 가진 와인이다.

어떤 음식과 함께 마실까?

꼭 지키면 좋은 원칙 : 향신료가 들어가고 마늘과 허브로 풍미를 끌어올린 푸짐하고 다채로운 요리, 맛이 두드러지는 고기 요리(양고기, 지비에, 오리고기, 절인 고기), 조린 요리, 지중해식 요리

- 양고기 : 굽거나 조린 양고기
- 허브와 토마토에 조린 요리
- 카술레(고기와 흰강낭콩, 향신 재료를 넣고 익힌 스튜로 랑그도크 지방 특선 요리-옮긴이)
- 흰강낭콩 혹은 병아리콩 요리
- 향신료를 가미한 요리 : 케프타(다진 고기와 양파, 향신료를 함께 갈아 둥글게 빚거나 꼬챙이에 붙여 긴 막대 모양으로 만들어 구운 음식-옮긴이), 칠리 콘 카르네, 타진

- 지중해식 요리
- 절인 돼지 등갈비
- 지비에 : 꿩, 노루, 멧돼지
- 석쇠에 구운 고기, 꼬치구이 고기
- 마그레 드 카나르, 올리브소스 오리고기
- 가지 : 석쇠에 구운 가지, 속을 채운 가지, 가지 그라탱
- 치즈 : 압착 치즈, 염소젖 치즈

팁 하나!

완숙한 과일 향이 특징인 강한 와인이지만 타오르는 느낌이 있거나 절인 과일 향기로 입 안을 채워서는 안 된다. 강력함이 우아함을 밀어내지는 않는다. 산뜻한 느낌을 유지하는 와인이 좋은 와인이다.

스위트 와인

색

연한 노란색, 금빛 노란색, 담황색, 오렌지
빛 노란색

아로마 : 놀라울 정도의 풍부함

꽃과 식물   재스민, 보리수, 레몬그라스, 아카시아, 아
몬드 나무, 장미, 버베나, 녹차, 오렌지 꽃, 인동초, 딱총
나무 꽃, 캐모마일

당 절임   과일 절임, 과일 젤리, 캐러멜라이즈 사과,
오렌지 껍질 절임

감귤류   레몬, 라임, 유자, 베르가모트, 자몽, 귤, 오렌
지, 블러드 오렌지

열대과일   파인애플, 망고, 패션프루트, 리치

향신료   바닐라, 사프란, 백후추, 팽 데피스, 시나몬,
생강, 육두구, 소두구, 카레

생과일   배, 풋사과, 미라벨 자두, 복숭아, 구스베리,
모과, 머스캣

말린 과일   아몬드, 헤이즐넛, 건포도, 말린 살구, 대
추, 호두

제과/제빵   꿀, 밀랍, 캐러멜, 타르트 타탱(프랑스 전통
사과 타르트-옮긴이), 뵈르 누아제트(브라운 버터라고도 하며,
버터를 헤이즐넛과 같은 연한 갈색이 될 때까지 팬에 가열하는 것-
옮긴이), 브리오슈, 마지팬, 프란지판, 비스킷

나무 향   송진, 떡갈나무, 코코넛, 바닐라, 소나무, 백
향목

광물   규석, 부싯돌, 백묵, 흑연, 석유

지역

알자스 : 알자스 방당주 타르디브, 셀
렉시옹 드 그랭 노블

쥐라 : 뱅 드 파이유

루아르 : 카르 드 숌, 부브레, 본느조
사브니에르, 숌, 코토 뒤 레이옹, 코토
드 로방스, 몽루이, 자스니에르

남서 프랑스 : 코트 드 베르주라크, 코
트 드 몽라벨, 몽바지악, 로제트, 소시
냑, 쥐랑송, 파슈랑 뒤 빅 빌, 가이약
두, 오 몽라벨, IGP 코트 드 가스코뉴,
IGP 제르

보르도 : 소테른, 바르삭, 세롱, 루피악,
생트 크루아 뒤 몽, 카디약 프르미에르
코트 드 보르도, 그라브 쉬페리외르

탐스러운 맛의 비밀

고급 스위트 와인의 당은 포도에서 나
온 당뿐이다. 충분히 여문 상태에서 수
확된 포도는 당이 풍부한데, 이 당이
발효 중 전부 알코올로 변하지는 않는
다. 발효가 끝나고 이렇게 남은 당을
잔당이라고 한다. 잔당으로 와인을 드
미 세크, 무알뢰, 리쿼뢰로 분류할 수
있다. 하지만 와인의 산미도 당을 지각
하는 데 영향을 미친다. 잔당 80g의 리
쿼뢰가 산미가 없는 잔당 45g의 무알
뢰보다도 덜 달게 느껴질 수 있다.

포도 품종

- 샤르도네
- 슈냉
- 게뷔르츠트라미너
- 모작
- 뮈스카델
- 뮈스카
- 피노 그리
- 풀사르
- 리슬링
- 소비뇽
- 사바냉
- 세미용
- 트루소

언제 마시면 좋을까?

1년 내내 디저트와 특히 잘 어울린다. 하지만 요리나 치즈에 곁들이기도 한다. 아페리티프로 마시거나 푸아그라에 곁들이기에는 드미 세크와 무알뢰가 좋고, 좀 더 기름진 요리에는 강한 리쿼뢰가 좋다.

어떻게 서빙할까?

온도 : 8~10℃
어린 와인을 마실 때 꽃처럼 활짝 피어나는 와인이지만 동시에 무척 긴 숙성 잠재력도 가지고 있다.

어떤 음식과 함께 마실까?

꼭 지키면 좋은 원칙 : 단순한 달달함보다는 단맛과 산미의 균형이 더 중요하다. 요리가 달수록 와인은 덜 달아야 한다.

- 푸아그라
- 로스트 치킨 혹은 탄두리 치킨
- 여러 번 양념을 바른 돼지 등갈비
- 설탕에 절인 레몬소스 닭고기 타진
- 순한 향신료 요리
- 블루치즈 샐러드 혹은 요리
- 블루치즈
- 양젖 치즈
- 바닐라, 프랄린, 아몬드 디저트
- 살구, 망고, 복숭아, 파인애플, 배 디저트
- 우유 디저트 : 판나코타, 라이스 푸딩, 치즈 케이크
- 팽 페르뒤(프렌치토스트-옮긴이)
- 감귤류 디저트
- 타르트 타탱

정의

드미 세크 : 잔당 8~20g
무알뢰 : 잔당 20~45g

리쿼뢰 혹은 두 : 잔당 45g 이상이지만 150g 혹은 200g 이상인 와인도 종종 있다.

팁 하나!

잔당 함유량과 단맛-신맛 균형 사이에서 무알뢰, 리쿼뢰 와인의 종류는 무척 다양하다. 라벨은 와인의 균형에 대해 자세히 언급하지 않으므로 일단 맛을 보아야 한다.

뱅 두 나튀렐

색
연한 노란색에서 노란색 혹은 검붉은색, 자색 빛 빨간색, 오렌지빛 빨간색, 갈색

아로마 : 뛰어난 복합미

화이트 와인

당 절임　오렌지 절임, 멜론 절임, 귤 절임, 오렌지 껍질 절임

생과일　서양 배, 복숭아, 살구, 사과

열대과일　파인애플, 망고, 패션프루트, 리치

말린 과일　호두, 말린 살구, 건포도, 아몬드

꽃과 식물　민트, 레몬그라스, 버베나, 보리수, 재스민, 오렌지 꽃

감귤류　레몬, 베르가모트, 귤, 오렌지, 블러드 오렌지

향신료　바닐라, 사프란, 팽 데피스, 시나몬, 생강, 육두구, 카레

제과/제빵　꿀, 마지팬, 캐러멜

레드 와인

베리류　블랙체리, 라즈베리, 크랜베리, 앵두, 카시스, 블루베리, 블랙베리, 구스베리

당 절임　붉은 과일잼, 과일 젤리, 절인 오렌지

말린 과일　아몬드, 헤이즐넛, 건포도, 말린 살구, 비터 아몬드, 말린 자두, 호두, 말린 무화과

생과일　자두, 블러드 오렌지, 석류

향신료　바닐라, 팽 데피스, 시나몬, 생강, 육두구, 후추, 백후추, 감초, 사프란

제과/제빵　캐러멜

오드비와 주정　키르슈, 크렘 드 카시스, 자두주

탄내　훈제 향, 석쇠에 구운 향, 볶은 향, 캐러멜라이즈 향, 토스트 향, 태운 장작 향, 카카오, 커피

지역
랑그도크 : 뮈스카 드 프롱티냥, 뮈스카 드 생 장 미네르부아, 뮈스카 드 미르발, 뮈스카 드 뤼넬

루시용 : 모리, 바뉠스, 리브잘트, 뮈스카 드 리브잘트

론 : 뮈스카 드 봄 드 브니즈, 라스토

코르시카 : 뮈스카 뒤 캅 코르스

깊은 아로마의 비밀
알코올 발효가 진행되는 도중에 중립적인 맛의 포도로 만든 알코올 도수 96%의 주정을 첨가하면 발효가 중단된다. 결과적으로 와인은 원료 포도의 당과 아로마 일부를 간직하게 된다. 보당 없이 자연적으로 단맛이 나는 와인이 되는 것이다. 여기에서 와인의 이름(나튀렐은 프랑스어로 '자연스러운, 자연적인'이라는 뜻-옮긴이)이 유래했다. 이러한 와인을 뱅 뮈테 혹은 주정강화 와인이라고도 한다.

포도 품종

- 뮈스카 아 프티 그랭
- 알렉산드리아 뮈스카
- 말부아지에(혹은 투르바)
- 마카뵈

- 그르나슈 그리
- 그르나슈 블랑
- 그르나슈 누아

언제 마시면 좋을까?

아페리티프로 가장 좋은 건 아니다. 그보다는 치즈, 디저트와 함께 마시자.

어떻게 서빙할까?

온도 : 화이트 와인과 로제 와인은 8~10℃가 좋지만 레드 와인은 12~16℃ 정도가 좋다. 알코올 도수가 15~22%이므로 1잔에 7~10cL만 따른다. 한 번 오픈하면 서늘한 곳에서 몇 주간 보관할 수 있다.

빵 두 나튀렐은 특히 레드 와인의 경우 숙성 잠재력이 20여 년이 넘는다.

어떤 음식과 함께 마실까?

꼭 지키면 좋은 원칙 : 레드 와인은 초콜릿 디저트와 함께하면 맛있고, 화이트 와인은 딸기, 살구, 복숭아, 레몬과 같은 과일 디저트와 잘 어울린다.

- 향신료가 가미된 말린 과일 요리 : 말린 자두 마그레, 여러 번 양념을 바른 돼지갈비, 절인 오렌지소스 닭고기 타진, 말린 과일 메추라기 요리
- 푸아그라 : 푸아그라를 채운 무화과, 테린, 팬으로 구운 푸아그라
- 블루치즈, 정제 염소젖 치즈
- 붉은 과일, 살구, 복숭아, 감귤류 디저트 : 붉은

과일 크럼블, 살구 타르트, 레몬 타르트
- 초콜릿, 프랄린, 커피 디저트 : 퐁당 오 쇼콜라, 커피 파르페
- 아몬드 디저트 : 피낭시에, 갈레트 데 루아(프랑스에서 1월 주현절을 기념해 먹는 파이-옮긴이)
- 우유 디저트 : 치즈 케이크, 크렘 브륄레
- 밤 디저트

팁 하나!

대부분의 빵 두 나튀렐은 달다. 하지만 발효의 마지막에 알코올이 첨가될 경우 드라이한 빵 두 나튀렐이 될 수 있다. 셰리 대부분이 여기에 해당한다.

스파클링 와인

- '발포성'이라는 단어는 일반적으로 기포를 가진 모든 와인을 가리킨다. 하지만 '미발포성' 와인은 발효 중에 들어 있던 와인 찌꺼기로 인해 생긴 미세한 기포가 있는 와인이다. 이 와인은 발포성 와인으로 보지 않는다.
- 뱅 무쇠(샹파뉴 이외 지역에서 생산되는 발포성 와인-옮긴이)는 공식적으로 정의되었다. 까다로운 규정을 지켜 양조되었을 경우 '품질이 좋다'고 한다. 어떤 카테고리의 뱅 무쇠든 버섯처럼 생긴 마개로 막고 포일로 감싸져 있다. 예를 들어 샴페인은 한정된 지역(샹파뉴)에서 생산된 고급 뱅 무쇠다.
- 뱅 페티앙도 마찬가지로 공식적으로 정의되었다. 기압은 뱅 무쇠보다 낮다.

색

황록색, 금빛 노란색, 짚 빛깔의 노란색, 붉은빛이 감도는 노란색, 분홍색

아로마 : 기포 아래에서 느껴지는 섬세함

꽃과 식물 재스민, 아카시아, 아몬드 나무, 회양목, 인동초, 산사나무, 버베나, 보리수, 녹차, 민트, 회향, 딱총나무, 오렌지 꽃

말린 과일 헤이즐넛, 아몬드, 말린 살구, 건포도, 대추

제과/제빵 녹인 버터, 브리오슈, 꿀, 캐러멜, 비스킷

베리류 앵두, 라즈베리, 딸기, 구스베리, 블루베리

생과일 복숭아, 배, 사과, 모과, 머스캣, 살구

감귤류 자몽, 레몬, 라임, 베르가모트, 유자, 귤

열대과일 리치, 망고, 파인애플

숲속 향 버섯, 송로버섯, 이끼

광물 규석, 부싯돌, 백묵, 흑연

바다 요오드, 염분

나무 향 송진, 떡갈나무, 코코넛, 바닐라, 소나무, 서양 삼나무

지역

알자스 : 크레망 달자스
부르고뉴 : 크레망 드 부르고뉴
샹파뉴 : 샴페인
보르도 : 크레망 드 보르도
론 알프 : 크레망 드 디, 클레레트 드 디
쥐라 사부아 : 크레망 뒤 쥐라, 크레망 드 사부아, 세이셸 무쇠, 뷔제 세르동
루아르 : 크레망 드 루아르, 부브레, 몽루이, 소뮈르
랑그도크 : 크레망 드 리무, 블랑케트 드 리무
남서 프랑스 : 전통 방식으로 양조한 가이약, 조상 방식으로 양조한 가이약
이탈리아 : 프란치아코르타, 프로세코, 아스티 스푸만테
스페인 : 카바

기포의 비밀

스파클링 와인은 기포 덕분에 축제와 청량함, 기쁨의 동의어가 되었다. 이 기포는 발효 중에 생겨 밀폐된 병 안에 갇혀 있던 탄산가스다. 기포의 섬세함을 잘 다루는 것이 고품질 스파클링 와인의 비법이다. 서늘한 와인 저장고에서 일어나는 느린 프리즈 드 무스(기포가 생성되는 과정-옮긴이)가 이러한 섬세함의 비밀이다.

포도 품종

- 피노 누아
- 피노 뫼니에
- 샤르도네
- 슈냉

- 피노 블랑
- 리슬링
- 뮈스카
- 클레레트

- 모작
- 자케르

언제 마시면 좋을까?

계절을 불문하고 축하나 기념하는 자리에서 아페리티프는 물론이고 식사와 함께하기 좋다.

어떻게 서빙할까?

온도 : 6~8℃가 좋고, 빈티지 샴페인이나 최고 등급 와인처럼 복합적인 스파클링 와인이라면 9℃로 서빙하자.

어떤 음식과 함께 마실까?

꼭 지키면 좋은 원칙 : 가벼운 요리에는 라이트한 스파클링 와인이 좋고 그 반대도 마찬가지다. 디저트와 함께하기에는 브뤼, 엑스트라 브뤼, 세크 혹은 드미 세크 와인이 좋다. 하지만 초콜릿 디저트에는 엑스트라 세크나 도자주 제로는 피하자.

블랑 드 블랑(청포도로만 만든 와인)
- 아페리티프와 가벼운 앙트레 : 구제르, 생버섯 샐러드
- 생선, 조개류, 갑각류 : 게, 훈제 연어, 참깨소스

새우, 아몬드소스 생대구 요리, 가리비 관자 카르파초, 초밥과 생선회

블랑 드 누아(적포도만으로 만든 와인, 투명한 즙을 얻기 위해 **급속히 압착**)
- 따뜻한 앙트레 : 볼로방(크러스트 반죽에 크림소스 고기, 생선을 넣어 작게 구운 파이-옮긴이), 치즈 수플레
- 고기, 샤퀴트리 : 가금류, 이베리코 장봉 크뤼
- 치즈 : 브리, 카망베르, 샤우르스(우유를 숙성시켜 만든 샹파뉴 지방의 흰곰팡이 치즈-옮긴이), 브리야 사바

랭, 쿨로미에(젖소 젖으로 만든 브리 지방의 흰색 외피 연성치즈-옮긴이), 파르메산, 비외 콩테
- 디저트 : 갈레트 데 루아, 복숭아 아망디네, 피낭시에

로제 와인
- 식전주와 앙트레 : 훈제 연어 염소젖 치즈말이, 후무스
- 샤퀴트리 : 장봉 크뤼, 거위 리예트
- 고기 : 양고기, 돼지고기, 마그레 드 카나르, 소고

기 카르파초
- 디저트 : 라즈베리 클라푸티(과일을 넣은 프랑스 파이-옮긴이), 붉은 과일 파블로바(달걀흰자로 만든 머랭 위에 베리류 과일을 얹은 디저트-옮긴이), 무화과 타르트

팁 하나!

- 브뤼 나튀르 혹은 도자주 제로 : 당 함유량* 3g 이하, 당 첨가 없음
- 엑스트라 브뤼 : 당 함유량* 0~6g
- 브뤼 : 당 함유량* 12g 이하

- 엑스트라 드라이 : 당 함유량* 12~17g
- 세크 : 당 함유량* 17~32g
- 드미 세크 : 당 함유량* 32~50g
- 두 : 당 함유량* 50g 이상

(*L당 함유량)

제**5**장

와인 선택과 구매

세계의 와인 소비

주요 숫자

연간 320억 병의 와인이 소비된다.

5개 국가가 전 세계에서 생산된 와인의 절반을 소비한다.

프랑스에서 소비되는 와인 10병 중 9병이 프랑스산 와인이다.

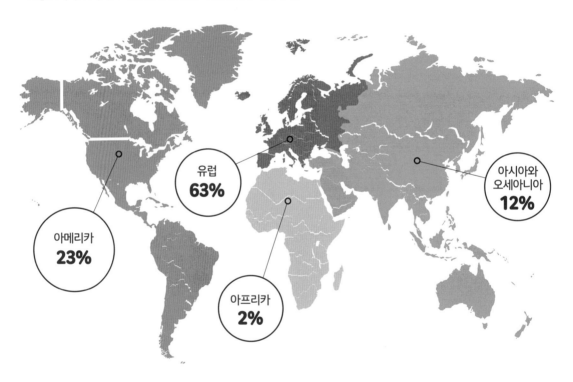

평균적으로 중국인의 1인당 연간 와인 소비량이 1.4L에 그치는 반면, 프랑스인은 51.8L의 와인을 소비한다. 13억 인구의 중국에서 연간 소비량이 조금씩이라도 늘어나면 전 세계 와인 소비량 전체를 뒤흔들어버릴 수 있다.

알고 있었나요?

 1975년 프랑스인의 1인당 연간 와인 소비량은 100L였다.

누가 무엇을 마실까?

남부 유럽 대부분은 와인을 많이 소비하는 반면 북부 유럽은 맥주를, 중부 유럽과 동부 유럽은 스피릿을 주로 소비한다. 유럽 3위 와인 생산국인 스페인이 와인보다 맥주를 좀 더 많이 소비한다는 것과 스웨덴은 이웃 국가들과 달리 맥주보다 와인을 더 선호한다는 사실도 확인할 수 있다. 그런데 한 가지 주의할 점이 있다. 와인보다 맥주를 더 소비한다고 해서 와인 소비가 낮은 것은 아니라는 사실이다.

● 맥주
● 스피릿
● 와인

자료 : 세계보건기구(WHO) 2010년

프랑스의 와인 유통

프랑스 사람들은 어디에서 와인을 구입할까?

프랑스는 미국에 이어 세계에서 두 번째로 와인을 많이 소비하는 국가다. 3위 이탈리아도 앞질렀다. 프랑스는 또한 세계적인 와인 생산국이기도 하다. 식생활 상품이자 문화 상품인 와인이 프랑스에서 특별한 위상을 갖는 이유다.

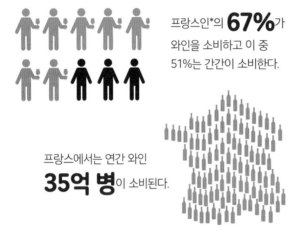

프랑스인*의 **67%**가 와인을 소비하고 이 중 51%는 간간이 소비한다.

프랑스에서는 연간 와인 **35억 병**이 소비된다.

51.8L
프랑스인 1명이 연간 소비하는 와인의 양이다. 75cL 병 69병에 해당하는 양이다.

프랑스에서 판매되는 스틸 와인 **100병** 중

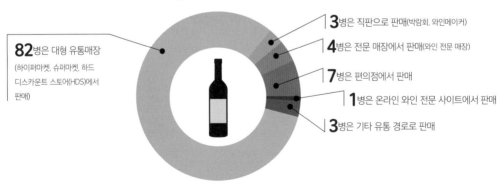

82병은 대형 유통매장 (하이퍼마켓, 슈퍼마켓, 하드 디스카운트 스토어(HDS)에서 판매)

3병은 직판으로 판매(박람회, 와인메이커)

4병은 전문 매장에서 판매(와인 전문 매장)

7병은 편의점에서 판매

1병은 온라인 와인 전문 사이트에서 판매

3병은 기타 유통 경로로 판매

*2016년 15세 이상 프랑스인
자료 : 프랑스 농수산업진흥공사의 2016~2017년 조사, 2006~2016년 관련 수치, 넬슨 2017년, 독립 와인전문매장 연합, 뱅 에 소시에테, 소와인 2017년 조사

대형 매장의 와인 코너는 다채롭게 채워져 있다.

하이퍼마켓에는

800여 종이 구비되어 있다.

슈퍼마켓에는

400여 종이 구비되어 있다.

편의점에는

120여 종이 구비되어 있다.

와인 전문 매장 :
활발한 유통 경로

5,700

프랑스에는 5,700개의 와인 전문 매장이
있는 것으로 집계되었다. 24%는 와인바
형태이며 60%는 육가공 식품도 판매한다.
2008년과 2016년 사이에
와인 전문 매장의 수는 18% 증가했다.

인터넷 :
새로운 구매 방식

34%

프랑스인의 34%가 이미 인터넷에서
와인이나 샴페인을 구매했다.

대형 매장에서 와인은 어떤 포장 형태로 판매될까?

51%는
75cL 병으로 판매

38%는
백-인-박스(혹은 와인
디스트리뷰터)로 판매

8%는
플라스틱 통으로
판매

3%는
기타 : 플라스틱 병,
스탠드업 파우치
(플라스틱), 팩 등

식당에서 와인 선택하기

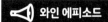
프랑스 파리에 위치한 유명 레스토랑 라 투르 다르장의 와인 저장고에는 1858년에 생산된 샤토 시트랑을 포함해 32만 병의 와인이 있다. 이 레스토랑의 전설적인 소믈리에 다비드 리지웨이에 따르면 와인리스트는 300쪽이 넘고 무게는 7kg이나 나간다고 한다.

와인리스트는 어떻게 해독할까?

- 와인리스트의 형태는 한 장짜리부터 책의 형태까지 다양하다.
- 일단 와인을 분류한 원칙을 찾아보자 : 대부분 타입별(화이트, 레드, 스파클링 로제)로 분류한 후 주요 지역(보르도, 부르고뉴, 론, 랑그도크, 해외…)으로 분류하고 가격 오름차순으로 표시한다. 스피릿과 아페리티프 와인은 항상 별도로 정리한다.

탁월한 와인 선택을 위한 6단계

❶ 당신의 테이블에서 와인을 마실 사람들을 확인한다.

❷ 식사를 시작한 직후, 와인에 들어갈 예산을 함께 결정한다.

❸ 선택한 요리에는 1병이 필요한지, 여러 병의 와인이 필요한지 가늠해본다.

❹ 원하는 바를 나열해보자. 산뜻하고 가벼운 와인 혹은 기름지고 강한 와인? 아주 유연한 와인 혹은 타닌이 강하고 구조적인 와인? 세크 혹은 드미 세크? 스파클링 혹은 스틸 와인? 이러한 질문에 대답을 하다 보면 하나의 원산지 명칭에 이르게 된다.

❺ 1병에 5~6잔이 나온다는 것을 염두에 두고, 잔으로 혹은 병으로 와인을 주문한다.

❻ 한 가지 와인을 강요당하지 않으려면 원하는 가격대의 와인 2~3병을 미리 선택한 후 도움을 요청해보자.

좋은 식당을 선택하는 4가지 기준

❶ 와인리스트에 와인의 이름과 도멘, 빈티지가 명시되어 있다. 그리고 자주 업데이트되는 것 같다. 누렇게 변색된 종이로 된 리스트보다는 인쇄된 심플한 종이 리스트나 석판에 쓰인 리스트가 바람직하다.

❷ 와인이 진열장에 쌓여 있거나 선반에서 스포트라이트를 받지 않는다.

❸ 와인을 즐기기에 적합한 잔을 준다(249~250쪽 참조).

❹ 여러 종류의 글라스 와인이 있다. 기본적으로 다양한 지역의 와인을 소개하고, 와인 생산 지역에 위치한 식당일 경우 지역 와인을 살짝 강조한다.

와인을 맛보면서 자연스러워 보이려면 어떻게 해야 할까?

➊ 종업원이 당신에게 보여주는 라벨을 확인한다. 글라스 와인을 서빙할 때도 마찬가지다.

➋ 종업원이 따라준 소량의 와인 냄새를 맡아 코르크 마개 냄새(곰팡내)나 와인의 하자(식초나 산패한 호두 냄새)가 없는지 확인한다.

➌ 입 안에서 온도를 재본다. 지나치게 따뜻하거나 차가운 화이트 와인 혹은 지나치게 따뜻한 레드 와인이라면 유감이다. 종업원이 온도를 적정하게 맞춰줄 수 있다.

➍ 지나치게 공격적인 산미는 아닌지, 너무 톡 쏘는 타닌은 아닌지, 거칠고 엉성한 아로마는 아닌지, 와인을 더 마시고 싶게 만드는 게 아니라 물을 마시고 싶게 만드는 피니시는 아닌지 확인한다.

➎ 이 모든 것이 안 느껴졌다면, 그 와인을 선택해도 좋다.

| 왜 글라스 와인을 선택하면 좋을까?(혹은 선택하면 안 될까?)

 장점
- 글라스 와인을 마시면 마시는 양을 조절할 수 있고 예산을 관리할 수 있다.
- 1병을 끝내려고 무리하지 않으면서 와인을 즐길 수 있다.
- 각자가 자신의 취향과 선택한 요리에 따라 와인을 주문할 수 있기 때문에 좀 더 세밀한 와인과 음식 페어링이 가능하다.

 단점
- 글라스 와인 3~4잔이면 1병 값이 나온다.
- 각 글라스 와인의 양이 12.5~15cL까지 서로 다르다.
- 글라스 와인은 선택폭이 좁다. 레스토랑 대부분이 오픈한 와인을 보관하기 위해 성능 좋은 도구에 투자할 마음이 없기 때문이다.

알고 있었나요?

 오픈하고 다 마시지 못한 와인은 당신 것이다. 대부분의 사람들이 인색한 구두쇠로 보일까 봐 감히 남은 와인을 가져오지 못하지만 프랑스의 경우 2013년부터 법적으로 식당은 손님이 오픈하고 다 마시지 못한 와인을 가져가게 할 수 있게 되었다.

대형 마켓에서 와인 선택하기

와인의 80%가 대형 마켓에서 구매되지만, 선택의 폭이 너무 넓은 나머지 좋은 와인 하나 선택하는 것이 무척 까다로울 수 있다. 이제 우연에 맡기지 않고 좋은 와인을 선택할 수 있는 팁을 알아보자.

 장점
- 하프 보틀부터 와인 디스트리뷰터(백-인-박스)까지 용기와 종류의 선택폭이 크다.
- 적은 예산 : 대형 마켓은 대체로 낮은 가격으로 형성되어 있다.

 단점
- 잘 알려지지 않은 AOC 와인이나 생산량이 제한적인 수공업 와인메이커의 와인은 구비하지 않은 경우가 많다.
- 와인 선택과 페어링에 대한 조언을 구하기 어렵거나 얻을 수 없다.

알고 있었나요?

 프랑스 대형 마켓에서 판매되는 원산지 명칭 와인의 40%는 보르도 와인이며 26%는 론 와인이다. 레드 품종 와인, IGP(이전 뱅 드 페이)는 IGP 페이 도크 메를로와 IGP 페이 도크 카베르네가 전체의 85%를 차지한다.

와인 코너에 가면

어떠한 원칙에 따라 진열되었는지 확인하자

지역으로 구분한 후 색에 따라 진열했는가? 스파클링 와인과 무알뢰 와인, 리쿼뢰 와인은 따로 진열되었는가? 고급 와인은 따로 진열되었는가? 브랜드 와인과 와인 디스트리뷰터는 따로 진열되었는가?

당신이 찾는 와인을 요약해보자.

❶ 와인의 색

❷ 가격대

❸ 특정 AOC

❹ 와인 스타일(176~203쪽 '내 취향에 맞는 와인 찾기' 참조)

알고 있었나요?

 비비노, 타가 와인 같은 애플리케이션으로 QR코드를 찍거나 라벨 사진을 찍으면 와인에 대한 정보를 얻을 수 있다.

와인 병 앞에 서면 재빠르게 기본적인 정보부터 확인하자

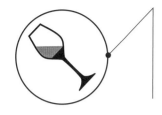

빈티지

냉방이 되는 와인 저장고에 따로 저장되지 않은 와인이라면 되도록 최근 빈티지의 와인을 선택하자.

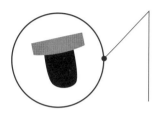

마개

스크루 마개는 숙성하지 않고 바로 마시는 로제 와인이나 화이트 와인에 적합하다. 그렇지 않을 경우 스크루 마개는 되도록 피하자.

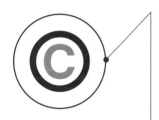

'vieilli en fûts de chêne(나무통에서 숙성)'이라는 언급이 눈에 띈다면 고품질이 아님에도 고품질로 보이고 싶은 와인일 수 있으니 신중해야 한다. 나무통 숙성은 그 자체로는 고급 와인의 기준이 될 수 없다. 'Grand vin(그랑 뱅. 훌륭한. 고급 와인)', 'Vieilles vignes(오래된 포도나무)', 'Vendangé à la main(손 수확)', 'Mis en bouteille à la propriété(소유지에서 병입)'도 품질을 보장하는 것은 아니다.

메달

메달을 보면 안심이 되는 것은 사실이지만 경연대회 참가는 유료이며 자발적이라는 점을 잊지 말자. 출전한 와인은 다른 와인과 비교해 판단되며 메달도 후하게 수여될 수 있다. 게다가 경연대회가 수도 없이 많고, 모든 경연대회를 신뢰할 수 있는 것도 아니다. 가장 오래되고 잘 알려진 경연대회는 파리 농업 총 경연대회(Concours général agricole de Paris)다.

라벨의 외관

좀 더 젊은 소비자에 어필하고 프랑스 이외 지역, 특히 스페인과 남반구에서 하는 것을 따라하면서 창의적인 와인 라벨이 많아지고 있다. 와인보다는 탄산음료를 연상시키는 라벨이 아니라면 굳이 보기 좋은 라벨을 불신할 이유는 없다.

가격

가격이 3유로 미만이라면 괜찮은 와인인지 의심스럽다. 그보다는 5유로에서 12유로 사이의 와인을 한번 믿어보자. 또한 가격이 낮은 고급 AOC 와인은 피하자. 같은 가격이라면 아마도 좀 더 소박한 AOC 와인의 품질이 더 좋을 것이다.

생산자

협동조합 와인이나 활발히 활동하는 네고시앙의 와인, 개성은 없지만 최소한의 품질을 보장해줄 유통 브랜드의 와인을 찾아보자.

넥 테그

넥 테그(Neck tag)는 와인 가이드나 매거진이 선택한 와인임을 표시한다. 즉 전문 와인 감정사가 테이스팅을 했다는 뜻이고, 이는 기술적 완성도뿐만 아니라 마시는 즐거움과도 연결된다.

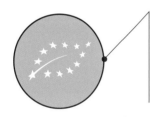

유로리프 로고

유기농이 구매 기준의 하나라면 라벨에 유로리프(유럽 유기농 인증마크)가 있는지 확인하자.

💡 와인 전문 매장에서 와인을 구매해야 하는 5가지 이유

❶ 각 개인을 위한 맞춤 조언을 들을 수 있다.
❷ 개성 있는 와인을 발견할 수 있다.
❸ 소규모 와인메이커의 와인을 만날 수 있다.
❹ 냉장 보관된 샴페인이나 화이트 와인, 로제 와인을 살 수 있다.
❺ 특정 상황에 맞는 와인을 살 수 있다.

프렌차이즈 와인 전문 매장

• 매장 소유자가 프렌차이즈 계약을 맺은 기업의 카탈로그에서 와인을 선택한다.
• 와인 셀렉션에 있어 제약은 있지만 자신의 고객층에 맞게 변화를 줄 수는 있다.

독립 와인 전문 매장

• 매장 소유자가 공급을 결정한다.
• 시간을 내어 자신이 선택한 와인메이커를 보러 가거나 시음을 위해 와인메이커를 매장에 초대하기도 한다.

이상적인 와인 전문 매장

• 오직 열정으로 이 일을 택했다.
• 진열한 와인에 대해 잘 알고 상세하게 설명할 수 있다.
• 와인과 음식 페어링에 대해 좋은 아이디어를 낼 수 있다.
• 고객의 말에 귀를 기울이고 잘 알려지지 않은 와인을 발견할 수 있도록 조언을 해줄 수 있다.
• 고객에게 다양한 AOC 와인과 폭넓은 가격대의 와인을 제안한다.

💡 와인 전문 매장에서 잘 구매하기 위한 5가지 팁

1 쇼윈도를 보고 와인 전문 매장의 유형을 파악한다. 독립인가 프렌차이즈인가? 와인은 일반적인가 혹은 특화되어 있는가?(고급 와인 혹은 저렴한 와인, 유기농 와인 등)

2 당신이 생각하고 있는 가격대를 알려준다.

3 와인의 용도를 알려준다. 아페리티프 와인인지 특정 요리와 함께할 와인인지 선물인지 등.

4 당신이 좋아하는 와인을 상세하게 설명한다. 특히 좋아하는 지역이나 품종이 있는지 알려준다.

5 와인 판매상이 추천하는 와인의 포도 품종과 와인메이커, 와인 원산지에 대한 간단한 질문으로 그의 역량을 판단해본다. 만약 당신보다 훨씬 더 잘 아는 것 같지 않다면, 조금은 신중하게 그의 조언을 따르는 게 좋다.

와인 박람회 똑똑하게 이용하기

언제 열릴까?

와인 박람회는 9월 초와 10월 중순 사이에 열린다. 상징적 기간이라고 할 수 있는데, 수확 시기와 일치하기 때문이다. 새로운 빈티지가 생기기 때문에 자리를 내주기 위해 이전 빈티지 와인이 팔린다.

4~5월에는 축제 분위기의 식사(바비큐 파티, 피크닉)와 초대(결혼식, 성찬식)를 위한 와인을 선보이는 와인 박람회가 열리기도 한다.

와인 박람회에서 어떤 빈티지를 만날까?

유통된 최근 빈티지의 와인 : 2020년 9월에는 숙성시키지 않은 2019년 화이트 와인, 로제 와인, 숙성시키지 않은 레드 와인과 나무통에서 1년 이상 숙성시킨 2018년 화이트 와인과 레드 와인을 사게 된다.

더 오래된 빈티지의 와인 : 마실 수 있도록 숙성시키기 위해 저장되었던 와인이나 재고 처리를 위해 내놓은 와인이다.

알고 있었나요?

 박람회라는 개념은 40여 년 전 보르도 그랑 크뤼 와인과 AOC 와인에 대한 접근을 대중화하기 위해 한 기업이 처음 도입했다. 지금은 대형 마켓부터 인터넷, 동네 와인 전문 매장까지 모두가 혹은 대부분이 자신의 와인 박람회를 연다. 와인 박람회를 '와인 축제'라고 부르는 사람들도 있다.

슬기로운 와인 구매를 위한 10계명

① 업체 애플리케이션을 다운받거나 카탈로그를 구하고, 전문 매거진이 발행한 자료나 특별 호를 읽으면서 사전 탐색작업을 한다.

② 좀 더 평판이 높은 와인 코너를 갖춘 마켓이 있다면 기존에 다니던 마켓을 바꾼다.

③ 한정적으로 판매되는 와인을 사고 싶다면 마켓 사장이나 와인 코너 담당자에게 자기소개를 해둔다.

④ 어떤 와인이 필요한지 명확히 한다. 아페리티프와 생선 요리를 위한 화이트 와인? 친구와의 식사를 위한 과일 향 레드 와인? 중요한 날을 대비한 오래 숙성시켜야 하는 와인? 파티를 위한 샴페인?

⑤ 잘 알려진 AOC 와인에만 초점을 맞추지 말자. 잘 만들어진 코트 드 부르가 빈약한 생 테밀리옹보다 낫다. 잘 알려진 와인메이커나 네고시앙이 만든 와인이라면 뱅 드 프랑스도, IGP도 등한시하지 말자.

⑥ 병에 표시된 가격을 확인하자. 3병이나 6병 세트로 판매되는 와인도 있다.

⑦ 너무 낮은 가격의 와인은 피하자. 품질을 보장하는 최소한의 가격이 있다.

⑧ 매그넘도 시도해보자. 점점 더 많은 업체에서 매그넘을 출시하고 있다. 매그넘은 축제 분위기를 낼 수 있고 보관하기에도 좋은 크기다.

⑨ 나무 케이스나 메달이 주는 매력에 자동적으로 끌리지 말자. 품질을 판단하는 기준이 될 수 없다.

⑩ 많은 양을 사기 전에 반드시 1병을 사서 맛을 보자.

인터넷으로 와인 구매하기

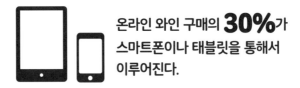

온라인 와인 구매의 **30%**가 스마트폰이나 태블릿을 통해서 이루어진다.

💡 온라인 구매의 장점 6가지

❶ 넓은 선택폭 : 전 세계 와인을 포함해 집 가까이에서 찾지 못하는 와인에 접근할 수 있다.

❷ 시간에 관계없이 언제든지 주문할 수 있다.

❸ 가격을 비교할 수 있다.

❹ 자세한 설명이 있다.

❺ 집으로 배달시키거나 가까운 픽업 장소를 선택할 수 있다.

❻ 1상자 전체가 아닌 1병을 살 수 있다.

온라인 구매 시 확인해야 할 7가지

❶ 배송비 : 표시된 가격보다 훨씬 더 높은 가격의 와인이 될 수 있다.

❷ 판매되는 빈티지가 사이트에 소개된 빈티지와 같은지 확인한다.

❸ 배송 기간 : 배송이 온라인 구매의 약점이 되는 경우가 종종 있다.

❹ 매장 픽업 가능 여부와 매장의 형태 : 와인은 더운 곳에 쌓여 보관되는 것을 싫어한다.

❺ 6병 세트로 사야 하는 의무 없이 여러 종류를 섞어서 살 수 있는지 확인한다.

❻ 사이트의 온라인 인지도

❼ 무엇보다도 일단 배송되면 물건의 상태부터 살피고 문제가 있을 경우 즉시 대응한다.

와인 정기구독하기

사이트 중에는 회원 가입을 하고 매달 선별된 2~3병의 와인을 받을 수 있는 사이트도 있다. '박스'에는 와인메이커와 도멘, 와인 스타일, 음식과 와인의 페어링에 대한 정보가 기재되어 있다. 회원 가입을 하면 사이트 내 다른 정보와 영상도 볼 수 있다.

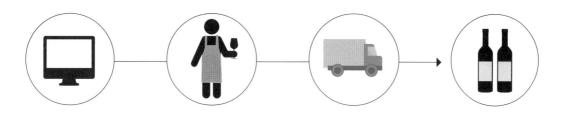

 장점
- 새로운 와인을 발견하는 즐거움이 있고 발견한 와인을 특가로 구매할 수 있다.
- 와인을 좋아하는 친구에게 선택의 고민 없이 와인을 선물할 수 있다.
- 집 근처에 와인 전문 매장이 없다면 훌륭한 대체 수단이 된다.

 단점
- 각각의 와인이 1병씩밖에 없다. 한눈에 들어온 와인이 있다면 바로 주문해야 한다.
- 추천받은 와인이 항상 당신이 원하는 와인은 아니다.
- 와인을 장만해 비축하는 실질적인 방법이 될 수 없다.
- 당신의 와인 지식이 늘어날수록 직접 와인을 선택하고 싶어진다.

구독 신청을 하기 전에 확인해야 할 6가지

❶ 박스 배송 조건. 집으로 배달되는가? 혹은 매장 픽업인가?

❷ 누가 와인을 선별하는가? 유명한 소믈리에인가? 와인 애호가인가? 기업가 혹은 네고시앙인가?

❸ 와인 병에 표시된 정보가 도움이 되는가?

❹ 제안받은 와인의 수준이 구독료와 일치하는가? 받은 박스의 와인 가격을 확인해보자.

❺ 구독 조건의 융통성

❻ 사이트의 온라인 인지도. 구독 서비스를 제공하는 사이트의 숫자도 많고 규모도 다양하다.

라벨 해독하기

이미 마셔본 와인이거나 와인메이커에게 물어볼 수 있는 경우가 아니라면, 라벨은 병 안에 들어 있는 와인을 파악할 수 있는 유일한 수단이다. 의무로 표기해야 하는 기재사항이 있고, 선택적으로 표기하지만 규제를 받는 기재사항도 있다. 라벨을 해독할 줄 알면 와인 선택이 좀 더 쉬워진다.

가장 일반적인 정보

220

슬기로운 와인 읽기를 위한 10계명

①　빈티지(선택사항이지만 규제를 받는 정보)

와인에 쓰인 포도는 2016년에 수확된 포도다. 그해의 기후가 수확된 포도의 질과 양에 큰 영향을 미쳤다면, 빈티지는 와인 가격에 영향을 미친다.

②　경작자 혹은 브랜드 이름(선택사항이지만 규제를 받는 정보)

의무사항은 아니지만 다른 와인과 구별하기 위해 모두가 표기한다.

③　산지

잘 알려지지 않은 AOC 혹은 IGP 와인과 브랜드 와인의 경우 프랑스 와인인지, 해외 와인인지 알 수 있는 유용한 추가 정보다.

④　와인명

'Appellation d'origine contrôlée' 혹은 'Appellation contrôlée'가 뒤따르는 AOC 명칭은 와인이 속한 카테고리를 명확히 규명하고, 이미 알고 있는 명칭이라면 어떤 스타일의 와인인지 알려준다(79~82쪽 '와인 원산지 분석하기' 참조).

⑤　알코올 도수

와인 안에 든 알코올을 퍼센티지로 표기한다. 하지만 같은 도수라도 와인에 따라 알코올 느낌이 다를 수 있다.

⑥　음주 경고 메시지

알코올 함유량 1.2% 이상의 모든 주류에 의무 표기사항이며, 알코올 도수와 가까운 곳에 표기해야 한다.

⑦　병입한 사람의 이름 혹은 상호와 주소

와인을 양조한 사람이 병입하지 않았을 경우 의무적으로 표기해야 한다.

⑧　병의 내용물, 즉 와인의 용량

⑨　알레르기 유발 물질

이산화황은 방부제와 산화방지제로 쓰인다. 최대 이산화황 함유량은 와인 카테고리별로 규제를 받는다(110쪽 참조). '미량의 달걀과 우유 단백질 포함'이라는 표기도 종종 볼 수 있는데, 와인을 정화하기 위해 달걀이나 우유를 베이스로 한 첨가물을 사용한 와인도 있기 때문이다.

⑩　세트 넘버

세트 넘버가 있으면 와인을 추적할 수 있다.

GRAND VIN DE BORDEAUX ❶

Médaille d'OR ❷
au Concours général agricole

L15

Contient des sulfites

2017 ❸

CHÂTEAU ❹
DU BOIS-JOLI

GRAVES ❺

APPELLATION D'ORIGINE PROTÉGÉE

PRODUIT DE FRANCE

13,5 %

Vieilles Vignes ❻

75 cl

ÉLEVÉ EN FÛT DE CHÊNE ❼

MIS EN BOUTEILLE AU CHÂTEAU
SCEA Famille Dubois
33130 France

❶ '그랑 뱅(Grand Vin)' 표시는 AOC 와인과 몇몇 특정 와인, 그랑 크뤼에 한정된다.

❷ 프랑스 정부 소비생활 정무차관실에서 작성한 리스트에 올라 있는 경연대회만 병에 표기될 수 있다.

❸ 2017년 빈티지의 특징은 기후 조건 악화(냉해와 가뭄)로 인해 포도 생산량이 급격하게 줄어들었다는 것이다. 그렇기 때문에 2016년, 2015년 빈티지에 비해 좋지 않은 빈티지로 인식된다.

❹ 포도밭의 이름이다. 어떤 경우에도 새롭게 만들어진 브랜드는 아니다. '샤토', '클로', '크뤼'는 AOC/AOP 와인에만 한정된다. 와인은 표기된 포도밭 혹은 크뤼에서 재배된 포도로만 양조되었다. 보르도에는 진짜 샤토보다는 소유주 이름과 일치하는 샤토를 정리한 색인이 있다.

❺ 원산지 통제 명칭 이름이다. 이는 와인메이커가 지리적 원산지의 특정 규정서를 지켰음을 의미한다.

❻ 오래된 포도나무에서는 더욱 농축된 포도가 수확되지만, 'Vieilles Vignes(오래된 포도나무)' 표기는 규제 받지 않으니 조심하자. 이렇게 표시된 포도나무의 수령은 15년이나 20년 혹은 50년도 될 수 있다.

❼ 적어도 와인의 50%가 못해도 6개월 동안 나무통에서 지냈음을 의미한다. 이 표기는 오크 칩이나 떡갈나무 조각이 와인에 향을 입히기 위해 사용되었다면 기재할 수 없다. 또한 와인의 품질 표시도 될 수 없다. 와인의 맛은 나무통의 품질, 나무통에 있었던 시간, 농축 정도 등 다양한 요소에 따라 달라지기 때문이다.

Gérard ❶
Martin

2016
Le bois joli ❷

Produit de France

Chardonnay ❸
IGP pays d'Oc ❹

Vin sec ❺

MIS EN BOUTEILLE À LA PROPRIÉTÉ ❻
par SCEA le petit village
11100 Narbonne, France

❶ 포도밭 이름을 표기할 때 IGP 와인은 '샤토', '클로', '크뤼'나 '오스피스'도 사용할 수 없다(병입에 관한 언급도 마찬가지).

❷ 퀴베 혹은 포도가 재배된 구획의 이름이다. 한정된 양의 퀴베로 도멘에서 생산된 일반 와인과는 다른 프로파일을 가지고 있음을 의미한다.

❸ 적어도 와인의 85%가 표시된 품종의 포도로 양조되었음을 의미한다.

❹ IGP가 '뱅 드 페이'를 대체한 유럽 통용 명칭이기 때문에 종종 '뱅 드 페이'라고 표시된 와인도 볼 수 있다.

❺ 스파클링 와인이 아닌 와인은 드라이(sec)하다고 표기할 수 있고 당을 4g까지, 나아가 (산도가 높을 경우) 9g까지 함유할 수 있다.

❻ 와인은 포도가 수확되고 양조된 포도밭에서 병입되었다. 와인을 만든 사람이 병입했다는 것은 이 사람이 처음부터 끝까지 모든 것을 통제했음을 의미하지만 그렇다고 이것 또한 품질을 보장하는 것은 아니다.

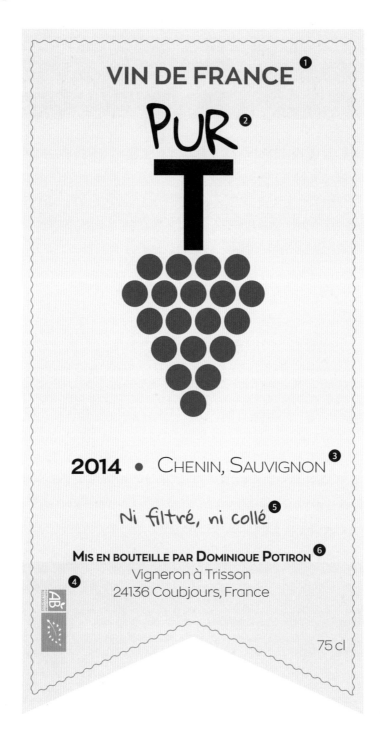

VIN DE FRANCE ❶

PUR ❷

T

2014 • CHENIN, SAUVIGNON ❸

Ni filtré, ni collé ❺

MIS EN BOUTEILLE PAR DOMINIQUE POTIRON ❻
Vigneron à Trisson
24136 Coubjours, France

❹

75 cl

❶ 와인은 프랑스에서 재배되고 양조된 포도로 만들어졌다. 하나의 포도밭에서 만들어졌거나 여러 지역의 와인을 블렌딩해 만들어졌다. 지리적 표시가 없는 와인이다.

❷ 퀴베 명은 자유롭게 표시할 수 있지만 뱅 드 프랑스는 포도밭 이름이나 다음과 같은 단어는 사용할 수 없다. 수도원(abbaye), 시골의 작은 저택/별장(bastide), 샹파뉴, 예배당(chapelle), 샤토, 클로, 기사령(commanderie), 크뤼, 도멘, 오스피스, 농가(mas), 승원(monastère), 독점(monopole), 방아(moulin), 봉건시대 영주의 저택(manoir, 현재 작은 성으로 남아 있다.-옮긴이), 소수도원(prieuré), 탑(tour).

❸ 품종의 순서는 비중 내림차순을 따른다. 두 품종 합쳐서 퀴베의 100%가 된다.

❹ 이 로고는 와인이 유기농 인증을 받았음을 증명한다. 유로리프 로고는 유럽 인증마크다. 유로리프가 프랑스 AB 마크를 대체했지만 잘 알려지지 않아서 대부분의 경우 두 로고를 동시에 라벨에 넣는다 (115~118쪽 '인증마크의 정글 세계' 참조).

❺ 이 표시는 와인이 부유 물질을 제거하거나 투명함과 광채를 주기 위해 정화하는 과정을 거치지 않았음을 의미한다. 더 많은 텍스처와 맛을 간직하는 것이 목적이다.

❻ 뱅 드 프랑스는 '소유지에서' 병입했다고 표기할 수 없다.

CHAMPAGNE ③

2006 ① 👑 Grand Cru ④

Charles D. ②

14,5 %   EXTRA BRUT ⑤   750 ml

Blanc de blancs ⑥

Produit en France - Contient des sulfites - RM ⑦

1 이 샴페인은 빈티지 샴페인이다. 즉 와인에 쓰인 포도가 모두 같은 해에 수확되었다는 것이다. 사실상 굉장히 드문 경우다. 샴페인은 대부분 최근 만들어진 와인과 보관하고 있던 와인을 블렌딩해 만든다. 그렇기 때문에 빈티지를 표기하지 않는다.

2 브랜드 이름이나 샴페인 메종을 표기한다.

3 제품명이다. 다른 원산지 명칭과 달리 샴페인은 '원산지 통제 명칭'을 구체적으로 표기할 의무가 없다.

4 퀴베의 모든 포도는 '그랑 크뤼'로 분류된 포도밭에 있는 포도나무에서 수확한 포도다.

5 스파클링 와인은 의무적으로 당 함유량을 표시해야 한다. 7가지 표기가 허용된다. 예를 들어 엑스트라 브뤼는 L당 0~6g의 당을 함유하고 있다.

6 이 샴페인은 청포도 품종으로만 양조되었다.

7 와인을 양조한 사람의 지위를 가리킨다. RM=Récoltant(수확하는 사람) + Manipulant(만드는 사람), 즉 이 샴페인은 와인메이커가 자신의 포도로 양조한 샴페인이다.

와인의 가격

와인 1병의 가격은 2유로도 안 되는 것부터 로마네 콩티의 경우 9,000유로 이상까지 천차만별이다. 이러한 가격 차이를 어떻게 설명할 수 있을까?

뱅 드 프랑스
- 프랑스 전역의 포도
- 자유로운 포도 품종 선택
- 수확량에 제한이 없음
- 승인 수수료가 없다.

€

IGP 와인
- 한 지방이나 도, 작은 구역에서 재배된 포도
- 규정서 준수, 자유로운 포도 품종 선택, 좀 더 높은 수확량
- 승인위원회의 시음

€ €

AOC/AOP 와인
- 공식적으로 제한된 생산 영역
- 제한적 수확량
- 포도 품종의 분배와 타입의 규정
- 양조 규정
- 승인위원회의 시음

€ € €

와인메이커가 AOC/AOP 혹은 IGP 와인을 만드는가, 뱅 드 프랑스를 만드는가에 따라 와인메이커에 부가된 제약이 가격에 영향을 미친다.

알고 있었나요?

? 같은 원산지 명칭 안에서도 가격이 달라진다. 5유로부터 30유로에 이르는 보르도 쉬페리외르, 2.80~50유로의 카오르, 2.50~20유로의 IGP 페리고르, 1.50~35유로의 뱅 드 프랑스가 있다.

돌발적인
날씨 변화

낮은 수확량

원산지 명칭과
구획의 좁은 표면적

수요와 공급의 법칙

무엇이 와인을 귀하게 만들까?

와인의 가격을 형성하는 것은 무엇일까?

수확량
(ha당 수확된 포도의 양)

생산비
(수작업이 많을수록 생산비가 높다.)

**양조와
숙성 기간**

€

**도매시장에
형성된 가격**

토지 비용

**(병입 후의) 보관 및
(병) 숙성 기간**

AOC의 위신

와인메이커의 명성

와인메이커의 전략
(가격대, 올드 빈티지 판매,
앙 프리뫼르 판매)

운송비

생산량
(귀한 와인이 되는 데
영향을 미친다.)

빈티지의 평판

판매자의 마진

투기열
(그랑 크뤼의 경우)

연인과의 식사

 플러스
• 감각을 깨울 수 있도록 달콤한 동시에 관능적이어야 하며 역동적인 와인으로 완벽하게 균형 잡혀 있어야 한다. 섬세하기 때문에 한 모금만으로도 맛을 감상하기에 충분하다.

 마이너스
• 꿀꺽꿀꺽 넘어가 빨리 마시게 되는 와인, 타닌이 강하거나 진하고 너무 독해서 마시면 잠이 오는 와인

클래식 스타일

샹파뉴 블랑 드 블랑
섬세한 기포와 청량함이라면 성공은 보장되어 있다.

글래머러스 스타일

코트 드 프로방스 로제
가장 저렴한 와인은 피하자. 품질이 가격에 영향을 받았을 위험이 크다.

시크 스타일

오트 코트 드 뉘 레드
기품 있는 아로마와 우아한 타닌이 돋보인다.

세련된 스타일

사브니에르
루아르의 고급 와인으로 향기롭고 섬세하다. 2년 혹은 3년 된 와인을 선택하자.

편안한 스타일

크로제 에르미타주 레드
과일 향이 나면서도 아삭거리는 느낌의 와인을 좋아하는 미식가에게 적합하다.

감각적 스타일

키안티 클라시코
이탈리아 와인은 삶의 즐거움과 아름다움에 대한 찬가다.

친구들과의 파티

플러스
- 테이블에 4, 6, 8명 혹은 더 많은 친구들이 둘러앉았다. 메뉴는 함께 나누어 먹을 수 있는 요리들이고, 각자가 먹을 것을 가져와 즉흥적으로 차려지기도 한다. 아페리티프와 앙트레가 함께한다. 때로는 식사 전체가 끝이 없는 아페리티프처럼 느껴지기도 한다. 와인은 무엇과도 어울려야 하겠지만 분위기를 살리기 위해서는 충분히 개성이 있어야 한다.

마이너스
- 결국 플라스틱 잔으로 마시거나 머스터드소스와 함께 먹게 되는 지나치게 시크한 와인
- 독특하지만 너무 특이해 와인 입문자들에게는 맞지 않는 와인
- 파티 분위기를 깰 수 있는 질이 아주 나쁜 와인

축제 분위기 스타일

IGP 코트 드 가스코뉴
청량하고 과일 향이 나는 이 화이트 와인은 타파스, 생선 리예트, 초리조, 타불레, 염소 젖 치즈와 함께 즐기는 아페리티프의 왕이다. 남서 프랑스의 축제 정신을 간직하고 있다.

미식가 스타일

생 쉬니앙
이 와인은 살집이 있음에도 불구하고 부드러운 타닌과 섬세하고 산뜻한 피니시를 가지고 있다. 붉은 고기 요리와 좋은 친구다.

깜짝 놀라는 스타일

카스티용 코트 드 보르도
널리 알려진 AOC 와인과 지리적으로 가까운 와인 혹은 같은 품종으로 만들었거나 같은 유형의 토양에서 난 와인을 찾아 이 유명한 와인만큼 좋으면서도 가격은 저렴한 와인을 내놓는다는 발상이다.

세계 여행자 스타일

바로사 밸리
너무 멀리 가지 않고 친구들과 여행을 할 수 있는 오스트레일리아 버전의 시라 품종 와인이다.

개운한 스타일

쉬루블
보졸레 크뤼 와인으로 향기로운 지역 정서가 뚜렷하고 모든 요리와 함께할 수 있다.

여름 스타일

방투 로제
이 로제 와인은 당신의 식사에 바캉스 분위기를 내줄 것이다. 다른 사람들과 좀 더 차별화하려면 꼭 코트 드 프로방스만 고집하지는 말자.

상사나 클라이언트와 함께하는 식사

 플러스
- 이러한 자리에서는 와인이 동석자들에게 하나의 메시지를 표현하고 좀 더 호의적인 클라이언트로 만들 수 있기 때문에 와인의 선택은 결정적이다.

 마이너스
- 한 번도 맛보지 못한 와인은 내놓지 말자.

좋은 성과나 승진을 축하하는 자리

샹파뉴 엑스트라 브뤼 블랑 드 블랑
샹파뉴의 축제 분위기와 시크함이 대체 불가능하다. 잘 알려진 메종의 샴페인을 선택하자.

중요한 프로젝트를 논하는 자리

륄리 블랑
샤르도네 품종의 품격과 테루아 덕분에 부르고뉴의 화이트 와인은 지나침 없이 우아하게 감각을 자극한다.

계약을 협상하는 자리

코트 로티
위엄 있는 AOC 와인으로 강한 인상을 주자.

친분을 쌓는 자리

부르괴이유
화기애애한 분위기를 위한 과일 향이 나고 유연하며 개운한 와인이다.

기념하는 자리

생 테스테프
기억에 오래 남을 축제와 같은 순간을 위한 아름다운 와인

시간을 연장하기 위해

아르마냑
퐁당 오 쇼콜라, 크렘 브륄레와 함께 나오는 이 오드비는 일종의 공모 분위기를 만든다.

시부모(장인, 장모)와 함께하는 식사

 플러스
- 간결한 요리, 믿을 만한 AOC 와인으로 페어링에 신경 쓰면서 클래식하게 나가라. 당신의 지지도를 위해 좋은 와인을 꺼내자.

 마이너스
- 너무 과하면 안 된다. 그리고 어른들의 취향을 거스르지 않는 것도 중요하다.

출신 지방의 와인으로 승부수

루아르, 알자스, 남서 프랑스, 오베르뉴, 부르고뉴 등
출신 지방의 와인을 오픈하면 일종의 공모 분위기가 생길 수 있다. 게다가 출신 지방이라면 좋은 와인메이커를 잘 알고 있다.

고급 와인으로 승부수

샤토뇌프 뒤 파프
저명한 AOC 와인으로 식사를 무척 중요하게 생각하고 있음을 보여준다. 몇 년 숙성된 와인이라면 더 좋다.

클래식 스타일로 승부수

샤블리를 먼저 마신 후 생 쥘리앵으로
혁신적이지는 않지만 언제, 어디서든 항상 통하는 조합이다. 앙트레에는 맛 좋은 화이트 와인, 본식에는 레드 와인을 페어링하자.

간결함으로 승부수

모르공
명성이 없지는 않지만 그렇다고 과장되어 어색하지도 않은 와인이 좋다. 믿을 만한 우수한 와인메이커의 와인을 선택한다.

편안한 분위기로 승부수

부브레 드미 세크
쉽게 마실 수 있는 둥근 와인이다.

독특함으로 승부수

방돌 레드
큰 위험을 감수하지 말자. 당신이 와인을 좋아하고, 다양한 프랑스 명칭 와인에 오픈되어 있음을 보여주는 와인을 골라보자.

나만의 와인 저장고 만들기

와인에 흥미를 갖기 시작하면, 기분이나 상황에 따라 와인을 꺼내 마실 수 있도록 나만의 와인을 갖춰두고 싶은 마음이 생긴다. 와인 저장고를 구축하는 것은 이렇게 비축된 와인을 취향과 필요에 따라 조직하는 것이다.

와인 저장고를 만들기 전에 생각해보면 좋은 5가지 질문

❶ 어떠한 상황에서 와인을 오픈하고 누구와 함께 마시는가?
초심자 혹은 정통한 사람과? 파티 중에 혹은 친한 사람들과 함께하는 식사?

❷ 어떠한 종류의 와인을 갖춰두고 싶은가?
어린 와인 혹은 바로 마시거나 구매한 해에 마시는 와인? 혹은 몇 년 후에 마실 수 있는 숙성 가능한 와인? 혹은 둘 다?

❸ 지인의 집에서 마시는 와인을 포함해 연간 평균 몇 병의 와인을 마시는가?

❹ 당신이 마시는 레드 와인, 화이트 와인, 스파클링 와인의 비율은 어떤가?
가장 흔한 분포 : 레드 와인 70%, 화이트 와인 20%, 스파클링 와인 10%

❺ 특별히 좋아하는 지방이 있는가?
프랑스 대부분의 지방에서는 어린 나이에 마실 와인과 몇 년에 걸쳐 마실 수 있는 좀 더 구조적인 와인을 선택할 수 있다.

내 와인 저장고에는 몇 병의 와인이?

10~20병
쇼핑 목록에서 와인을 깜빡했는데 갑작스럽게 친구들이 찾아왔을 때, 이럴 때를 대비하기에 이상적인 숫자다.

20~50병
다양한 상황에서 성공적인 음식과 와인 페어링을 추천할 수 있을 정도로 선택의 폭이 넓다.

50~100병
이 단계라면 같은 퀴베의 여러 와인을 숙성시켜 그 변화를 지켜보고 미리 준비한 와인을 낼 수 있다. 한 지방의 서로 다른 스타일의 와인을 구비하고 있어서 어떠한 상황에서도 훌륭한 음식과 와인 페어링이 가능하다.

100~200병
와인 저장고 관리가 진정한 취미생활이 된다.

알고 있었나요?

'보관하다'와 '숙성시키다'는 시간이라는 뉘앙스 차이가 있다. 4~5년은 보관이라고 하고, 그 이상일 경우 숙성이라고 한다.

와인 제대로 보관하기

적절한 조건에서 와인을 보관할 솔루션이 없다면 와인을 축적해도 소용이 없다.

와인이 싫어하는 것

급격한 온도 차

12~14℃가 가장 이상적인 온도다. 점진적으로 온도가 변한다면 이 범위에서 위, 아래로 벗어난 온도는 와인에 크게 부담스럽지 않다. 그러나 더위가 오래 지속되면 와인이 너무 빨리 숙성되고, 반면 서늘한 온도는 숙성에 제동을 건다.

빛

빛은 와인의 아로마를 변화시킨다.

진동

와인은 평온하게 숙성할 수 있는 고요함을 좋아한다.

냄새

코르크는 와인을 보호하지만 가까이에 있는 잘못 보관된 생과일, 화학물질, 쓰레기통, 음식 냄새 등이 밸 우려도 있다.

지나치게 건조한 공기

코르크 마개에 좋지 않은 영향을 미친다. 이상적인 습도는 60~70%이고, 곰팡이를 방지하기 위해 통풍이 잘 되어야 한다.

똑바로 세워서 보관

누운 자세로 보관해야만 코르크 마개가 와인에 지속적으로 적셔져 수축되지 않는다. 세워서 보관하면 공기가 통해 조기 산화가 일어난다(24쪽 참조). 스크루 마개나 합성 마개 혹은 유리 마개로 막은 와인은 세워서 보관할 수 있다. 스파클링 와인도 가지고 있는 가스의 보호를 받기 때문에 세워서 보관해도 된다.

와인 센스

와인 저장고 없이 조만간에 마실 와인을 비축하려면 집 안에서 가장 서늘한 곳이 어디인지 찾아보자(18℃ 이하). 세탁기와 가까운 곳이나 개수대 아래(통풍이 안 되고 가정용품과 가깝다.), 난방 파이프 주변, 생식품 가까이(냄새가 배거나 박테리아가 생길 위험이 있다.)는 피하자.

와인 셀러 구매하기

이 와인 냉장고는 12~14℃ 정도의 일정한 온도와 와인의 숙성에 이상적인 습도를 유지한다. 와인은 셀러에서 3~4년 혹은 더 오랫동안 숙성할 수 있다.

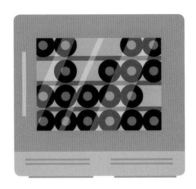

와인 셀러를 구매하기 전에 생각해보면 좋은 7가지 질문

① 어디에 설치할 것인가?

② 몇 병의 와인을 비축하고 싶은가?

여러 크기의 셀러가 있다. 10병짜리 미니 셀러부터 250병이 들어가는 대형 셀러까지 다양하다. 표시된 셀러 용량은 보르도형이나 부르고뉴형과 같은 스탠더드한 형태와 크기의 병이 들어간다는 전제로 계산되었다는 사실을 명심하자. 알자스나 쥐라와 같은 이색적인 형태의 병을 쌓아 올리기는 어렵다.

③ 셀러 내부는 어떻게 정리할 것인가?

50병이 넘는 경우 주요한 기준이 된다.

④ 와인을 보관하는 목적은 무엇인가?

와인을 숙성시키고 싶은가? 당신 수중에, 적절한 온도에서, 와인을 가지고 있기를 원하는가? 둘 다인가? 여러 온도 구역(보관을 위한 온도, 서빙을 위한 온도)이 있는 셀러도 좋지만 이러한 셀러는 가격이 높다.

⑤ 예산은 얼마인가?

800~3,000유로는 예상해야 한다. 가격이 사이즈에 따라서만 달라지는 것이 아니므로 주의하자. 가격은 무엇보다 성능과 제조 국가(프랑스, 유럽 혹은 아시아)에 따라 차이가 난다.

⑥ 어떤 디자인을 원하는가?

셀러 외양은 놓이는 위치에 따라 달라질 수 있다(보이는가, 보이지 않는가).

⑦ 성능에 있어서 당신이 기대하는 것은 무엇인가?

전력 소비량, 무진동, 습도 조절, 온도 알람 등 와인 셀러는 단순한 냉장 진열장보다 더 기술적인 수납장이다.

기존 와인 저장고 정비하기

와인 저장고로 정비하기에 가장 이상적인 장소는 콘크리트 바닥보다 일정하게 습도를 유지하는 흙바닥이다. 온도는 점진적으로 변해야 한다. 또한 와인 보관 원칙에 최대한 부합해야 한다(237쪽 참조).

와인 저장고를 정비하기 위한 7가지 조언

1 와인을 케이스 없이 그대로 둘 수 있도록 선반을 설치한다.

2 손에 닿기 쉽게 와인을 한 겹으로만 정리한다.

3 선반의 단단함과 중립성을 까다롭게 평가한다. 가급적이면 화학적 처리를 거치지 않은 나무, 메탈, 벽돌, 콘크리트를 선택하자.

4 와인 저장고로 쓰일 장소의 안전을 점검한다.

5 파일이나 애플리케이션, 노트 형태의 와인 저장고 관리대장에 관리 상태를 기록한다.

6 와인 저장고를 규칙적으로 정리해 곧 마셔야 하는 와인을 앞쪽에 둔다.

7 와인을 이동시키지 않아도 쉽게 찾을 수 있도록 라벨을 붙이거나 병목에 표시를 걸어둔다. 1회용 라벨도 있고 금속 표시판, 분필로 쓰고 지울 수 있는 칠판도 있다.

어떻게 분류할까?

100병 이하 : 색과 마시는 순서에 따라 분류한다. 숙성이 필요한 와인은 안쪽, 금방 마셔야 할 와인은 앞쪽에 정리한다.

100병 이상 : 지역, 색, 마시는 순서에 따라 정리한다.

와인 저장고 관리대장은 왜 쓸까?

적시에 적절한 와인을 꺼낼 수 있도록 도와준다. 와인의 색, 지역, 명칭, 빈티지, 구입 장소와 날짜, 가격, 용량, 위치, 시음 후 평가 등 당신이 보관하고 있는 와인의 모든 정보를 기록할 수 있다.

집 밖에 있는 와인 저장고

당신 집에 와인을 보관할 만한 충분한 공간이 없어도 방법은 있다. 와인 저장고나 와인 셀러를 가지고 있는 부모님이나 친구마저 없다면 와인을 저장해주고 인터넷을 통해 자신의 저장고를 관리할 수 있는 서비스와 와인 배송 서비스를 제공하는 와인 전문 매장을 찾아보자.

와인 보관 기간

일반적인 식료품과 달리 와인은 소비 기한이 없다. 하지만 최적의 소비 시기가 있다. 이 시기를 찾는 것이 관건이다. 와인의 숙성 잠재력은 여러 요소에 따라 달라진다.

- **와인의 스타일과 양조 방식** : 농축되었거나 타닌이 풍부한 와인, 특히 적절한 산미까지 갖춘 와인은 더 오래 숙성할 수 있다. 나무통에서 숙성한 와인은 나무를 통과하는 미세한 공기와 접촉하면서 사는 법을 배웠기 때문에 숙성에 잘 대비되어 있다.
- **빈티지** : 포도가 농축과 신선함 사이의 균형을 얻을 수 있는 기후였던 빈티지의 와인은 다른 빈티지 와인보다 숙성할 준비가 잘 되어 있다. 일조량이 지나치면 와인의 완숙한 과일 아로마가 만개할 수 없다. 반면 일조량이 부족하면 포도가 충분히 여물지 못하고 와인 또한 숙성시켜도 개선되지 않는다. 따라서 빈티지 리스트가 좋은 지표가 될 것이다(92~93쪽 참조).
- **원산지 테루아** : 포이약, 방돌, 샤토뇌프 뒤 파프처럼 숙성시켜야 하는 와인 생산에 유리한 테루아가 있다.
- **와인을 보관하는 장소** : 와인은 실온에서 빨리 숙성하지만 적절한 와인 저장고(혹은 셀러)나 와인메이커의 저장고에서는 훨씬 느리게 숙성한다.
- **용량** : 와인은 75cL 병보다 매그넘 병에서 더 느리게 숙성한다.

알고 있었나요?

당신이 자주 찾는 와인 전문 매장 혹은 해당 도멘의 와인메이커가 당신의 와인을 오픈할 적정 시기를 결정하는 데 도움을 줄 수 있다. 주저하지 말고 조언을 구해보자.

사실은…

오래된 와인은 당연히 좋은 와인이다?

모든 것은 당신의 취향에 달렸다. 오래된 와인은 이끼와 초목, 버섯, 과일 젤리 노트, 분칠한 듯한 부드러운 타닌과 함께 서로 판이하게 다른 다양한 맛을 드러낸다. 와인이 이러한 단계까지 숙성하도록 8~10년까지 기다리면서 오픈하지 않는 애호가도 있다. 그렇기는 해도 소비자들 대부분은 좀 더 즉각적인 생과일 아로마를 품은 와인을 좋아한다.

좋은 어린 와인이 숙성도 잘 된다. 어렸을 때 아로마나 보디, 균형, 개성이 거의 없는 와인은 시간이 지나도 크게 개선되지 않는다.

레드 와인만 숙성할 수 있다?

오래된 와인하면 즉각적으로 보르도나 부르고뉴 크뤼의 레드 와인, 마디랑, 카오르, 방돌, 샤토뇌프 뒤 파프 등의 레드 와인이 떠오른다. 하지만 고급 화이트 와인이나 뱅 두 나튀렐도 고급 테루아 출신의 숙성에 적합한 방식으로 양조되었다면 얼마든지 숙성할 수 있다.

오래 숙성할 수 있는 화이트 와인들

화이트 와인

샤블리, 샤사뉴 몽라셰, 뫼르소, 생 토뱅, 퓔리니 몽라셰, 푸이 퓌세, 생 베랑, 에르미타주, 샤토 그리예, 페삭 레오냥, 그라브, 샤토뇌프 뒤 파프, 리슬링 그랑 크뤼, 사브니에르, 부브레, 쿠르 슈베르니, 몽라벨, 코리우르, 픽 생 루, 샤토 샬롱

리쿼뢰 와인

소테른, 바르삭, 생트 크루아 뒤 몽, 몽바지악, 소시냑, 카르 드 숌, 코토 뒤 레이옹

뱅 두 나튀렐

모리, 바뉠스, 라스토, 리브잘트 혹은 포트 와인

주의할 것!

판매되는 와인의 대부분이 4~5년 이상 숙성하도록 양조되지 않았다. 물론 그 이상 숙성해도 좋은 몇몇 와인이 있기는 하지만 말이다. 8~10년 이상의 숙성은 그랑 테루아 출신의 오래된 포도나무의 포도를 사용해 숙성에 적합한 양조 방식을 거친 와인만이 누릴 수 있는 특권이다.

와인을 보관하기에 이상적인 병의 크기는?

150cL 용량, 즉 2병 용량의 매그넘은 와인과 공기의 접촉을 줄이는 부피 덕분에 와인의 수명을 2배 연장한다. 고급스럽고 후한 이미지에 더해 손님의 숫자가 8명에서 10명이 되는 순간부터 비할 데 없는 축제 분위기를 내주기도 한다. 하지만 병 자체의 가격과 병입 비용이 높기 때문에 와인의 L당 가격이 낮아지지는 않는다.

보존 기간 메모하기

각각의 와인이 다르고 보관 조건도 다양하기 때문에 보존 기간을 예측하는 것은 조금 무리가 있다.

주의할 것!
⚠ 보존 기간이 5년이라는 것은 5년을 기다렸다가 마셔야 한다는 게 아니라 5년에 걸쳐 마실 수 있다는 뜻이다.

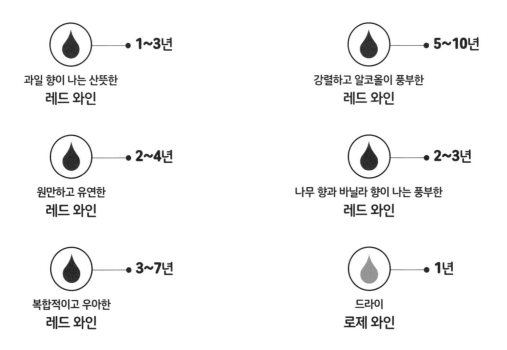

과일 향이 나는 산뜻한
레드 와인 • 1~3년

강렬하고 알코올이 풍부한
레드 와인 • 5~10년

원만하고 유연한
레드 와인 • 2~4년

나무 향과 바닐라 향이 나는 풍부한
레드 와인 • 2~3년

복합적이고 우아한
레드 와인 • 3~7년

드라이
로제 와인 • 1년

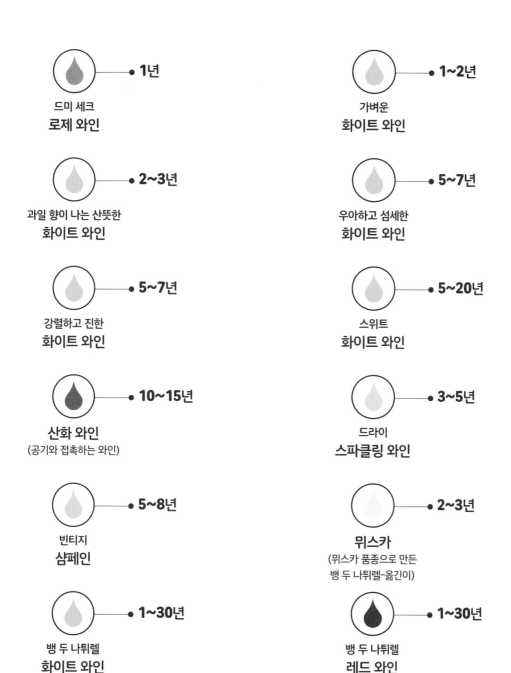

드미 세크
로제 와인 — 1년

가벼운
화이트 와인 — 1~2년

과일 향이 나는 산뜻한
화이트 와인 — 2~3년

우아하고 섬세한
화이트 와인 — 5~7년

강렬하고 진한
화이트 와인 — 5~7년

스위트
화이트 와인 — 5~20년

산화 와인
(공기와 접촉하는 와인) — 10~15년

드라이
스파클링 와인 — 3~5년

빈티지
샴페인 — 5~8년

뮈스카
(뮈스카 품종으로 만든
뱅 두 나튀렐-옮긴이) — 2~3년

뱅 두 나튀렐
화이트 와인 — 1~30년

뱅 두 나튀렐
레드 와인 — 1~30년

와인 센스

레드 와인, 화이트 와인, 로제 와인, 스파클링 와인 등 어떤 와인이든 같은 온도에 보관된다(대략 12~14℃). 하지만 같은 온도로 서빙하지는 않는다.

제**6**장

와인 테이스팅

와인은 어떻게 오픈할까?

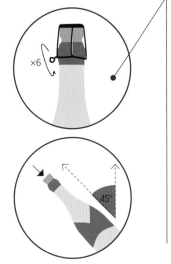

| 스파클링 와인

❶ 알루미늄 포일을 제거한다.

❷ 한 손의 엄지로 마개를 누른 상태에서 다른 한 손으로 꼬여 있는 철사를 돌려서(6번) 푼다.

❸ 한 손으로 병과 마개를 단단히 잡고 다른 한 손으로는 병 아래를 잡고 돌려 철사(마개)를 당긴다.

❹ 병을 45도로 기울인 다음 압력으로 올라오는 마개를 단단히 잡고 조절해 부드럽게 오픈한다.

❺ 병을 살짝 기울인 채로 2초간 있다가 서빙한다.

| 스틸 와인

❶ 병 입구 고리 아래로 혹은 그 위로 포일을 잘라 떼어낸다.

❷ 와인 오프너를 마개에 수직으로 돌려 꽂는다.

❸ 마개가 수직으로 유지되는 것을 확인하면서 마개를 올라오게 한다.

어떤 와인 오프너를 선택할까?

되도록 마개를 손상시키지 않으면서 마개에 잘 들어가는 나선형 오프너를 선택하자(특히 마개가 약한 오래된 와인을 오픈할 경우 유용하다.).

T자형 오프너

지렛대 효과가 없기 때문에 손힘이 세야 한다.

윙 오프너

스크루 부분을 마개에 꽂고 손잡이를 돌리면 양쪽 날개가 올라가는데, 올라간 날개를 잡아 내리면 마개가 뽑힌다. 마개가 약하면 스크루가 들어가면서 부서질 수 있다.

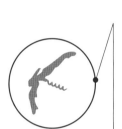

소믈리에 나이프

간단하고 효과적인 오프너로 주머니에 들어가는 사이즈여서 휴대가 간편하다.

셀프 풀링 오프너

같은 방향으로 돌리기만 하면 된다. 이 얼마나 간단하고 효과적인가!

래빗 오프너

사용하기 가장 쉬운 오프너지만 부피가 커서 거추장스럽다.

마개가 약한 오래된 와인에 가장 적합한 오프너

아소 오프너

❶ 마개의 양쪽에 날을 번갈아 가며 조금씩 움직이면서 넣어 안쪽까지 오프너를 넣는다.

❷ 병목까지 오프너를 넣은 후 점차 힘을 주면서 한 방향(시계 반대 방향)으로 돌려 당겨 마개를 다치지 않게 조금씩 빼낸다.

레드 와인은 언제, 어떻게 디켄팅할까?

어리거나 강한 레드 와인과 타닌이 많은 와인은 에어링으로 부드럽게 한 다음 열어줘야 한다. 가볍고 과일 향이 나는 레드 와인은 디켄팅 시간이 좀 더 짧다. 어떤 경우든 에어링은 레드 와인을 더 마시기 좋게 만든다. 다만 오래된 와인을 다룰 때는 주의를 기울일 필요가 있다.

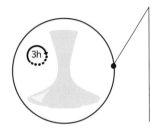

| 어린 와인(5년 이하)

❶ 3시간 전에 미리 오픈한다.
❷ 산소와의 접촉을 최대화하고 와인이 열려 아로마를 최대한 발할 수 있도록 에어링을 위한 밑이 넓은 카라프를 사용한다.

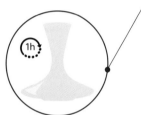

| 5~20년 된 와인

❶ 1시간 전에 미리 오픈한다.
❷ 에어링을 위한 밑이 넓은 카라프를 사용한다.

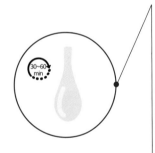

| 20년 이상 된 와인

❶ 전날 : 침전물이 바닥에 가라앉도록 와인을 들어 수직으로 세워둔다.
❷ 30분에서 1시간 전에 미리 오픈한다.
❸ 산화를 최소한으로 제한하기 위해 침전물을 걸러내는 용도의 밑이 좁은 카라프를 사용한다.
❹ 마지막 순간에 침전물이 움직이지 않도록 천천히 카라프에 옮기고 병에 마지막 몇 cm의 와인을 남겨놓는다. 병 입구 아래에 손전등을 두어 침전물이 보이는 즉시 옮겨 따르기를 멈춘다.

주의할 것!

예외적인 경우를 제외하고, 화이트 와인과 로제 와인은 디켄팅하지 않는다. 디켄팅을 하면 서빙 온도가 급작스럽게 올라가서 와인의 아로마를 지각하는 데 영향을 미치기 때문이다. 디켄팅할 경우 기포를 잃게 되는 스파클링 와인도 마찬가지다. 시중에 파는 에어레이터는 에어링하는 과정이 다소 거칠기 때문에 특히 고급 와인이나 오래된 와인에는 사용하지 않는 게 좋다.

와인은 어떻게 서빙할까?

❶ 식탁보에 와인이 떨어져 얼룩이 생기지 않도록 와인을 따른 후 병을 살짝 돌려주거나 DropStop®을 사용한다. 병 입구 주위를 감거나 씌울 수 있는 이 고리가 있으면 깔끔하게 서빙할 수 있다. 메탈이나 플라스틱으로 된 스토퍼도 효과적이다.

❷ 잔에 꽉 채워서 따르지 않는다. 와인이 숨을 쉬고 와인을 굴릴 수 있도록 잔의 최대 3분의 1만 따른다.

와인 잔

와인 잔의 형태는 와인의 맛과 향을 지각하는 데 영향을 미친다. 따라서 각 타입의 와인을 최적화하기 위한 서로 다른 형태의 잔이 고안되었다. 그럼에도 불구하고 전문가들은 각각의 테이스팅을 정확하게 해석하기 위해 한 가지 형태의 잔을 고수한다.

손으로 와인 잔의 볼을 잡으면 와인의 온도가 올라갈 수 있으니 와인 잔의 다리를 잡는다. 와인 잔은 와인이 (공기와 접촉해) 열릴 수 있도록 튤립 형태여야 하며, 코에 아로마를 집중할 수 있도록 립은 오므려져 있어야 한다.

스틸 와인

농산물의 품질을 관리하는 INAO는 표준 와인 잔을 만들었다. 이 잔은 와인을 마시는 데에는 적합하지만 미적으로는 우아하지 않다는 불평이 있다.

(부르고뉴, 보르도 등) 각각의 와인에 특화된 잔이 많이 있다. 하지만 서로 다른 형태의 와인 잔을 여러 개 구매할 수 없다면 이와 같은 다용도 잔을 구매하자.

입이 넓은 잔

사용하지 말자. 손으로 잡기 어렵고 탄산도 빨리 날아가면서 코에 아로마를 모으지도 못한다.

곧은 플루트 잔

사용을 만류하는 잔이다. 호리호리한 형태가 우아하기는 하지만 와인이 숨을 쉬거나 아로마를 표현하기 힘든 잔이다.

튤립 형태의 플루트 잔

아래는 좁고 키가 큰 잔으로 다리가 길어 우아하다. 와인이 아로마를 잘 표현할 수 있고 마시는 사람이 올라오는 기포를 감상하기에도 좋다. 기포가 더 잘 올라올 수 있도록 바닥에 (우둘투둘한) 모래 효과를 준 잔도 있다.

주의할 것!

와인 잔은 깨끗하고 냄새가 없어야 한다. 물이 묻은 채로 종이 케이스에 넣으면 안 되며, 사용 전에는 꼼꼼하게 닦고 사용 후 세척제 사용은 피하는 것이 좋다. 가장 좋은 방법은 흐르는 따뜻한 물에 깨끗한 스펀지로 주위를 문질러 닦으며 손으로 설거지하는 것이다.

서빙 온도

같은 와인이라도 5℃ 차이가 나면 다른 와인처럼 느껴질 것이다. 차가운 온도는 화이트 와인이나 스파클링 와인의 아로마를 살짝 가리지만 산미와 신선함을 강조한다. 따뜻한 온도에서는 더 많은 아로마가 나타나고 더 많은 알코올이 느껴지며 레드 와인의 타닌이 부드러워진다. 하지만 쓴맛을 나타내는 화이트 와인도 있다. 모든 것은 균형의 문제다.

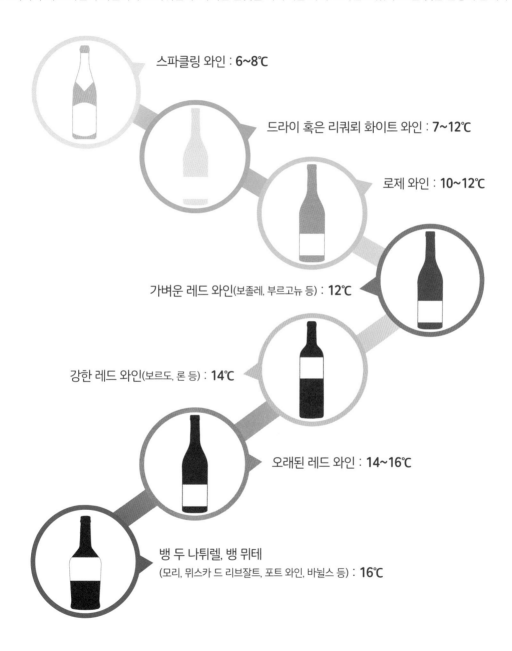

스파클링 와인 : **6~8℃**

드라이 혹은 리쿼뢰 화이트 와인 : **7~12℃**

로제 와인 : **10~12℃**

가벼운 레드 와인(보졸레, 부르고뉴 등) : **12℃**

강한 레드 와인(보르도, 론 등) : **14℃**

오래된 레드 와인 : **14~16℃**

뱅 두 나튀렐, 뱅 뮈테
(모리, 뮈스카 드 리브잘트, 포트 와인, 바뉠스 등) : **16℃**

어떻게 와인을 적정 온도에 맞출까?

레드 와인

온도가 많이 낮은 저장고에서 와인을 꺼냈다면 서빙하기 1시간 전부터 실온에 둔다. 그 후 와인은 잔 속에서 서서히
데워진다.

화이트 와인

 ▶ 시간이 충분하다면 : 3~4시간 냉장고에 넣어둔다.

 ▶ 더 빠른 방법 : 간 얼음이나 얼음 조각으로 3분의 1을 채우고 나머지는 물로 채운 얼음
통에 담가둔다.

 ▶ 아주 차가운 물에 담근 수건을 병에 둘러놓으면 실온에 있는 와인을 차게 하거나 온도를
유지하는 데 도움이 된다.

오픈한 와인 보관하기

병에 와인이 남아 있을 때가 있다. 하지만 당황하지 말자. 여기 다음 날에도 와인을 즐기는 방법을 소개한다.

집에서

스파클링 와인

기포를 잘 가둬둘 수 있는 밀폐 실리콘 패킹이 달린 마개로 다시 닫는다. 이러한 마개는 10유로가 안 되는 가격에 살 수 있다. 남은 와인은 오픈 후 3~4일 안에 마시도록 하고 마개는 사용할 때마다 물로 잘 씻어준다.

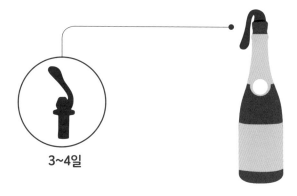

3~4일

화이트 와인, 레드 와인, 드라이 로제 와인

방법 1

상태가 좋은 마개로 다시 닫은 후 냉장고에 넣는다. 남은 와인은 오픈 후 2일 안에 마신다. 특히 3분의 2 이상 남았을 경우 2일 안에 마셔야 걱정이 없다. 와인이 실온으로 돌아올 수 있도록 잊지 말고 마시기 1시간 전에 꺼내두자.

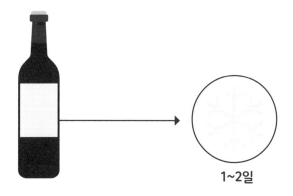

1~2일

방법 2

보관용 하프 사이즈 병에 남은 와인을 옮겨 담고 마개로 닫은 후 냉장고에 넣는다. 와인은 3~4일 유지된다.

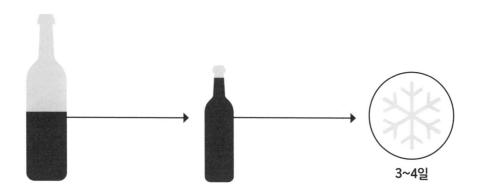

3~4일

방법 3

와인이 적어도 3분의 2 이상 남았다면 고무마개와 함께 사용하는 작은 진공펌프로 병 안의 공기를 빨아들인다. 펌프와 고무마개 세트는 20유로 정도에 구입할 수 있다. 이렇게 공기를 빼내면 1주일까지 보관할 수 있다. 화이트 와인이나 로제 와인보다 레드 와인의 변질이 적다.

방법 4

'와인 바'라고 부르며 와인을 2병까지 넣을 수 있는 전문가용 기기에 투자해보는 건 어떨까. 이 기기는 병 안에 남아 있는 공기를 제거하고 화이트 와인인가, 레드 와인인가에 따라 와인을 적정한 온도로 유지한다. 하지만 이러한 기기는 비싸고(300유로 이상) 부피가 커서 거추장스럽고 표준 형태의 와인만 넣을 수 있다.

스위트 와인이나 뱅 두 나튀렐

마개로 닫아 찬 곳에 두면 한 달까지 보관이 가능하다. 와인이 절반 이하로 남았다면 작은 병에 옮겨 담거나 펌프로 병 안의 공기를 빼낸 뒤 보관한다.

팁 하나!

화이트 와인이나 로제 와인의 유리 마개를 버리지 말고 모아두면 오픈한 와인을 다시 닫을 때 유용하다. 상태가 좋지 않은 코르크 마개와 달리 와인을 변질시키지 않는 실리콘으로 몸통이 만들어진 만능 마개를 구입해도 좋다. 이 마개는 합성 마개와 달리 쉽게 병 안으로 들어간다.

기타 방법 : 와인을 오픈하지 않고 마신다고?

가능하다!

무척 편리하고 가히 혁신적이라고 할 수 있는 코라뱅(Coravin®)은 가는 바늘이 달린 피스톨 덕분에 와인 마개를 빼지 않고 병 안의 와인을 추출할 수 있게 해준다.

먼저 손잡이를 누르면 바늘이 코르크를 관통한다. 원하는 양의 와인을 잔에 따르면 펌핑된 와인은 불활성 기체로 대체된다. 바늘을 뽑으면 탄성이 있는 코르크는 원상태로 돌아가 와인을 지속적으로 보호한다. 가격이 200유로부터 시작하는 이 도구를 사용하면 수개월 혹은 여러 해 동안 여러 번에 걸쳐 1병의 와인을 즐길 수 있다.

식당에서

다 마시지 못한 와인을 그냥 두고 와야 한다면 얼마나 속이 상할까. 구두쇠나 알코올 중독자로 보이는 것을 두려워하지 말자. 병을 막을 수 있는 마개를 부탁해서 받아 막은 후 집으로 들고 오자. 그 와인은 당신 것이다.

프랑스에서는 2013년부터 법적으로 가능해졌다. 또한 음주운전과 술 낭비를 막는 차원에서 식당에서도 '와인 백'을 제공하도록 권장하고 있다. 가져온 와인은 냉장고에 넣어두었다가 다음 날 마시자.

와인 테이스팅의 기초

눈이 보는 것

눈으로 관찰하고, 코로 냄새를 맡고, 마시기 : 와인의 스타일과 복합성, 재미, 숙성과 변화 가능성을 알아내기 위한 세 단계다.

무엇을 보아야 할까?

잠재적 결함

투명하지 않거나 반짝임이 없다면 일단 의심해볼 수 있다. 내추럴 와인처럼 라벨에 필터링을 거치지 않았다고 표시된 와인이 아닌 이상 뿌연 와인은 양조 과정에 결함이 있었음을 나타내는 신호다.

주의할 것!

이러한 관찰 단계에서는 예상만 가능할 뿐이다. 다음 단계에서 이 예상을 확고히 하거나 깨게 된다.

기포(약발포성 와인)

거품의 질과 기포의 빠르기, 섬세함이 와인의 품질을 결정하는 것은 아니지만 양조 방식을 설명해줄 수 있다. 큰 기포는 와인이 빠른 프리즈 드 무스와 샤르마 방식에 따른 발효를 거쳤음을 가리킨다. 즉 와인이 널판장에서 오랫동안 느리게 숙성되었음을 가리키는 것이다.

포도 품종에 대한 단서

초록색 광택이 도는 밝은 노란색은 소비뇽 블랑이나 그뤼너 벨트리너에 해당한다. 아주 짙은 보랏빛 붉은색은 피노 누아보다는 말벡이나 타나를 가리킨다.

양조에 대한 단서

예를 들어 거무스름한 색은 타우니 포트 와인을 가리킨다.

와인의 나이에 대한 단서

구릿빛이 도는 노란색은 오래된 샤르도네나 소테른을 떠올리게 한다. 레드 와인의 주홍색이나 기와색 톤은 변화가 현재 진행 중이거나 이미 진행되었음을 가리킨다.

점도

점도로 와인의 품질을 예측할 수는 없지만 알코올이나 당이 풍부한 와인인지 아닌지 알 수 있다.

방법

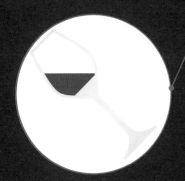

① 잔을 자연광 아래, 하얀 바탕(종이나 벽) 앞에서 45도 기울여 색과 농도, 광택을 관찰한다.

② 잔 속의 와인을 돌린 후 유리잔 벽면에 남겨진 얇은 막을 관찰한다. 이것을 와인의 '눈물' 혹은 '다리'라고 한다.

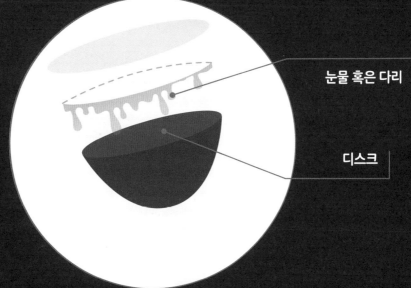

눈물 혹은 다리

디스크

색 견본

레드 와인

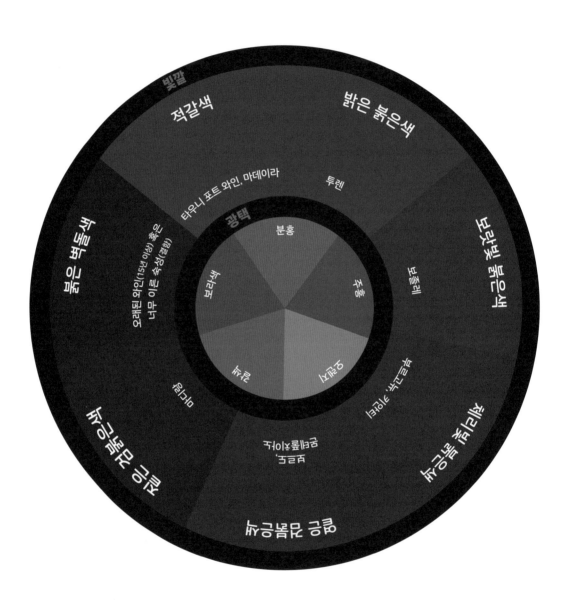

빛깔

적갈색

밝은 붉은색

붉은 벽돌색

타우니 포트 와인, 마데이라

투렌

보랏빛 붉은색

오래된 와인(15년 이상) 혹은 너무 이른 숙성(결함)

광택

분홍

석류

오렌지

보라

보라색

자주

연보라, 붉은보라 자주

밝은 자주

진홍빛 붉은색

미르뜨

자줏빛

보졸레 누보, 부르고뉴

검은 자줏빛

깊은 자줏빛

화이트 와인

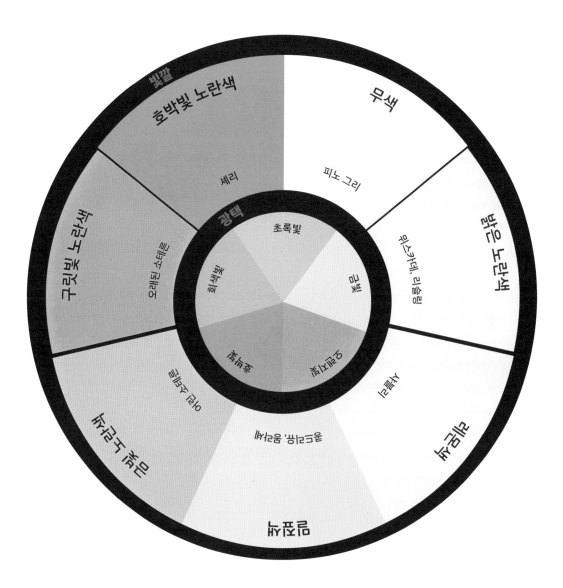

빛깔

호박빛 노란색

무색

세리

피노 그리

구릿빛 노란색

밝은 노란색

오래된 소테른

스파클링 샤르도네

광택

초록빛

회색빛

윤기

황금빛

진흙탕물

오드비뇽 블랑

밝은 노란색

이르부아 주페리리

윤기르금, 물어리다

알자스 게뷔르츠

진한 구릿빛

비오니에

금빛나는

리슬링

코가 느끼는 것

무엇을 느껴야 할까?

아로마 부케의 복합성과 풍부함

단순한 와인에서는 3가지 주요 구성요소를 탐지하지만 좀 더 공을 들인 와인에서는 10여 개의 구성요소를 탐지할 수 있다. 감지되는 구성요소 외에도 아로마 사이의 조화를 고려해야 한다. 와인의 아로마를 머릿속에서 분석하기 힘들수록 아로마는 복합적으로 느껴지고 그래서 더욱 흥미를 이끌어낸다.

한(혹은 여러) 품종 특유의 아로마

1차 아로마라고 한다. 양조로 표현되는 품종 특유의 아로마다.
▶ 예 : 소비뇽 블랑의 구스베리와 신선한 허브 노트

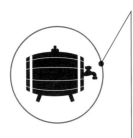

양조 방식에 의한 아로마

2차 아로마라고 한다. 효모와 박테리아의 작용이 결정적 역할을 한다.
▶ 예 : 젖산 발효(단단한 말산을 좀 더 부드러운 젖산으로 변화시키는 박테리아 작용)로 생긴 신선한 버터 노트

나무통 숙성과 병 숙성에 의한 아로마

3차 아로마라고 한다.
▶ 예 : 침전물 제거 전 10년간 쉬르 리 숙성시킨 샴페인

첫 번째 맡기

와인을 따르자마자 잔을 돌리기 전에 가장 빨리 사라지는 일시적인 아로마를 맡을 수 있다.

두 번째 맡기

(와인을 잔 속에서 돌려) 에어링을 한 후 긴 들숨으로 더 많은 아로마를 느낄 수 있다.

세 번째 맡기

15분 후(와인을 다 마시지 않았다면) 당신의 와인은 실내의 온기와 산화로 인해 변해 있을 것이다. 잔 속에 있는 와인은 시간이 지남에 따라 변한다. 이러한 변화를 온전히 누리려면 조금은 인내심을 가지고 마시는 것도 좋다.

주의할 것!

 테이스팅할 때 주의해야 할 점이 있다. 테이스팅 직전에는 감각을 방해할 수 있는 향수, 담배, 커피는 피하는 것이 좋다.

아로마 휠

레드 와인

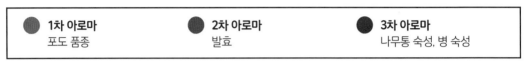

- ● 1차 아로마
  포도 품종
- ● 2차 아로마
  발효
- ● 3차 아로마
  나무통 숙성, 병 숙성

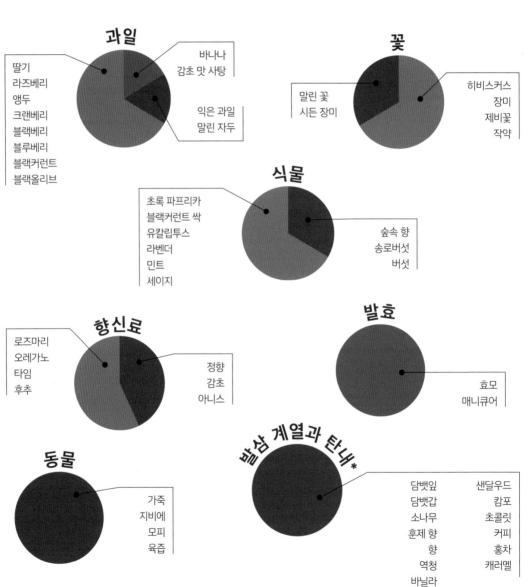

과일

딸기
라즈베리
앵두
크랜베리
블랙베리
블루베리
블랙커런트
블랙올리브

바나나
감초 맛 사탕

익은 과일
말린 자두

꽃

말린 꽃
시든 장미

히비스커스
장미
제비꽃
작약

식물

초록 파프리카
블랙커런트 싹
유칼립투스
라벤더
민트
세이지

숲속 향
송로버섯
버섯

향신료

로즈마리
오레가노
타임
후추

정향
감초
아니스

발효

효모
매니큐어

동물

가죽
지비에
모피
육즙

불쾌 계열과 탄내*

담뱃잎
담뱃갑
소나무
훈제 향
향
역청
바닐라

샌달우드
캄포
초콜릿
커피
홍차
캐러멜

화이트 와인

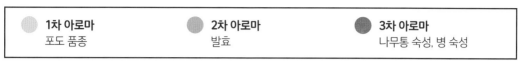

- 1차 아로마 — 포도 품종
- 2차 아로마 — 발효
- 3차 아로마 — 나무통 숙성, 병 숙성

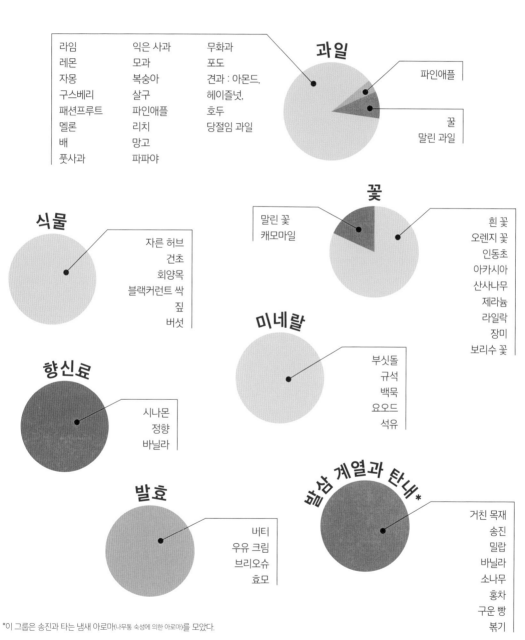

과일

라임 익은 사과 무화과
레몬 모과 포도
자몽 복숭아 견과 : 아몬드,
구스베리 살구 헤이즐넛,
패션프루트 파인애플 호두
멜론 리치 당절임 과일
배 망고
풋사과 파파야

파인애플

꿀
말린 과일

식물

자른 허브
건초
회양목
블랙커런트 싹
짚
버섯

꽃

말린 꽃
캐모마일

흰 꽃
오렌지 꽃
인동초
아카시아
산사나무
제라늄
라일락
장미
보리수 꽃

미네랄

부싯돌
규석
백묵
요오드
석유

향신료

시나몬
정향
바닐라

발효

버터
우유 크림
브리오슈
효모

불 탄 계열과 탄내*

거친 목재
송진
밀랍
바닐라
소나무
홍차
구운 빵
볶기

*이 그룹은 송진과 타는 냄새 아로마(나무통 숙성에 의한 아로마)를 모았다.

입이 느끼고 맛보는 것

무엇을 맛봐야 할까?

프로파일, 텍스처, 보디

당신의 와인은 칼날처럼 가늘고 곧은가(리슬링) 아니면 그랑 포므롤처럼 풍부하고 부드러운가?

어떻게 맛볼까?

와인의 보디는 감촉과 풍미로 정의된다.

- 알코올(입 안이 뜨거워지게 한다.)
- 타닌(점막을 마르게 한다.)
- 부드러움(입 안 전체를 덮는다.)
- 산미(침이 고이게 한다.)
- 당(단맛)
- 쓴맛

입 안에서 느껴지는 균형감

균형감이 느껴진다는 것은 와인의 품질이 좋다는 신호. 화이트 와인은 산미와 (부드러운 촉감을 일으키는) 알코올의 균형, 레드 와인은 산미와 알코올, 타닌의 균형이 좋아야 한다.

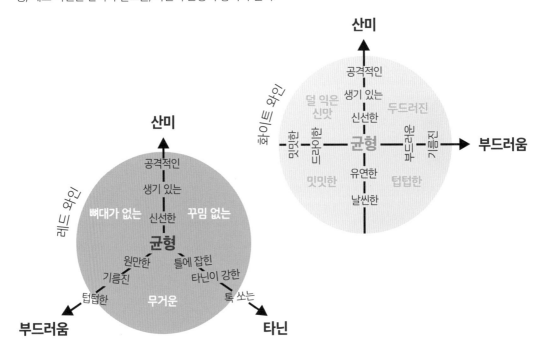

264

처음 몇 초간 입 안에서 느껴지는 변화

와인은 빨리 올라올까? 느리게 올라올까? 시작(강렬 혹은 밋밋한)과 입 중간에서의 전개, 마지막까지의 매무새를 분석해 보자.

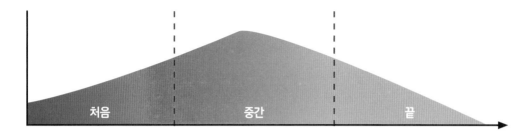

입 안에서의 피니시

입 안에 아로마가 오래 남을수록, 유쾌할수록 품질이 좋은 와인이다. 아로마의 수준을 평가하기에 충분하지는 않더 라도 다른 타입의 와인보다 더 표현적인 타입의 와인이 있으니, 동등한 여러 와인 카테고리를 비교해보자.

와인을 삼킨 후 입 안에 있는 아로마의 표현 지속성은 코달리(1코달리=1초)로 측정된다. 일반적으로 와인은 3~9코달 리인데 20코달리를 넘기도 한다. 이를 페아이(PAI, Persistance aromatique intense, 강한 아로마 지속성)라고 한다.

풍미

일단 와인을 입에 머금으면 풍미가 코에서 느끼는 아로마와 일치하는지 알 수 있다.

와인의 변화 가능성

당신이 방금 맛을 본 와인은 어린 와인인가? 절정기의 와인인가? 그 상태로 오래 지속될 수 있는가? 쇠퇴기에 있는 가? 혹은 이미 죽었는가?

주의할 것!

 테이스팅할 와인이 여러 병 있다면 맛본 와인을 삼키지 말고 뱉자.

테이스팅 노트의 예

와인 이름 ....

와인메이커 ....

원산지 통제 명칭 ....

빈티지 ....

포도 품종 ....

가격 ....

테이스팅 날짜 ....

외관

투명도 : 투명 – 흐림 – 탁함(결함?)

광채 : 맑고 투명함 – 반짝임 – 생기 없음(결함?) ....

색의 강도 : 연함 – 진함 – 아주 진함

색 : (258~259쪽 '색 견본' 참조) ....

점도(눈물 혹은 다리) : 잘 흐름 – 짙음 – 농후함

기포 : 약한 기포 – 강한 기포

침전물 유무 : ....

후각

첫 번째 맡기 : 결함 – 중립적 – 순수함 – 유쾌함

아로마의 강도 : 은근함 – 향기로움 – 표현적임 – 폭발적임

복합미 : 단순 – 풍부 – 무척 복합적

아로마 : (262~263쪽 '아로마 휠' 참조)

....

....

....

....

열린 정도 : 닫힘 – 열리는 중 – 완전히 열림

처음 : 유연함 – 분명함 – 생기 있음

중간 :

- 단맛 : 드라이 – 부드러움 – 무알뢰 – 리쿼뢰 – 텁텁함

- 산미 : 밋밋함 – 신선함 – 생기 있음 – 신경질적 – 공격적 – 덜 익은 신맛

- 타닌(레드 와인) : 가벼움 – 유연함 – 틀이 잡힘 – 톡 쏘는 느낌 – 거칢

- 알코올 : 가벼움 – 중간 – 적당히 따뜻함 – 따뜻함 – 후끈거림

전체적인 균형

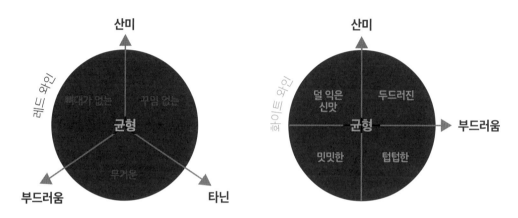

아로마의 강도 : 은근함 – 향기로움 – 표현적임 – 폭발적임

아로마 : (262~263쪽 '아로마 휠' 참조)

....

....

....

....

피니시 : 아주 짧은 피니시 – 짧은 피니시 – 중간 피니시 – 긴 피니시 – 아주 긴 피니시

결론

와인의 품질 : 형편없음 – 부족함 – 적당함 – 좋음 – 아주 좋음 – 뛰어남

변화 잠재력 : 아직 너무 어림 – 마실 준비는 되었지만 좀 더 기다려야 함 – 완벽한 숙성, 지금 당장 마셔야 함 – 너무 오래됨

와인의 결함

코르크 오염

와인에서 종이 썩는 냄새가 난다. 코르크 안의 TCA 분자에 의해 코르크가 오염되어 발생하는 냄새다.(코르크를 처리하는 과정 중에 생긴 결함)

▶ 에어링을 해도 냄새가 가시지 않는다. 한 마디로 마실 수 없는 와인이다. 소믈리에에게 돌려보내든지 마개를 다시 닫은 후 와인을 구입한 매장에 가서 교환한다.

산화

와인에서 너무 농익은 사과, 호두주 냄새가 나고 쓴맛이 나며 레드 와인의 경우 입 안을 한층 마르게 한다. 양조와 숙성을 하는 과정에서 산소에 과도하게 노출되어 생기는 현상이다. 뱅 존이나 셰리처럼 이러한 산화를 이용해 양조하는 와인도 있다.

▶ 산화는 바로잡을 수 없다. 지나치게 산화된 와인에서는 불쾌한 향이 난다.

리덕션

썩은 달걀, 양배추, 삶은 마늘 냄새가 난다. 양조와 숙성 과정에서 산소에 노출되지 않아서 생기는 현상이다.

▶ 일반적으로 카라프를 이용해 몇 시간 동안 에어링하면 와인을 '살릴 수' 있다.

원치 않는 기포

스틸 와인을 오픈하는데 작은 기포가 올라온다. 미세 발포성 와인이라고 하는데 가벼운 발효가 다시 일어난 것이다. 종종 안정화시키지 않은 내추럴 와인에서 발생한다.

▶ 디켄팅 1시간이면 잔존하는 기포를 없애기에 충분하다.

아세트산

아세트산 박테리아로 인해 와인에서 식초 냄새 혹은 매니큐어 리무버 냄새가 난다.

▶ 에어링을 해도 냄새가 가시지 않는다. 한 마디로 마실 수 없는 와인이다.

마데라이즈 된 와인

와인에서 캐러멜, 역한 버터, 시든 양파, 과일 냄새가 나고 종종 밤색 톤의 멀건 색을 띠기도 한다. 햇볕에 과도하게 노출되거나 저장고의 온도가 너무 높은 등 잘못 저장해서 발생한 결함이다.

▶ 에어링을 해도 냄새가 가시지 않는다. 한 마디로 마실 수 없는 와인이다.

친구들과 함께하는 테이스팅 연습

테이스팅의 목적은 코와 입 안의 돌기, 기억이 일하게 하는 것이지만 이 모든 것은 결국 즐거움을 위한 것이다. 와인 테이스팅의 기회를 당신의 느낌과 감각, 분석을 친구들과 함께 주고받는 공유의 시간으로 만들어보자. 하나의 주제를 정해 테이스팅을 하면 더욱 재미있고 와인을 배우기에도 좋다. 품종, 지역, 빈티지 등 와인의 세계는 엄청나게 광대하기 때문에 와인 맛보기에는 훈련이 필요하다.

수평적 테이스팅

원칙

(같은 해에 개봉한 영화만 보듯이) 동일한 빈티지의 여러 와인을 선택한다. 이렇게 선택한 와인은 모두 같은 기후의 영향을 받았고 나이도 같다.

분석 범위를 좁히기 위해 같은 지방 혹은 같은 원산지 명칭, 같은 포도 품종의 와인을 테이스팅하자.

목적 : 와인메이커들의 서로 다른 스타일을 평가한다.

수직적 테이스팅

원칙

서로 다른 빈티지의 와인을 선택한다. 각각의 와인은 서로 다른 일조량과 함께 서로 다른 기후를 겪었다. 이 원칙은 단 하나의 도멘의 같은 퀴베, 같은 원산지 명칭 와인에 적용된다.

목적 : 기후가 와인의 맛과 시간에 따른 변화에 미치는 영향을 평가한다.
어떤 순서로 테이스팅할까? 원칙적으로 가장 어린 와인부터 가장 오래된 와인 순서로 시간을 거슬러 올라가면서 테이스팅한다.

같은 포도 품종 비교

원칙

품종은 같지만 지방과 원산지 명칭, 국가가 서로 다른 와인을 선택한다. 즉 달라지는 것은 양조 방식의 선택과 테루아의 타입이다.

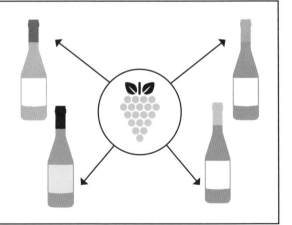

목적 : 테루아에 따른 한 품종의 스타일과 표현력을 이해한다.

블라인드 테이스팅

원칙

라벨과 병의 형태가 판단에 영향을 미치기 때문에 테이스팅할 와인을 숨긴다. 손님으로 온 친구들에게 코와 입의 느낌을 적고 지방과 빈티지 포도 품종을 맞춰보라고 한다. 보드게임보다 훨씬 재미있을 것이다.

와인 병은 종이나 전문가들이 '양말'이라고 부르는 것으로 가릴 수 있다. 이 '양말'은 일반 양말과 달리 병목이 보일 수 있게 끝이 뚫려 있다.

목적 : 블라인드 테이스팅이야말로 선입관 없이 잔 속에 담긴 것에만 집중할 수 있는 유일한 방법이다. 이상적으로 말하자면, 모든 테이스팅을 블라인드로 진행할 필요가 있다.

팁 하나!

집과 가까운 곳에 와인 전문 매장이 있다면 오너에게 당신의 테이스팅 프로젝트를 설명해보자. 테이스팅 연습을 더욱 재미있게 만들어줄 와인을 선택하는 데 도움을 줄 것이다(그리고 테이스팅 후 당신의 느낌을 말해주면 정말 좋아할 것이다!).

와인과 건강

모든 국가가 알코올의 생산과 판매, 소비를 규제하지만 제한하는 정도는 각각 다르다. 프랑스는 중간 단계에 속한다.

프랑스의 알코올 관련 법규

술 관련 홍보가 제한된다

- TV 광고와 영화관, 청소년 간행물 광고는 금지되었다. 벽보와 간행물, 팸플릿 광고에는 '지나친 음주는 건강에 해롭습니다.'라는 보건 문구가 반드시 포함되어야 한다. 음주를 부추긴다고 판단되는 시각 정보도 금지된다.

- 청소년 대상 사이트와 스포츠 전문 사이트를 제외한 온라인 술 광고는 법적으로 허용된다.

판매가 규제된다

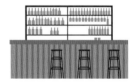

- 바와 식당, 상점, 공공장소에서 18세 미만에게 술을 파는 것이 금지되었다. 판매자에게 자신이 성인이라는 것을 증명해야 한다.

- 자판기 술 판매는 금지되었다.

- 카페 겸 바, 식당과 같은 소매 업장은 면허3이 있어야만 알코올 도수 18%까지의 술을 팔 수 있다. 스피릿을 팔려면 면허4가 있어야 한다.
- 술을 파는 소매점의 숫자가 제한된다. 같은 지방 안에서는 권리를 양도할 수 있다.

알고 있었나요?

스웨덴의 경우 술 판매를 국가가 독점하고 있다. 즉 알코올 도수 3.5%를 넘는 술의 판매는 국가가 관리한다.

와인 병의 라벨은 음주가 임산부 여성에게 미치는 위험성을 경고해야만 한다.

음주운전은 처벌받는다.
술이 교통사고의 주범이라는 것이 확실히 밝혀졌기 때문에 음주운전 근절은 국가적 당면 과제다.

혈중 알코올 농도란 무엇인가?

혈중 알코올 농도는 혈액 1L에 든 알코올의 양을 의미한다. 한꺼번에 마셨는가, 그렇지 않은가에 따라 다르고, 술을 마신 후 30분~1시간 후 최고치에 이른다. 몸이 간을 통해 알코올을 제거하는 동안 혈중 알코올 농도는 1시간에 0.10g에서 0.15g씩 느리게 떨어진다.

혈중 알코올 농도는 여러 요소에 따라 달라진다

 체중
가벼울수록 알코올에 크게 영향받는다.

 성별
여성이 남성보다 알코올에 민감하다.

 소비 시간
짧은 시간에 많은 알코올을 처리하지 못한다.

 식사
음식물을 섭취하면서 술을 마시면 알코올이 혈액으로 가는 속도가 느려진다.

 건강 상태와 피로도

와인 1잔에는 알코올이 얼마나 들어 있을까?

알코올 100cL=알코올 800g이며 알코올 도수 13%는 100cL의 액체가 13g의 알코올을 포함하고 있음을 뜻한다.

주의할 것!

공식 기준은 12%의 알코올을 함유한 와인을 담은 10cL 잔을 기준으로 계산되었다. 이러한 계산은 현실성이 떨어지는데, 알코올 12% 와인은 거의 없고 대부분의 식당과 바에서는 12.5cL 혹은 더 많은 와인을 스탠더드 잔에 담아 서빙하기 때문이다.

알코올 도수에 따라 매우 다양한 부피의 술이 동등한 양의 알코올을 담을 수 있다.

13도의 와인 12.5cL 1잔
= 알코올 13g

12.5도의 샴페인 12.5cL 1잔
= 알코올 12.5g

20도의 포트 와인 6cL 1잔
= 알코올 9.6g

45도의 파스티스(물에 희석시켜 마시는 아니스 향의 프랑스 식전주-옮긴이) 3cL 1잔

= 알코올 10.8g(물을 많이 넣는다고 달라지지는 않는다.)

6도의 맥주 25cL 1잔
= 알코올 12g

40도의 위스키 4cL 1잔
= 알코올 12.8g

18도의 리큐르 6cL 1잔
= 알코올 8.6g

혈중 알코올 농도 측정하기

체중과 함께 여성은 0.6, 남성은 0.7로 결정된 확산율에 따라 다르다.

$$혈중 \ 알코올 \ 농도 = \frac{마신 \ 알코올의 \ 중량(g)}{체중(kg) \times 확산율}$$

체중 55kg의 여성이 13도 와인을 2잔 마시면 혈중 알코올 농도는 26 ÷ (55kg×0.6) = 혈액 1L당 알코올 0.79g이 된다.

체중 80kg의 남성이 13도 와인을 2잔 마시면 혈중 알코올 농도는 0.46g이지만, 3잔을 마시면 0.70g이 된다.

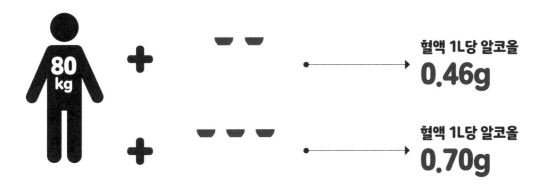

와인 센스

이러한 계산은 강력하게 절제해 잔을 채우고 마셔야 한다는 사실을 잘 보여준다. 물론 운전을 해야 한다면 당연히 금주해야 한다.

와인의 해로운 영향

와인은 85%가 물로 이루어졌음에도 불구하고 많은 양의 알코올을 함유하고 있다.

- 움직임이 잘 연결되지 않고 반응이 느려지며 지각이 현저히 떨어져 특히 일을 하거나 운전을 할 때 사고의 위험이 높아진다.

- 공격적이고 폭력적인 행동을 유발한다.

- 졸음이 오거나 반대로 억제가 풀려 경솔하게 위험을 무릅쓰려고까지 한다.

- 소화기관이나 호흡기관의 암과 경변, 정신 장애 등 질병의 위험을 높인다.

와인 센스

와인은 하나의 기쁨이어야 한다. 만약 와인 자체가 욕구가 된다면 당신은 중독될 것이다. 알코올 의존을 측정하기 위해 세계보건기구(WHO)는 누구나 접근 가능한 자가진단 설문지 AUDIT를 개발했다.

프렌치 패러독스

1992년 세르주 르노 박사에 의해 프렌치 패러독스가 대두되었다. 르노 박사는 흡연과 콜레스테롤 과다, 고혈압과 관련된 동일한 위험 요소의 영향을 받고 있음에도 불구하고 적당히 와인을 마시는 프랑스인들이 다른 유럽인들에 비해 심혈관 질환으로 사망하는 경우가 적다는 사실을 발견했다.

레드 와인에 함유된 폴리페놀의 항산화 작용으로 건강에 이롭다고 확인된 것이다. 물론 어느 정도까지는 말이다. WHO는 여성의 경우 하루에 와인 2잔, 남성은 3잔까지 허용하고 있다.

주의할 것!
일정함의 개념이 무척 중요하다. 1주일 할당량인 14잔 혹은 21잔을 한 번 혹은 두 번에 몰아서 마시면 어떤 이로운 효과도 기대할 수 없다.

프랑스에서 공중보건 전문가는 1주일에 이틀은 술을 마시지 않을 것을 권장하고 있다.

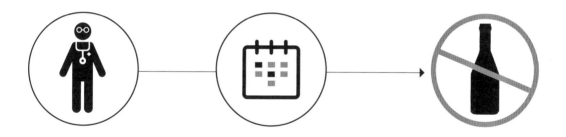

제**7**장

와인과 음식 페어링

성공적인 페어링이란 와인과 요리가 짝을 이루어 서로의 가치를 더욱 높여주는 페어링이다. 와인과 요리 페어링을 고안하는 일은 와인과 요리를 잘 알고 있어서 행복한 결합을 성공시킬 수 있는 소믈리에의 몫이다. 하지만 소믈리에 자격증을 따지 않더라도 간단한 원칙만 지키면 입이 행복한 아름다운 페어링을 할 수 있다.

항상 균등할 것

요리와 와인은 둘 다 자기표현을 할 수 있도록 같은 힘을 가져야 한다. 지나치게 강한 와인은 가벼운 요리를 불완전하게 만든다. 반면 강한 요리는 가벼운 와인을 하찮게 만들어버린다. 얼큰한 칠리 콘 카르네에 우아한 고급 부르고뉴 와인을 마시는 것을 상상하면 쉽게 납득할 수 있는 상식적인 원칙이다.

텍스처를 고려한다

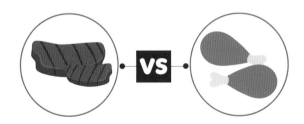

요리가 부드러운가, 힘줄이 많은가, 기름진가, 크리미한가, 살살 녹는가, 건조한가에 따라 같은 와인도 맛이 달라진다. 맛 이외에도 페어링은 두 텍스처의 만남을 이상적으로 만들어준다. 단백질의 원천인 어느 정도 지방이 있는 고기는 타닌이 강한 와인과 잘 어울린다. 반면 크림소스를 곁들인 요리는 기름지지만 무겁지는 않은 와인이 어울린다. 힘줄이 많은 텍스처는 유연한 와인과 함께할 때 편한 느낌이 든다.

맥락을 찾아라

지역의 일치

크로탱 드 샤비뇰 치즈(염소젖으로 만든 상세르 지방의 치즈-옮긴이)는 상세르와, 카술레(랑그도크 지방 특유의 스튜 요리-옮긴이)는 카오르와, 뵈프 부르기뇽은 부르고뉴 레드 와인과, 브리오슈 소시지는 보졸레와, 슈크루트(프랑스 알자스에서 즐겨 먹는 식초에 절여 발효시킨 양배추 요리-옮긴이)는 리슬링과 잘 어울린다. 하지만 예외 없는 원칙은 아니다. 예를 들어 콩테 치즈 수플레는 루아르의 화이트 와인과 잘 어울린다.

아로마의 일치

론 밸리 레드 와인의 감초와 후추, 가리그 노트는 올리브와 타임을 곁들인 오리 요리의 향과 잘 어울린다. 그렇다고 해서 레몬향이 두드러지는 와인이라고 레몬을 베이스로 한 요리와 함께 내야 하는 건 아니다. 이런 경우 와인은 레몬의 산미를 부드럽게 감쌀 수 있는 향기로운 와인이어야 한다. 예를 들어 라임 세비체는 소비뇽과 잘 어울린다.

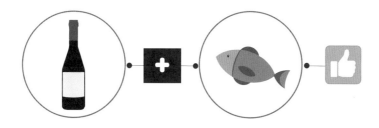

전통을 넘어선다

화이트 와인만 생선과 어울리는 것은 아니며, 마찬가지로 레드 와인만 고기와 어울리는 것도 아니다. 로제 와인은 우리가 상상할 수 있는 가능한 모든 요리와 짝지을 수 있는 와인이 아니다. 리쿼뢰 와인은 푸아그라와 페어링할 수 있는 유일한 와인이 아니다. 샴페인은 디저트를 위한 유일한 해결 방법이 아니다. 음식과 와인의 페어링은 엄격한 원칙에 의해 좌지우지되는 연습과는 거리가 먼 자유와 실험의 공간이다.

주의할 것!

 음식을 최고로 만들기 위해 와인에 의지하지 말고, 와인을 향상시키기 위해 요리에 의존하지 말자.

상황과 배경을 고려한다

친구들과 함께하는 식사, 단둘이 하는 식사, 시부모(장인, 장모)와 함께하는 식사, 가족 파티를 위해 요리를 선택해야 할 뿐만 아니라 가격대를 비롯해 요리와 함께 몇 병의 와인을 낼지 잘 생각해야 한다.

이런 함정은 피하자

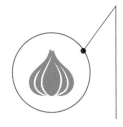

과도한 마늘

로제 와인이나 강하고 드라이한 화이트 와인(케란, 뤼베롱, 랑그도크, 코트 드 프로방스, 파트리모니오)은 쉽게 마늘에 맞설 수 있지만 이 역시 지나치면 안 된다. 어떠한 와인도 미각을 공격하는 마늘 향이 지나치게 강한 맛을 견뎌낼 수 없다.

과도한 향신료와 고추

매운맛으로 미각에 불이 붙으면 더 이상 아무것도 느낄 수 없다. 농축되고 강한 와인을 선택한다 하더라도 턱없이 부족하다.

과도한 식초

식초야말로 모든 와인메이커가 자신의 와인을 위해 피하고 싶어 하는 식재료다. 식초가 과도하게 들어간 요리는 어떤 와인이든 전멸시킨다. 특히 구조가 식초의 산도를 견디지 못하는 레드 와인은 산산이 깨진다.

3C 원칙

페어링을 구축하는 방법 3가지

서로 다른 3가지 방법으로 페어링을 구축할 수 있다.

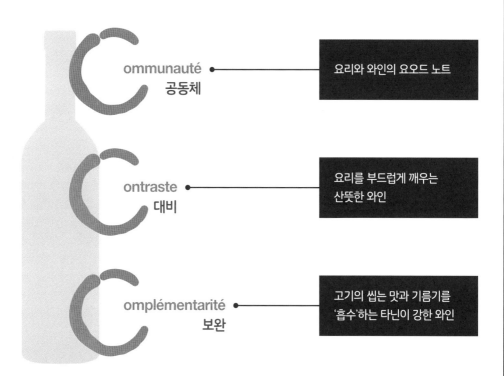

Communauté
공동체

요리와 와인의 요오드 노트

Contraste
대비

요리를 부드럽게 깨우는
산뜻한 와인

Complémentarité
보완

고기의 씹는 맛과 기름기를
'흡수'하는 타닌이 강한 와인

적절한 순서로 서빙하기

생각해볼 질문들

레드 와인 다음 화이트 와인은 안 된다?

품질이 좋은 와인이라면 교차해 마시는 것은 전혀 문제가 되지 않는다. 불쾌감을 일으키는 것은 부피다. 미슐랭 레스토랑은 각각의 요리에 여러 종류의 와인을 교차시켜 서로 다른 와인과 페어링한 코스요리를 선보인다. 잔에 적은 양을 따르고 타입이 다른 와인과 와인 사이에 물을 마셔주면 쉽게 교차시켜 마실 수 있다.

오래된 와인 전에 어린 와인을 마신다?

원칙적으로는 그렇지만 와인의 힘을 고려해야 한다. 오리 테린과 함께 마시는 어린 마디랑 와인은 로스트 비프와 마시는 오래된 보르도를 압도할 것이다. 이런 경우 가장 오래된 와인을 먼저 오픈하는 것이 좋다.

가장 강한 와인 전에 가벼운 와인을 마신다?

논리적으로 보이지만 성공하는 경우가 거의 없는 강한 와인과 치즈의 조합에 빠지지 않도록 조심해야 한다. 아페리티프와 메인요리에 특히 유효한 원칙이다.

가장 좋은 와인은 마지막에 마신다?

그렇다. 뒤따라오는 와인이 이전 와인을 그리워하게 만들면 안 되기 때문이다. 마지막 와인은 적어도 같은 수준이거나 한 단계 높은 와인이어야 한다.

앙트레부터 리쿼뢰 와인을 마신다?

푸아그라에 대한 반사적 반응이다. 하지만 이런 경우 미각을 무겁게 할 위험이 있다. 필연적으로 더 가벼울 수밖에 없는 그다음 와인을 충분히 즐기기 힘들다. 그렇다면 메인요리까지 함께할 수 있는 풍부하고 섬세한 화이트 와인이나 복합성이 뛰어나고 우아한 레드 와인은 어떨까?

몇 병의 서로 다른 와인을 서빙할까?

간단한 식사는 1병으로 충분하다.
식사 전체를 이 와인과 함께한다.

손님을 초대한 식사와 좀 더
정확한 페어링, 즉 좀 더 미식가적인
페어링에는 2병이 완벽하다.

3병은 1병에서 다른 1병으로 넘어갈 때의 변화를 감지하고
두드러지게 하는 데 좋다. 그 이상은 전문가의 일이다.

팁 하나!

와인 병 수가 늘어나는 것을 원치 않으면 아페리티프와 앙트레 혹은 치즈와 디저트에 같은 와인을 내거나 하나의 와인을 위주로 식사를 구성한다. 다양한 와인을 내고 싶다면 새로운 와인을 오픈하기 전에 이전 와인을 다 끝낼 필요는 없다. 오픈한 와인도 마개로 잘 막아 찬 곳에 두면 2~3일은 보관할 수 있다(253쪽 '오픈한 와인 보관하기' 참조).

굴 + 뮈스카데

리슬링, 샤블리, 부르고뉴 알리고테, 상세르, 보르도 화이트 와인과도 페어링을 시도해보자.

생선이나 해산물 + 나무 향이 없는 드라이 화이트 와인

와인의 산뜻함이 섬세한 생선살과 잘 어울린다. 와인에 레몬, 염분, 요오드 노트가 있다면 더욱 좋다. 과일 향이 나고 산뜻한 같은 프로파일의 레드 와인을 제안할 수도 있다. 예를 들어 베이컨과 함께 익힌 아귀에 알자스 피노 누아, 참치와 같이 맛이 두드러지는 생선 요리에는 베르주라크를 페어링할 수 있다.

닭고기 + 폭넓고 기름진 화이트 와인

가금류의 섬세하고 얇은 살은 품종의 특성과 나무통 발효 덕분에 벨벳처럼 부드러운 텍스처를 가지고 있는 화이트 와인을 만나 더욱 뛰어난 맛이 된다. 동시에 섬세한 산미가 조금 뻑뻑한 닭고기 살과 대조를 이룬다.

소고기, 송아지고기 혹은 오리 가슴살 + 타닌이 강한 와인

타닌 덕분에 구조가 잘 잡힌 와인은 고기의 지방, 단백질과 페어링할 수 있다. 와인만 마실 때 단단하게 느껴지던 타닌은 고기를 씹는 맛에 흡수된다.

뭉근히 조린 고기 + 보졸레

과일 향이 나면서 타닌이 아주 적은 보졸레 와인, 더 넓게는 가메 품종으로 만든 와인은 설탕에 절인 듯한 고기의 아로마에 생기를 불어넣고 힘줄이 많은 동시에 살살 녹는 텍스처를 부드럽게 감싸준다.

채소를 베이스로 한 요리 + 과일 향이 나는 산뜻한 화이트 와인이나 로제 와인

채소의 산미와 조화시키기에는 드라이 화이트 와인, 로제 와인, 나아가 단맛과 과일 향, 산미가 균형을 이루는 레드 와인이 완벽하다. 타닌이 강한 와인은 단호히 배제하자.

감귤류 디저트 + 무알뢰 혹은 리쿼뢰

감귤류의 신선함이 무알뢰와 리쿼뢰의 당을 진정시킨다. 이 와인에는 대체로 감귤류와 잘 어울리는 설탕에 절인 감귤류와 열대과일 노트가 있다.

초콜릿 디저트 + 뱅 두 나튀렐

모리, 바뉠스, 리브잘트, 라스토 같은 뱅 두 나튀렐은 풍부한 아로마와 벨벳 같은 텍스처 덕분에 초콜릿 디저트와 최고의 페어링을 이룬다.

과일 디저트 + 로제

와인에서도 디저트에서도 붉은 과일 노트와 섬세한 산미를 느낄 수 있다. 예를 들어 로제 샴페인은 달지 않은 딸기 디저트와 함께할 때 맛이 좋다.

실패한 페어링이란 요리와 와인이 각자의 길을 가는 페어링이다. 둘 사이에 아무것도 일어나지 않는다. 더 심각한 페어링은 와인이 음식 맛을 바꾸거나 음식이 와인의 맛을 변질시키는 페어링이다.

아주 묽은 수프나 요리 + 강한 레드 와인

묽은 농도가 알코올을 격화시킨다. 음식은 와인의 강렬함에 맞서기에는 너무 나약하다. 예를 들어 호박 수프에 메독 와인은 피한다.

해산물 + 레드 와인

해산물의 요오드와 염분이 강한 노트와 붉은 과일 아로마의 살집은 그야말로 불협화음 그 자체다. 와인의 타닌이 각이 져 있을 때는 더욱 그렇다. 바다 냄새 노트에는 상쾌한 느낌을 주는 와인이 필요하다.

그릴에 구운 붉은 고기 + 오래된 레드 와인

와인의 힘 잃은 아로마는 고기의 볶고, 그릴에 구운 노트, 캐러멜라이즈된 노트에 대적할 수 없다. 이처럼 오래된 와인은 7시간 익힌 넓적다리 고기, 허브에 뭉근히 익힌 양 어깨 고기, 뵈프 부르기뇽, 포피에트처럼 천천히 익혀 살살 녹듯이 부드러운 고기와 함께하자.

치즈 + 타닌이 강한 레드 와인

치즈의 우유와 산, 신선한 성질은 특히 카망베르나 브리와 같은 연성치즈의 이러한 성질은 타닌이 강한 와인과 어울리지 않는다. 카망베르와 보르도의 조합은 잊어라. 그보다는 섬세한 산미가 돋보이는 둥글고 과일 향이 나는 와인(보졸레, 루아르 레드 와인), 치즈에 따라서 산뜻한 드미 세크 화이트 와인 혹은 스파클링 와인을 선택하자. 버섯 노트가 있는 생 넥타르와 텍스처가 단단하고 원만한 맛(헤이즐넛, 캐러멜)이 있는 미몰레트는 예외다. 소테른과 로크포르, 샴페인과 파르메산, 콩테와 뱅 존 혹은 염소젖 치즈와 상세르를 페어링하자.

초콜릿 + 샴페인

샴페인의 우아함과 강한 맛을 가진 카카오의 대비는 너무 노골적이다. 산미와 기포가 초콜릿의 쓴맛을 강조할 뿐만 아니라 초콜릿은 샴페인의 기포가 공격적으로 느껴지게 만든다. 샴페인은 아몬드 디저트나 과일 디저트와 함께 마시거나 아페리티프로 즐기기에 좋다.

단맛이 강한 디저트 + 리쿼뢰 와인

당이 누적되어 둘 다 맛없게 만든다. 디저트든 와인이든 혹은 둘 모두에 산미가 있어야 한다. 단맛이 강한 디저트에는 오히려 물이나 소량의 오드비가 더 낫다. 코냑이나 아르마냑, 럼, 위스키는 디저트와 잘 어울린다.

성공적인 아페리티프 페어링

아페리티프의 순간, 지나치게 강한 알코올이나 너무 달콤한 와인은 그다지 훌륭한 친구가 되지 못한다. 이 둘은 식사를 시작하지도 않았는데 미각을 포화시키는 경향이 있다. 뒤따라오는 와인도 잘 구분되지 않을 것이다. 뒤따라오는 와인이 섬세한 고급 와인이라면 더욱 유감이다.

지금은 다음과 같은 와인을 오픈할 순간이다

스파클링 와인

스파클링 와인의 기포는 색다르고 가볍기 때문에 기분 좋은 분위기를 만들고 입 안에 생기를 불어넣는다.

스파클링 와인은 퓌유테, 슬라이스한 파르메산 치즈, 장봉 크뤼, 해산물 부쉐, 게, 채소와 잘 어울린다.

▶ 샹파뉴 블랑 드 블랑, 알자스와 부르고뉴·루아르·쥐라·리무의 크레망, 조상 방식을 따른 가이약, 스파클링 부브레, 펫낫

과일 향이 나는 산뜻한 화이트 와인

화이트 와인은 미각을 열고 짭짤한 요리와 함께할 때 입가심을 해준다. 일관성이 있는 앙트레, 특히 해산물과 채소를 베이스로 한 앙트레에 적합하다.

타파스, 구제르, 혹은 날생선과 훈제 생선을 베이스로 한 부쉐, 해산물, 갑각류, 채소, 생치즈, 샤퀴트리와 함께 마시자.

▶ 알자스 샤슬라, 알자스 피노 블랑, 알자스 실바네르, 알자스 리슬링, 알자스 뮈스카, 사부아, 아프르몽, 사부아 크레피, IGP 아르데슈, 뮈스카데, IGP 발 드 루아르, 피에프 방데앙, 소뮈르, 앙주, 투렌, 슈베르니, 발랑세, 코토 뒤 지에누아, 상세르, 므느투 살롱, 뢰이, 생 푸르생, 코트 도베르뉴, IGP 위르페, 부르고뉴 알리고테, 생 브리, 샤블리, 마콩, 보졸레 블랑, 픽풀 드 피네, IGP 페이 도크 뮈스카, 보르도, 그라브, 앙트르 되 메르, 베르주라크 세크, IGP 코트 드 가스코뉴, IGP 랑드

로제 와인

과일 향이 나면서 산뜻한 로제 와인의 성격 덕분에 병아리콩소스나 생치즈소스에 찍어 먹는 생채소와 함께하기 좋다.

로제 와인은 타프나드(블랙올리브, 케이퍼, 안초비, 올리브유로 만든 페이스트-옮긴이), **후무스, 가지 캐비어, 타라마**(생선을 알과 함께 소금, 빵, 페타 치즈, 올리브유, 레몬주스와 섞어 발효시킨 생선 제품-옮긴이), **가지와 페타 치즈를 넣은 브리크, 초리조 타파스, 염소젖 치즈나 허브 생치즈로 만든 요리, 과카몰리와 잘 어울린다.**

▶ 코트 드 프로방스, IGP 메디테라네, IGP 페이 도크, 코토 바루아 앙 프로방스, 뤼베롱, IGP 바르, 루아르 로제 와인, 베르주라크, 코트 드 뒤라, 코트 뒤 론, 가이약, 마르사네, 코토 뒤 방도무아

과일 향이 나는 가벼운 레드 와인

과일 향이 나는 가벼운 레드 와인은 과일 맛과 보디가 좀 더 있는 화이트 와인을 닮았다. 아페리티프뿐만 아니라 식사 내내 함께할 수 있는 와인이기도 하다.

소시송, 파테, 리예트, 장봉 크뤼, 미몰레트 큐브, 타르트 살레, 케이크 살레, 미니 닭꼬치, 크로크 무슈, 피자와 함께 즐기자.

▶ 사부아 가메, 사부아 피노 누아, 아르부아 풀사르, 코트 뒤 쥐라, 코토 부르기뇽, 코토 뒤 리오네, 코트 뒤 론 빌라주, IGP 콜린 로다니엔, IGP 아르데슈, 보졸레 빌라주, 플뢰리, 브루이, 마콩 빌라주, 슈베르니, 코토 뒤 방도무아, 뢰이, 코트 로아네즈, 코트 도베르뉴, 생푸르생, IGP 발 드 루아르, 부르괴이유, 보르도, 보르도 쉬페리외르, 베르주라크, 마르시악, IGP 샤랑테, IGP 페이 도크, 랑그도크, IGP 코트 드 통그, IGP 바르, IGP 메디테라네

성공적인 앙트레 페어링

앙트레는 굉장히 다양하다. 채소를 베이스로 한 가벼운 앙트레부터 샤퀴트리, 치즈와 함께하는 좀 더 든든한 앙트레까지 폭이 넓다.

 플러스
- 본식까지 함께할 수 있는 와인을 선택하자.

 마이너스
- 이제 막 식사를 시작했는데 미각을 포화상태로 만드는 보디감이 지나친 와인, 알코올이 강하거나 나무 향이 강한 와인은 선택하지 않는다. 그보다는 활력이 넘치고 산뜻하며 싱싱한 맛의 와인을 믿어보자.

샐러드와 채소 베이스의 앙트레

과일 향이 나는 산뜻한
화이트 와인
보르도 화이트

과일 향이 나는 산뜻한
로제 와인
IGP 바르 로제

과일 향이 나는 유연한
레드 와인
랑그도크 레드

해산물 베이스의 앙트레

과일 향이 나는 산뜻한
화이트 와인
소뮈르 화이트

풍부하고 섬세한
화이트 와인
사브니에르

스파클링 와인
몽루이

샤퀴트리 베이스의 앙트레

과일 향이 나는 유연한
레드 와인

쉬농 레드

과일 향이 나는 산뜻한
화이트 와인

켕시

로제 와인

피노 누아 달자스

달걀 베이스의 앙트레

과일 향이 나는 산뜻한
화이트 와인

베르주라크 화이트

풍부하고 섬세한
화이트 와인

그라브 화이트

과일 향이 나는 유연한
레드 와인

부르고뉴

푀이테 베이스의 앙트레

과일 향이 나는 산뜻한
화이트 와인

푸이 퓌메

풍부하고 섬세한
화이트 와인

뫼르소

스파클링 와인

크레망

수프와 함께　와인보다는 물을 마실 것을 추천한다.

성공적인 생선, 해산물 페어링

생각해볼 질문들

어떤 맛인가?

요오드(굴), 강한 맛(정어리, 고등어), 부드러운 맛(연어) 혹은 육류에 가까운 맛(참치)?

요오드 맛은 산뜻하고 미네랄이 풍부한 와인과 잘 어울리고, 강한 맛은 산뜻하면서도 강한 와인이 필요하다. 그런가 하면 부드러운 맛은 거의 모든 화이트 와인과 어울린다.

소스가 있는 요리인가, 없는 요리인가?

크림소스를 낸다면 기름진 맛이 있는 와인이 좋다. 토마토 혹은 고추소스라면 강한 화이트 와인이나 가벼운 레드 와인을 선택하자.

요리에 들어가는 다른 재료는?

부재료들이 주재료만큼 중요하거나 부재료들의 맛이 지배적이라면, 와인을 결정하는 것은 부재료다.

찬 요리인가, 따뜻한 요리인가?

차게 혹은 날것으로 서빙되는 생선에는 상쾌함을 주는 와인이 좋다.

알고 있었나요?

노랑촉수, 참치, 정어리나 연어 혹은 토마토와 올리브, 허브로 풍미를 높인 익힌 생선 요리는 레드 와인과 함께 낼 수 있다. 이 경우 둥글면서도 가볍고 생기 있는 와인을 차게 식혀 서빙한다.

날생선

과일 향이 나는 산뜻한
화이트 와인

코트 드 가스코뉴

고수를 곁들인
도미 타르트

풍부하고 섬세한
화이트 와인

알자스 리슬링

연어 그라블락스
(연어에 소금, 설탕, 딜,
후추 등으로 양념해
저온 숙성한 요리–
옮긴이)

로제 와인

타벨 로제

핑크페퍼를
곁들인 송어
카르파초

훈제

과일 향이 나는 산뜻한
화이트 와인

프티 샤블리

훈제 청어

파피요트(유산지나 알루미늄 포일로
싸서 익히고 또 그 상태로 서빙하는
요리 방식–옮긴이)

과일 향이 나는 산뜻한
화이트 와인

투렌 소비뇽

대구 파피요트

오븐

과일 향이 나는 산뜻한
화이트 와인

켕시

소금에 구운 농어

풍부하고 섬세한
화이트 와인

알자스 리슬링

연어
그라블락스

철판, 바비큐, 그릴

둥글고 강한
화이트 와인

쥐랑송 세크

철판구이
오징어

과일 향이 나는 산뜻한
화이트 와인

뮈스카데

그릴에 구운
정어리

로제 와인

파트리모니오
로제

철판구이
노랑촉수

뫼니에르(밀가루를 발라 버터로 구운),
파네(빵가루를 입혀 튀긴), 팬에 구운

과일 향이 나는 산뜻한
화이트 와인

생 푸르생

송어 뫼니에르

풍부하고 섬세한
화이트 와인

지브리 화이트

파르메산
치즈를 뿌린
대구 파네

토마토, 올리브, 향신료

둥글고 강한
화이트 와인

루베롱 화이트

토마토소스
흰다랑어

로제 와인

카시스 로제

부야베스

둥글고 유연한
레드 와인

보졸레 빌라주

타프나드소스
노랑촉수
생선살

와인과 음식 페어링 **295**

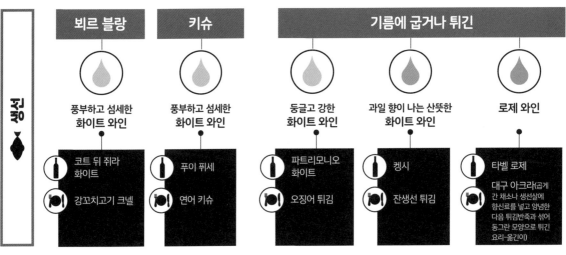

생선

뵈르 블랑

풍부하고 섬세한
화이트 와인

코트 뒤 쥐라
화이트

강꼬치고기 크넬

키슈

풍부하고 섬세한
화이트 와인

푸이 퓌세

연어 키슈

기름에 굽거나 튀긴

둥글고 강한
화이트 와인

파트리모니오
화이트

오징어 튀김

과일 향이 나는 산뜻한
화이트 와인

켕시

잔생선 튀김

로제 와인

타벨 로제

대구 아크라(곱게
간 채소나 생선살에
향신료를 넣고 양념한
다음 튀김반죽과 섞어
동그란 모양으로 튀긴
요리-옮긴이)

조개류와 갑각류

면류와 함께

과일 향이 나는 산뜻한
화이트 와인

보르도 화이트

연어 파스타

둥글고 강한
화이트 와인

콜리우르 화이트

모시조개
스파게티

생굴

과일 향이 나는 산뜻한
화이트 와인

픽풀 드 피네

부지그 굴

익힌 굴

풍부하고 섬세한
화이트 와인

페삭 레오냥

피에 드 슈발
(왕굴의 일종-옮긴이)

찬 조개류와 갑각류

과일 향이 나는 산뜻한
화이트 와인

켕시

마요네즈
가시발새우

해산물 플레이트

과일 향이 나는 산뜻한
화이트 와인

뮈스카데

맛조개

홍합

과일 향이 나는 산뜻한
화이트 와인

상세르

홍합찜

성공적인 붉은 고기, 흰 살코기 페어링

페어링할 때 고려해야 할 4가지

고기의 타입
맛의 세기, 지방, 텍스처, 연함

익히기
녹는 듯한 텍스처, 즙이 많이
나오는 텍스처

곁들임과 양념
향신료, 채소, 소스, 쌀, 면 등

요리 서빙 온도
차가운 고기 혹은 따뜻한 고기

꼭 지키면 좋은 원칙

지방이 많은 고기
▶ 타닌과 골조가 있는 와인

그릴에 구운 고기
▶ 유연하고 둥근 와인

향신료와 향료를 더한 고기
▶ 강하고 둥글지만 갈증을 풀어주는 신선한 와인

살살 녹는 듯한 섬세한 고기
▶ 복합적이고 우아한 와인

말린 고기
▶ 유연하고 둥근 와인

지역 특산 요리
▶해당 지역 와인

크림소스를 곁들인 고기
▶ 풍부하고 섬세한 화이트 와인

소고기와 함께
레드 와인의 스타일을 고기의 부위와 조리에 맞추면, 모든 레드 와인은 소고기와 잘 어울리거나 함께할 수 있다. 로제 와인이 잘 어울리는 경우도 있다.

돼지고기와 함께
돼지고기와 함께하는 유연하고 둥근 와인은 실패할 확률이 거의 없다.

가금류와 함께
닭, 칠면조, 오리, 뿔닭의 맛은 다 다르기 때문에 페어링하는 와인도 달라져야 한다. 닭과 칠면조는 돼지와 같은 흰 살코기의 논리를 따른다. 반면 오리와 뿔닭은 붉은 고기와 가깝다.

양고기와 함께
꽤 기름지고 맛이 강한 양고기는 골격이 잘 잡히고 구조적이며 열정적인 와인과 근사한 짝을 이룬다.

송아지고기와 함께
섬세한 맛을 가진 송아지고기는 타닌이 과도한 강한 와인과는 어울리지 않는다. 송아지고기에는 화이트 와인이 어울린다. 레시피에 따라 서로 다른 무게의 와인을 선택한다.

송아지고기

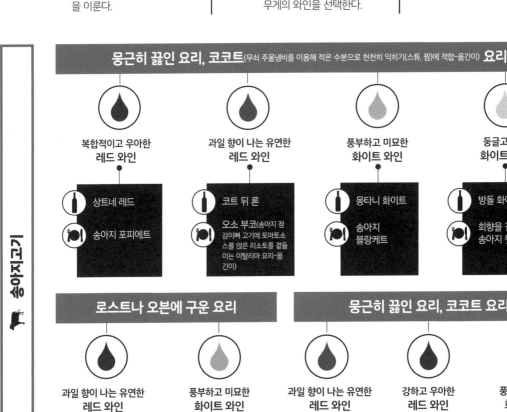

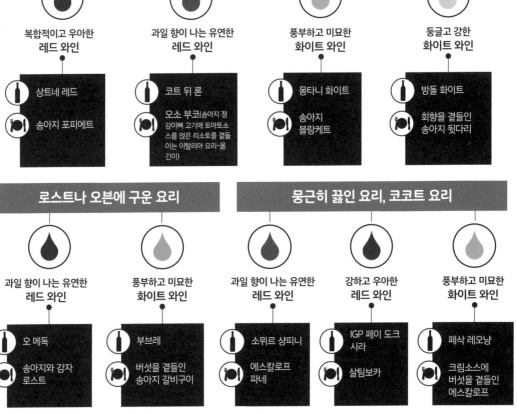

뭉근히 끓인 요리, 코코트(무쇠 주물냄비를 이용해 적은 수분으로 천천히 익히기(스튜, 찜)에 적합-옮긴이) **요리**

복합적이고 우아한
레드 와인
- 샹트네 레드
- 송아지 포피에트

과일 향이 나는 유연한
레드 와인
- 코트 뒤 론
- 오소 부코(송아지 정강이뼈 고기에 토마토소스를 얹은 리소토를 곁들이는 이탈리아 요리-옮긴이)

풍부하고 미묘한
화이트 와인
- 몽타니 화이트
- 송아지 블랑케트

둥글고 강한
화이트 와인
- 방돌 화이트
- 회향을 곁들인 송아지 뒷다리

로스트나 오븐에 구운 요리

과일 향이 나는 유연한
레드 와인
- 오 메독
- 송아지와 감자 로스트

풍부하고 미묘한
화이트 와인
- 부브레
- 버섯을 곁들인 송아지 갈비구이

뭉근히 끓인 요리, 코코트 요리

과일 향이 나는 유연한
레드 와인
- 소뮈르 샹피니
- 에스칼로프 파네

강하고 우아한
레드 와인
- IGP 페이 도크 시라
- 살팀보카

풍부하고 미묘한
화이트 와인
- 페삭 레오냥
- 크림소스에 버섯을 곁들인 에스칼로프

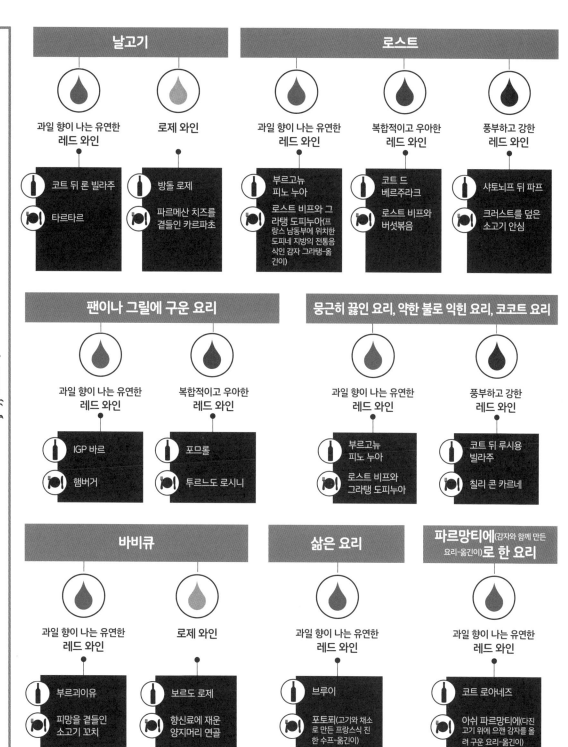

날고기

과일 향이 나는 유연한 레드 와인
- 🍾 코트 뒤 론 빌라주
- 🍽 타르타르

로제 와인
- 🍾 방돌 로제
- 🍽 파르메산 치즈를 곁들인 카르파초

로스트

과일 향이 나는 유연한 레드 와인
- 🍾 부르고뉴 피노 누아
- 🍽 로스트 비프와 그라탱 도피누아(프랑스 남동부에 위치한 도피네 지방의 전통음식인 감자 그라탱-옮긴이)

복합적이고 우아한 레드 와인
- 🍾 코트 드 베르주라크
- 🍽 로스트 비프와 버섯볶음

풍부하고 강한 레드 와인
- 🍾 샤토뇌프 뒤 파프
- 🍽 크러스트를 덮은 소고기 안심

팬이나 그릴에 구운 요리

과일 향이 나는 유연한 레드 와인
- 🍾 IGP 바르
- 🍽 햄버거

복합적이고 우아한 레드 와인
- 🍾 포므롤
- 🍽 투르느도 로시니

뭉근히 끓인 요리, 약한 불로 익힌 요리, 코코트 요리

과일 향이 나는 유연한 레드 와인
- 🍾 부르고뉴 피노 누아
- 🍽 로스트 비프와 그라탱 도피누아

풍부하고 강한 레드 와인
- 🍾 코트 뒤 루시용 빌라주
- 🍽 칠리 콘 카르네

바비큐

과일 향이 나는 유연한 레드 와인
- 🍾 부르괴이유
- 🍽 피망을 곁들인 소고기 꼬치

로제 와인
- 🍾 보르도 로제
- 🍽 향신료에 재운 양지머리 연골

삶은 요리

과일 향이 나는 유연한 레드 와인
- 🍾 브루이
- 🍽 포토푀(고기와 채소로 만든 프랑스식 진한 수프-옮긴이)

파르망티에(감자와 함께 만든 요리-옮긴이)로 한 요리

과일 향이 나는 유연한 레드 와인
- 🍾 코트 로아네즈
- 🍽 아쉬 파르망티에(다진 고기 위에 으깬 감자를 올려 구운 요리-옮긴이)

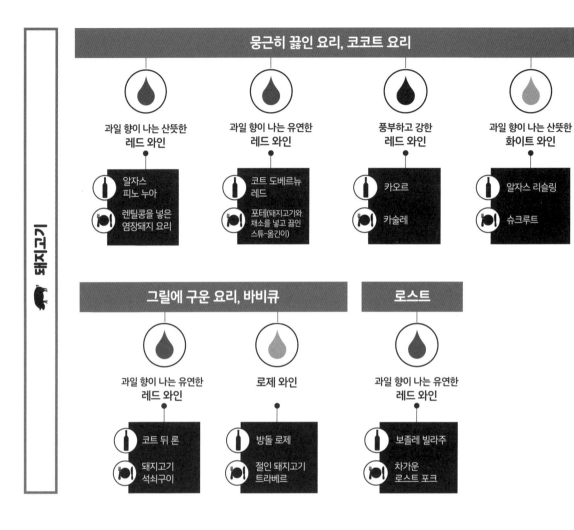

뭉근히 끓인 요리, 코코트 요리

과일 향이 나는 산뜻한
레드 와인

- 알자스 피노 누아
- 렌틸콩을 넣은 염장돼지 요리

과일 향이 나는 유연한
레드 와인

- 코트 도베르뉴 레드
- 포테(돼지고기와 채소를 넣고 끓인 스튜-옮긴이)

풍부하고 강한
레드 와인

- 카오르
- 카슐레

과일 향이 나는 산뜻한
화이트 와인

- 알자스 리슬링
- 슈크루트

그릴에 구운 요리, 바비큐

과일 향이 나는 유연한
레드 와인

- 코트 뒤 론
- 돼지고기 석쇠구이

로제 와인

- 방돌 로제
- 절인 돼지고기 트라베르

로스트

과일 향이 나는 유연한
레드 와인

- 보졸레 빌라주
- 차가운 로스트 포크

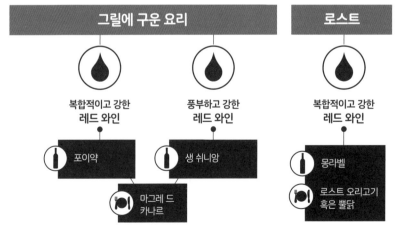

그릴에 구운 요리

복합적이고 강한
레드 와인

- 포이약

풍부하고 강한
레드 와인

- 생 쉬니앙
- 마그레 드 카나르

로스트

복합적이고 강한
레드 와인

- 몽라벨
- 로스트 오리고기 혹은 뿔닭

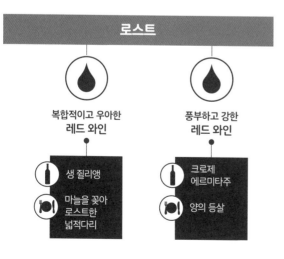

뭉근히 끓인 요리, 코코트 요리

복합적이고 우아한
레드 와인

상트네 레드

양고기 스튜

과일 향이 나는 유연한
레드 와인

가이약 레드

강낭콩 양고기
스튜

풍부하고 강한
레드 와인

생 쉬니앙

양고기 어깨살
조림

살진
로제 와인

방돌 로제

양고기 카레

그릴이나 팬에 구운 요리

과일 향이 나는 유연한
레드 와인

베르주라크
레드

타임을 곁들인
양갈비

다진 고기 요리

과일 향이 나는 유연한
레드 와인

랑그도크

무사카

풍부하고 강한
레드 와인

코트 드 프로방스
레드

토마토소스를 곁들인
양고기 불레트

살진
로제 와인

코토 바루아 앙
프로방스 로제

양고기 케프타

로스트

복합적이고 우아한
레드 와인

생 쥘리앵

마늘을 꽂아
로스트한
넓적다리

풍부하고 강한
레드 와인

크로제
에르미타주

양의 등살

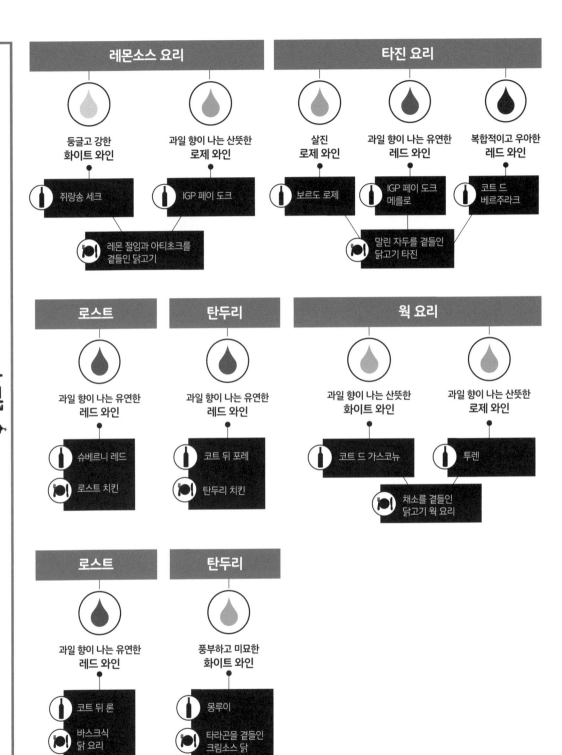

닭고기

레몬소스 요리

둥글고 강한
화이트 와인

쥐랑송 세크

과일 향이 나는 산뜻한
로제 와인

IGP 페이 도크

레몬 절임과 아티초크를
곁들인 닭고기

타진 요리

살진
로제 와인

보르도 로제

과일 향이 나는 유연한
레드 와인

IGP 페이 도크
메를로

복합적이고 우아한
레드 와인

코트 드
베르주라크

말린 자두를 곁들인
닭고기 타진

로스트

과일 향이 나는 유연한
레드 와인

슈베르니 레드

로스트 치킨

탄두리

과일 향이 나는 유연한
레드 와인

코트 뒤 포레

탄두리 치킨

웍 요리

과일 향이 나는 산뜻한
화이트 와인

코트 드 가스코뉴

과일 향이 나는 산뜻한
로제 와인

투렌

채소를 곁들인
닭고기 웍 요리

로스트

과일 향이 나는 유연한
레드 와인

코트 뒤 론

바스크식
닭 요리

탄두리

풍부하고 미묘한
화이트 와인

몽루이

타라곤을 곁들인
크림소스 닭

302

성공적인 치즈 페어링

5가지 기본 원칙

❶ 습관적으로 레드 와인과 페어링하는 것이 최고는 아니다. 대개는 화이트 와인의 산뜻함이 치즈의 우유와 지방 아로마에 더욱 잘 어울린다.

❷ 치즈의 종류가 엄청나게 많기 때문에 모든 치즈에 어울리는 하나의 와인을 찾는 것은 불가능하다. 치즈 2~3종류와 어울리는 와인을 함께 내자. 치즈로만 구성된 식사라면 여러 종류의 와인을 내도 좋다.

❸ 뒤쪽 라벨에 치즈와 잘 어울린다고 단언하는 와인이 많이 있다. 하지만 특히나 타닌이 강하고 보디감이 있는 와인이라면 신뢰하지 말자.

❹ 너무 오래된 와인은 피한다. 숨이 죽은 아로마가 치즈의 힘 때문에 완전히 끝장날 수도 있다.

❺ 최고의 와인을 꺼내기 위해 치즈 타임까지 기다리지 말자. 본식과 함께할 때 와인의 가치가 가장 잘 드러나는 것이 더 바람직하다.

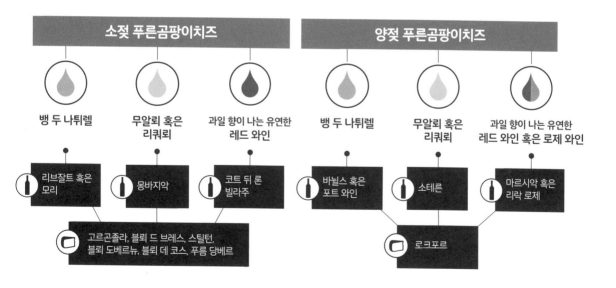

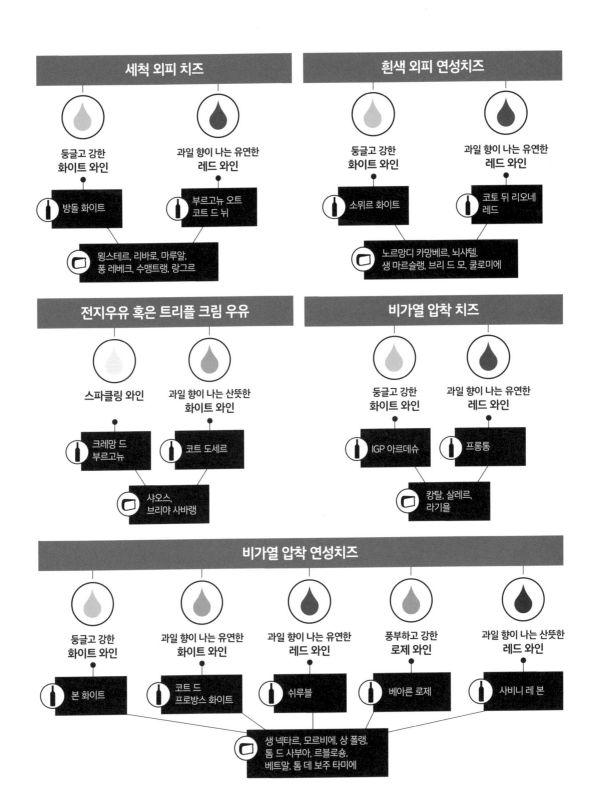

세척 외피 치즈

둥글고 강한
화이트 와인

과일 향이 나는 유연한
레드 와인

방돌 화이트

부르고뉴 오트
코트 드 뉘

뮝스테르, 리바로, 마루알,
퐁 레베크, 수맹트랭, 랑그르

흰색 외피 연성치즈

둥글고 강한
화이트 와인

과일 향이 나는 유연한
레드 와인

소뮈르 화이트

코토 뒤 리오네
레드

노르망디 카망베르, 뇌샤텔,
생 마르슬랭, 브리 드 모, 쿨로미에

전지우유 혹은 트리플 크림 우유

스파클링 와인

과일 향이 나는 산뜻한
화이트 와인

크레망 드
부르고뉴

코트 도세르

샤오스,
브리야 사바랭

비가열 압착 치즈

둥글고 강한
화이트 와인

과일 향이 나는 유연한
레드 와인

IGP 아르데슈

프롱통

캉탈, 살레르,
라기올

비가열 압착 연성치즈

둥글고 강한
화이트 와인

과일 향이 나는 유연한
화이트 와인

과일 향이 나는 유연한
레드 와인

풍부하고 강한
로제 와인

과일 향이 나는 산뜻한
레드 와인

본 화이트

코트 드
프로방스 화이트

쉬루블

베아른 로제

사비니 레 본

생 넥타르, 모르비에, 상 폴랭,
톰 드 사부아, 르블로숑,
베트말, 톰 데 보주 타미에

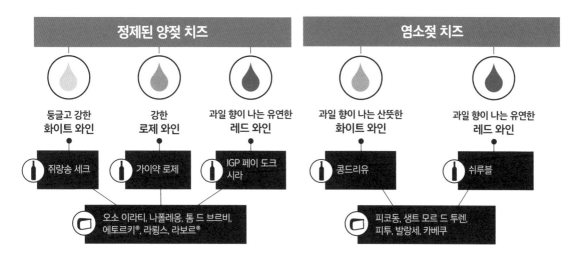

정제된 양젖 치즈

둥글고 강한
화이트 와인

강한
로제 와인

과일 향이 나는 유연한
레드 와인

쥐랑송 세크

가이약 로제

IGP 페이 도크
시라

오소 이라티, 나폴레옹, 톰 드 브르비,
에토르키®, 라룅스 라보르®

염소젖 치즈

과일 향이 나는 산뜻한
화이트 와인

과일 향이 나는 유연한
레드 와인

콩드리유

쉬루블

피코동, 생트 모르 드 투렌,
피투, 발랑세, 카베쿠

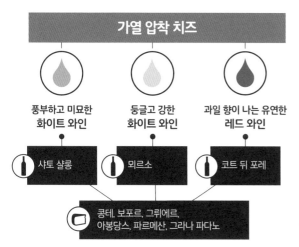

가열 압착 치즈

풍부하고 미묘한
화이트 와인

둥글고 강한
화이트 와인

과일 향이 나는 유연한
레드 와인

샤토 샬롱

뫼르소

코트 뒤 포레

콩테, 보포르, 그뤼에르,
아봉당스, 파르메산, 그라나 파다노

성공적인 디저트 페어링

5가지 기본 원칙

❶ 디저트의 단맛이 어느 정도인지 가늠해본다. 디저트가 많이 달고 신맛이 거의 없다면 와인이 달달한 노트로 상쾌한 산미를 발산하면서 불쾌함보다는 균형 잡힌 페어링을 보장해줄 것이다.

❷ 초콜릿 디저트에 샴페인은 피한다. 카카오의 타닌 때문에 샴페인의 기포가 공격적으로 느껴지기 때문이다. 샴페인은 달달한 맛의 신선한 과일 디저트나 슈크림과 함께하면 좋다.

❸ 와인은 적정한 온도로 서빙한다(251쪽 '서빙 온도' 참조).

❹ 스피릿도 선택지에 포함한다. 아주 적은 양으로 서빙한 스피릿은 다양한 디저트와 무척 잘 어울린다.

❺ 본식과 디저트에 같은 와인을 서빙한다. 식사 중에 서빙된 벨벳 같은 타닌과 함께 감미롭고 농축된 레드 와인은 붉은 과일 디저트나 초콜릿 디저트와도 잘 어울린다.

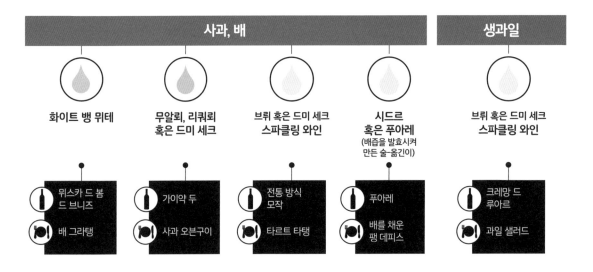

사과, 배				생과일
화이트 뱅 뮈테	무알뢰, 리쿼뢰 혹은 드미 세크	브뤼 혹은 드미 세크 스파클링 와인	시드르 혹은 푸아레 (배즙을 발효시켜 만든 술-옮긴이)	브뤼 혹은 드미 세크 스파클링 와인
뮈스카 드 봄 드 브니즈	가이약 두	전통 방식 모작	푸아레	크레망 드 루아르
배 그라탱	사과 오븐구이	타르트 타탱	배를 채운 팽 데피스	과일 샐러드

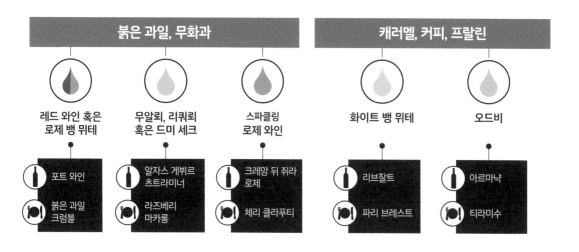

붉은 과일, 무화과

레드 와인 혹은
로제 뱅 뮈테

- 포트 와인
- 붉은 과일
  크럼블

무알뢰, 리쿼뢰
혹은 드미 세크

- 알자스 게뷔르
  츠트라미너
- 라즈베리
  마카롱

스파클링
로제 와인

- 크레망 뒤 쥐라
  로제
- 체리 클라푸티

캐러멜, 커피, 프랄린

화이트 뱅 뮈테

- 리브잘트
- 파리 브레스트

오드비

- 아르마냑
- 티라미수

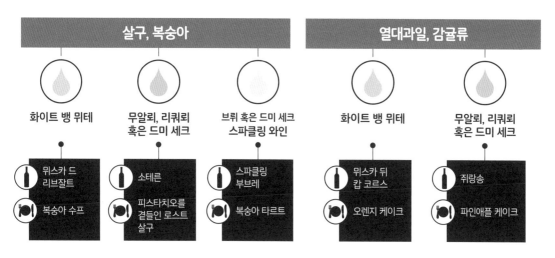

살구, 복숭아

화이트 뱅 뮈테

- 뮈스카 드
  리브잘트
- 복숭아 수프

무알뢰, 리쿼뢰
혹은 드미 세크

- 소테른
- 피스타치오를
  곁들인 로스트
  살구

브뤼 혹은 드미 세크
스파클링 와인

- 스파클링
  부브레
- 복숭아 타르트

열대과일, 감귤류

화이트 뱅 뮈테

- 뮈스카 뒤
  캅 코르스
- 오렌지 케이크

무알뢰, 리쿼뢰
혹은 드미 세크

- 쥐랑송
- 파인애플 케이크

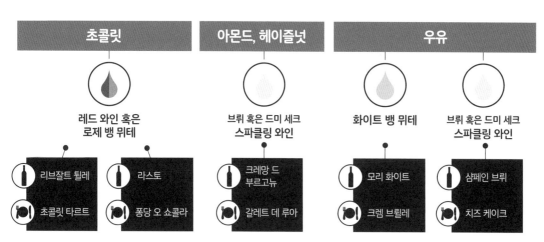

초콜릿

레드 와인 혹은
로제 뱅 뮈테

- 리브잘트 튈레
- 초콜릿 타르트

- 라스토
- 퐁당 오 쇼콜라

아몬드, 헤이즐넛

브뤼 혹은 드미 세크
스파클링 와인

- 크레망 드
  부르고뉴
- 갈레트 데 루아

우유

화이트 뱅 뮈테

- 모리 화이트
- 크렘 브륄레

브뤼 혹은 드미 세크
스파클링 와인

- 샴페인 브뤼
- 치즈 케이크

제**8**장

보너스 팁

와인에 대한 편견

비싼 와인은 틀림없이 좋은 와인이다

좋은 와인이란 당신을 기분 좋게 하고 와인을 마시는 상황에 잘 맞는 와인이다. 비싼 와인이 항상 좋은 와인은 아니다. 모든 제품과 마찬가지로 가격은 생산비용과 와인메이커의 의도, 수요와 공급에 따라 달라진다. 어떤 와인은 전 세계 구매자들이 찾는 와인이 되어 가격에 거품이 일어나기도 한다.

화이트 와인은 병 숙성할 수 없다

타닌이 없음에도 불구하고 화이트 와인도 시간의 흐름에 버틸 수 있다. 빈티지 샴페인과 부르고뉴 그랑 뱅, 루아르의 세크 혹은 리쿼뢰 와인, 소테른, 쥐라의 뱅 존이 10년 혹은 그 이상 숙성할 수 있는 와인에 속한다.

와인은 병 숙성하면서 품질이 좋아진다

균형 잡히지 않고, 빼빼 마르고, 특징도 없고, 바랜 맛이 나거나 쓴 타닌을 가진 와인은 아무리 나이를 먹어도 더 좋은 와인이 될 수 없다. 병 숙성은 태어날 때부터 자신만의 타고난 무기를 가지고 있는 와인에 한정된다.

뱅 드 프랑스는 IGP 와인이나 AOP 와인에 비해 품질이 떨어진다

뱅 드 프랑스라는 신분으로 누릴 수 있는 포도 품종 선택과 양조 방식 선택의 자유를 위해 IGP, AOP 와인보다는 뱅 드 프랑스를 만들기로 선택한 와인메이커도 있다. 어떤 뱅 드 프랑스는 IGP, AOP 와인보다 훨씬 비싼 가격에 팔린다.

레드 와인과 치즈는 천생연분이다

레드 와인과 치즈의 조합이 우리 일상에 깊이 자리 잡았다. 마치 프랑스의 상징과도 같은 이 두 특산물이 반드시 하나로 엮여야만 하는 것처럼 말이다. 그럼에도 불구하고 레드 와인의 타닌은 치즈의 젖산의 영향을 받아 더 단단하게 느껴진다. 몇 가지 예외(미몰레트, 생 넥타르)를 제외한 대부분의 치즈는 타닌이 없고 갈증을 풀어주는 와인과 좀 더 편하게 어울린다. 식사를 시작하면서 오픈한 화이트 와인을 치즈와 함께 끝내는 건 어떨까.

생선은 언제나 화이트 와인과 함께한다

요오드 향이 나는 생선의 맛은 화이트 와인과 기분 좋게 어울린다. 화이트 와인이 입 안을 개운하게 해주기 때문이다. 하지만 가볍고 산뜻해 생선과 잘 어울리는 레드 와인도 있다. 참치와 마찬가지로 향이 강한 노랑촉수는 강한 풍미와 고기를 연상시키는 텍스처로 레드 와인과 조화를 이룬다.

이산화황이 첨가되지 않은 와인은 유기농 와인이다

라벨에 표기된 '이산화황 무첨가'는 양조 중에 어떠한 이산화황도 첨가하지 않았음을 뜻한다. 즉 포도나무가 경작된 방식과는 아무런 관련이 없는 것이다. 유기농 헌장은 기본법이 허용하는 최대 이산화황 함량량보다 낮은 함유량을 허용하지만, 완전히 배제할 것을 의무화하지는 않는다.

샴페인은 디저트의 왕이다

파티의 상징이라는 이유로 샴페인은 디저트 타임에 오픈되는 경우가 대부분이다. 특히 촛불을 끌 일이 있다면 더욱 그렇다. 물론 단맛이 덜한 과일 디저트에는 샴페인을 낼 수 있다. 샴페인의 상쾌함이 과일의 산미와 조화를 이루기 때문이다. 하지만 초콜릿 디저트와 함께 마시면 샴페인의 생기와 기포가 공격적으로 느껴질 수 있다. 이런 경우 샴페인은 아페리티프로 즐기자.

보졸레는 11월에만 마실 수 있다

매년 11월 셋째 주 목요일로 지정된 전례 때문에 모든 보졸레가 보졸레 누보와 동일시되어 한시적인 와인이라는 오해를 받는다. 하지만 보졸레는 축제 이후부터 못 마시는 와인이 아니고 1년 내내 다양한 요리와 즐길 수 있다.

그랑 뱅(훌륭한 와인)은 테루아만이 관건이다

평야지대의 포도나무에서 자란 포도로 만든 와인은 비탈 언덕의 포도나무에서 자란 포도로 만든 와인보다 경쟁력이 떨어진다. 비탈 언덕의 지질구조가 포도나무 뿌리의 영양 섭취와 배수에 이상적이기 때문이다. 하지만 테루아만이 와인을 만드는 것은 아니다. 전설적인 도멘 로마네 콩티를 이끄는 오베르 드 빌렌은 "그랑 뱅 생산을 하나의 예술로 만드는 것은 한 사람이 아닌 20 혹은 30세대에 걸친 수많은 사람들의 역량과 뛰어난 지역의 환상적인 마리아주다." 라고 했다. 더 이상 말이 필요 없다.

샤블리

| 미네랄 와인이 무엇인지 이해하기 위해

- 대표 와이너리 : 도멘 뱅상 도비사, 도멘 라브노
- 가장 만나기 쉬운 와이너리 : 도멘 빌라우드 시몽, 윌리엄 페브르, 라 샤블리지엔

샴페인

| 독특한 청량감과 섬세함을 느껴보기 위해

- 대표 와이너리 : 크룩, 볼랭저, 자크 슬로스
- 가장 만나기 쉬운 와이너리 : 자크송, 디에볼 발루아, 라르망디에 베르니에

샤토뇌프 뒤 파프

| 힘과 관능미의 조화가 놀라울 정도로 뛰어난 와인을 만나기 위해

- 대표 와이너리 : 샤토 라야, 샤토 드 보카스텔, 도멘 뒤 비외 텔레그라프, 도멘 드 라 자나스
- 가장 만나기 쉬운 와이너리 : 제롬 그라다시, 클로 뒤 몽 올리베, 도멘 오라투아르 생 마탱, 도멘 생 프레페

쉬농

| 카베르네 프랑의 탁월함을 느껴보기 위해

- 대표 와이너리 : 도멘 베르나르 보드리, 도멘 필립 알리에, 도멘 니콜라 그로스비, 도멘 샤를 조게
- 가장 만나기 쉬운 와이너리 : 도멘 브르통, 도멘 파브리스 가스니에, 샤토 드 쿨렌, 도멘 드 엘에르

즈브레 샹베르탱

| 고급 부르고뉴 레드 와인의 미묘함을 느껴보기 위해

- 대표 와이너리 : 도멘 드루앙 라로즈, 도멘 피에르 다모이, 도멘 베르나르 뒤가 피, 도멘 아르망 루소, 도멘 장 트라페
- 가장 만나기 쉬운 와이너리 : 도멘 장테 팡시오, 도멘 필립 파칼레, 도멘 르네 부비에, 도멘 피에르 네종

쥐랑송

| 리쿼뢰 와인 중에서도 쥐랑송만의 독특한 프로파일을 맛보기 위해
- 대표 와이너리 : 클로 졸리에트, 레 자르뎅 드 바빌론, 카맹 라레디아
- 가장 만나기 쉬운 와이너리 : 클로 라페르, 클로 투, 도멘 브뤼 바쉐, 도멘 카스테라

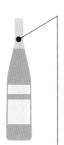

리슬링 그랑 크뤼

| 평가절하 되어 있는 이 포도 품종의 위대함을 가늠해보기 위해
- 대표 와이너리 : 진트 훔브레이트 도멘의 클로 생 뒤르뱅 랑겐 드 탄 그랑 크뤼, 도멘 알베르 복시에의 솜머베르크 그랑 크뤼, 메종 트림바흐의 클로 생트 윈
- 가장 만나기 쉬운 와이너리 : 도멘 알베르 만의 숄스베르크 그랑 크뤼, 도멘 마르크의 마크 크레덴 바이스 카스텔베르크 그랑 크뤼, 도멘 에티엔 러브의 알텐베르크 드 베르비텐 그랑 크뤼

페삭 레오냥

| 보르도 포도원의 기원을 거슬러 올라가 보기 위해
- 대표 와이너리 : 샤토 오 브리옹, 샤토 라 미시옹 오 브리옹, 샤토 파프 클레망, 도멘 드 슈발리에, 샤토 스미스 오 라피트
- 가장 만나기 쉬운 와이너리 : 샤토 드 루시약, 샤토 올리비에, 샤토 라투르 마르티악

모리

| 이 뱅 두 나튀렐 와인의 향이 진한 강렬함을 느껴보기 위해
- 대표 와이너리 : 마스 아미엘, 도멘 레 테르 드 파게라
- 가장 만나기 쉬운 와이너리 : 도멘 푸드루, 도멘 데 쉬스트, 라 프레셉투아

에르미타주

| 최고의 테루아에서 자란 시라의 위대함을 가늠해보기 위해
- 대표 와이너리 : 장 루이 샤브, 폴 자불레 에네, 무슈 샤푸티에
- 가장 만나기 쉬운 와이너리 : 이 기갈, 캬브 드 탕, 들라스 프레르

세계의 특별한 포도 재배지

카나리아 제도의 란사로테 섬

이곳의 포도나무는 바람을 막아주고 생존에 필요한 물을 끌어 모을 수 있도록 해주는 얕은 돌담으로 둘러싸인 움푹 파인 위치에 심어져 있다.

포르투갈의 도우로 밸리

깎아지른 듯 경사가 급격한 계단식 경작지에 포도나무들이 꼭 달라붙어 있다. 수많은 토종 포도 품종이 재배되고 있는 이곳의 포도로는 포트 와인뿐만 아니라 드라이한 레드 와인도 생산한다.

쥐라의 샤토 샬롱

높은 곳의 급사면에 위치한 샤토 샬롱 빌라주는 중세시대 베네딕트 수도사들이 처음 포도나무를 심은 포도밭 대부분을 차지하고 있다. 이 포도밭은 오직 사바냉 품종만을 재배한다. 샤토 샬롱은 '와인의 왕, 왕의 와인'이라는 별명이 있다.

그리스 키클라데스 제도의 산토리니

산토리니의 포도나무는 둥지 형태로 짜여 있어 흡사 공처럼 보인다. 포도송이는 이 안에서 강렬한 태양과 섬에 부는 바람으로부터 보호를 받으며 자란다. 이곳 특유의 품종인 아시리티코는 극도로 순수한 화이트 와인을 만든다.

방데의 브렘 포도밭

대서양을 따라 펼쳐진 브렘의 AOC 피에프 방데앙에서 바다에 가장 가까운 포도나무는 옛날식으로 심어졌다. 즉 바다 물보라에 견딜 수 있도록 팔리사주를 하지 않고 아주 낮게 가지치기를 한 것이다. 당연히 가지치기와 수확이 쉽지 않다.

이시 레 물리노의 도심 포도밭

25년 전 점토 규산염 석회석 토양에 조성된 1만 2,140m²의 포도밭은 파리와 일 드 프랑스 주의 풍요로웠던 과거 포도 재배를 연상시킨다. 그 흔적은 몽마르트르, 쉬렌에도 남아 있다. 이 포도밭은 와인 전문 매장 소유주 이브 르그랑이 주도하는 생 뱅상 이시 레 물리노 조합이 운영하고 있다.

루아르의 클로 당트르 레 뮈르

이 포도밭 구획은 직물 판매로 부를 일군 앙투안 크리스텔(1837~1931)이 만들었다. 그는 1887년 매입한 샤토 드 파르네(멘 에 루아르)에 1898년부터 이 포도밭을 일궜다. 포도밭에는 높이 2m, 두께 60cm의 벽 11개가 세워져 있고 이 벽을 따라 포도나무가 심어졌는데, 포도는 '배는 태양을 보고 발은 그늘에 있도록' 지면 가까운 높이에 뚫린 벽의 구멍을 통해 벽을 관통한다. 이 구획은 역사 유적으로 지정되었다.

스위스의 라보 포도밭

포도나무는 레만 호수로 떨어지는 화려한 경사면을 따라 계단식 경작지에 심어졌다. 대부분 맛있고 우아한 와인을 만드는 샤슬라가 재배된다. 라보 포도밭은 유네스코 세계문화유산으로 지정되었다.

프랑스 미디피레네 지방의 제르에 있는 사라가쉬, 필록세라에 피해를 입지 않은 포도밭

이 포도밭은 역사가 1871년까지 거슬러 올라가는 AOC 생 모르의 8만 1,000m² 구획으로 20여 종의 포도 품종이 재배되고 있다. 이 포도밭은 2m 이상의 모래로 구성된 토양 덕분에 필록세라의 공격을 피할 수 있었다. 높은 포도나무의 밑동은 포도밭에 소 쟁기가 지나다니던 시절을 고증한다. 사라가쉬는 2012년 역사 유적으로 지정되었다.

조지아의 카헤티 포도밭

카헤티 포도밭은 세계에서 가장 오래된 포도밭으로 알려졌다. 무려 500종 이상의 포도 품종이 집계되었다. 가장 오래된 포도씨는 기원전 5000년까지 거슬러 올라간다. 조지아에서는 전통적으로 크베브리라고 부르는 테라코타 항아리를 땅에 묻어 와인을 양조해왔다.

독특한 숙성과 양조

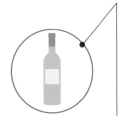

샤토 질레트의 소테른

미량으로 수확된 포도로 만든 이 와인은 콘크리트 탱크에서 15~18년, 병에서 적어도 2년을 보낸 후에야 판매된다. 이처럼 20년이라는 긴 숙성 기간을 거쳤음에도 살 수 있는 날이 아직도 길다.

AOC 프랑 코트 드 보르도, 샤토 르 퓌의 르투르 데 질 퀴베

와인이 담긴 나무통은 브르타뉴의 두아르느네에서 배에 실려 수개월 동안 브라질과 카리브 해를 거쳐 아소르스 제도, 영국, 코펜하겐을 지나는 긴 여행을 떠난다. 여행이 끝난 후에도 1년은 더 기다려야 한다. 항해하는 동안 지속되는 느린 흔들림 덕분에 와인은 자신이 가지고 있는 타닌을 좀 더 빨리 길들일 수 있다. 이렇게 탄생한 와인은 유연한 타닌과 함께 둥글고 풍부하다.

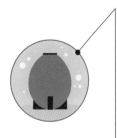

도멘 에지아테지아의 데나 델라 라인

레드 와인, 로제 와인, 화이트 와인 그리고 스파클링 레드 와인까지 바다 15m 아래에서 특허받은 공정으로 양조된다. 생 장 드 뤼즈 만 아래에서 와인은 압력, 어두움, 일정한 온도, 조수에 따른 규칙적인 동요 등 양조에 유익한 자연조건을 누린다. 좀 더 두드러지는 아로마 표현, 상쾌함과 함께 이 와인의 아로마는 땅 위에서 숙성된 퀴베 와인의 아로마와는 확연히 다른 개성을 표현한다.

아이스 와인

아이스바인이라는 이름으로 독일과 오스트리아에서 생산되는 리쿼뢰 와인이다. 기온이 영하로 떨어졌을 때 아주 늦게 수확한 포도로 만든다. 낮은 기온에서 포도는 냉동적출이라는 자연현상으로 인해 당과 산을 농축하게 된다. 하지만 지구온난화 현상의 여파로 아이스 와인이 점차 귀해지고 있다. 캐나다 온타리오 주나 브리티시컬럼비아 주에서 적포도, 청포도로 만든 아이스 와인을 찾아볼 수 있고, 종종 알자스에서도 만나볼 수 있다.

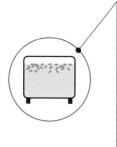

오렌지 와인

레드 와인처럼 양조된 화이트 와인이다. 일반적으로 곧바로 압착되는 청포도와 달리, 포도가 포도껍질과 포도즙 침용 과정을 거치는 것이다. 이러한 방식을 거친 와인의 경우 산도는 약하면서 타닌이 느껴지고, 색은 강조되고, 텍스처는 좀 더 조밀한 굉장히 다른 스타일의 화이트 와인이 된다. 이러한 중부 유럽의 독특한 고대 방식은 시칠리아와 스페인, 북부 이탈리아에서 다시 시작되었고 현재는 특별한 퀴베를 만들고자 하는 와인메이커의 마음을 사로잡고 있다.

코스티에르 드 님, 마스 데 투렐의 갈로 로망 와인

보케르에 위치한 이 농지에서 포도밭에 묻혔던 갈로 로망 시대 마을과 암포라 제조 작업장 유물이 발견되면서 이곳 도멘은 고고학자와 함께 라틴 창시자가 남긴 방식과 레시피에 따라 와인을 만들기 시작했다. 예를 들어, 비눔 로마눔 라인은 식물과 발효한 포도로 만든 카레눔을 선보인다.

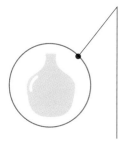

유리용기에 저장되어 햇볕에 노출되는 와인

바뉠스와 모리, 리브잘트 뱅 두 나튀렐을 만들 때 쓰는 방식이다. 볕이 잘 들고 바람이 잘 통하는 테루아 덕분에 오래된 포도나무에서 소량 수확된 포도로 만든 와인은 유리용기에 담겨 외부에서 몇 년을 보낸다. 와인은 이곳에서 기후 변화를 겪으면서 마시는 이의 흥미를 불러일으키는 산화 아로마를 얻는 반면 와인의 당도는 약해진다.

베로나의 아마로네 델라 발폴리첼라

철망 위에서 무게의 30~40%가 줄어들 때까지 건조한 포도로 만든 이례적인 레드 와인이다. 이렇게 양조한 와인은 무척 진하고, 생기 있으며, 놀라울 정도로 부드럽다. 와인은 드라이한데, 이것이 뱅 드 파이유와 비교되는 독특한 점이다. 모든 당이 알코올로 바뀌기 때문에 알코올 도수가 높다(14% 이상). 오랜 기간 숙성할 수 있지만 적어도 3년의 나무통 숙성과 1년의 병 숙성을 거친 후에야 유통된다는 점을 감안하면 어린 나이에도 마실 수 있는 와인이다.

베네치아 옆 마조르보 와인

포도밭은 2000년대 초반에 마조르보 섬으로 돌아왔다. 어느 와인메이커가 베네치아 석호 섬 발치에서 발견한 도로나라는 품종을 심은 것이다. 도로나는 잊혔던 토종 화이트 와인 품종이었다. 현재 이 섬은 '베니사'라고 이름 붙인 와인으로 유명하다. 이곳의 포도밭 구획은 석호의 물에 의해 종종 침수되는데 여기에서 자란 포도는 양조 과정 중 하나인 발효 중 포도껍질과 포도즙이 침용된다. 이 덕분에 만들어진 와인은 농축되고 독특한 맛이 난다. 와인은 무라노에서 수공예로 불어 만든 50cL 유리병에 병입되며, 번호가 매겨지고 금색 라벨이 붙는다.

뷔롱 와인

코트 도베르뉴의 와인들은 해발 1,200m에 자리 잡은 캉탈의 뷔롱(양치는 목동들이 머무르던 전통 오두막) 저장고에서 6개월간 머문다. 매년 봄 2만 6,000병의 와인을 계곡 아래로 내리기 위해 거대한 인간 띠가 만들어진다. 1998년에 태어난 아이디어로 시작된 이 퀴베는 네고시앙인 피에르 데스프라가 자신의 할아버지에 대한 기억으로 '라 레장데르(La Légendaire, 프랑스어로 '전설의'라는 뜻-옮긴이)'라고 이름 붙였다.

"무통 카데는 제2의 무통 로칠드 와인이다."

이 두 와인은 바롱 필립 드 로칠드라는 가족 그룹이 생산·유통하는 와인이다.

샤토 무통 로칠드

AOC 포이약으로 1853년부터 로칠드 가문의 소유가 되었다. 필립 드 로칠드 남작(1902~1988)은 이곳을 세계적 명성의 도멘으로 만들고 1973년에는 1855년 등급의 프르미에 그랑 크뤼 클라세로 상향시키기 위해 노력을 기울였다. 샤토 무통 로칠드의 가격은 1병에 500유로가 넘는다. 프티 무통이라고 부르는 이 샤토의 세컨드 와인도 병당 200유로가 넘는다.

무통 카데

1930년 필립 드 로칠드가 만든 AOC 보르도의 브랜드 와인으로 1,500ha에 분산된 포도 재배자 450명의 포도 혹은 와인으로 1,200만 병 이상 생산된다. 매년 변함없는 스타일을 보이는 와인이다. 가장 많이 수출되는 보르도 와인 중 하나이며, 가격은 10유로 정도에 유통된다.

"뱅 존은 뱅 드 파이유다."

이 두 와인은 쥐라에서 생산되지만 맛은 완전히 다르다.

뱅 존

뱅 존은 호두와 아몬드, 카레, 사프란, 풋사과의 독특한 향이 나는 드라이한 와인이다. 여전히 '클라블랭'이라고 부르는 62cL 병에 담긴다.

뱅 드 파이유

뱅 드 파이유는 수확 후 건조시킨 포도로 만든 스위트 와인이다. 건조된 포도를 압착해 얻은 진한 과즙을 작은 통에서 3년간 숙성시킨다. 이렇게 완성된 와인은 건포도와 모과 젤리, 오렌지 절임, 말린 자두, 모카, 꿀, 캐러멜, 대추 향이 나고 텍스처는 부드럽다. 37.5cL 병으로 판매된다.

"쥐랑송은 쥐라의 와인이다."

쥐랑송은 포 지방에서 생산되는 베아른 와인이다. 쥐라에서 아주 멀리 떨어진 곳의 와인인 것이다. AOC 쥐랑송 와인일 경우 스위트 와인이고, AOC 쥐랑송 세크 와인인 경우 드라이 와인이다. 두 와인 모두 풍부한 과일 향과 산뜻한 산미의 균형이 일품이다.

주의할 것!

쥐라의 뱅 드 파이유를 코레즈 주의 스위트 와인인 뱅 파이에, 뱅 드 파이유와 헷갈리지 말자. 이곳 와인메이커들이 노하우를 되찾아 만든 와인이다. 코레즈의 와인은 수확 후 짚 위에서 건조한 적포도 혹은 청포도를 크리스마스에 압착해 만들고 2년간의 숙성 기간을 거친다. '뮤즈의 꿀'이라는 별명을 가졌다.(참고로 두 와인의 결정적인 차이는 passerillage라고 하는 포도 건조와 숙성 기간의 차이다. 쥐라의 뱅 드 파이유는 적어도 6주간 건조시키고 3년간 숙성시키는 반면, 코레즈의 뱅 파이에는 적어도 4주 건조, 2년 숙성을 거쳐 만든다.-옮긴이)

"말벡은 순수 아르헨티나 품종이다."

말벡은 남서 프랑스에서 태어난 품종이지만 19세기에 아르헨티나에 정착했다. 말벡이 아르헨티나에 완벽하게 적응함으로써 아르헨티나 말벡이 버라이어탈 와인으로 전 세계에 알려지게 된 것이다. 프랑스에서 말벡은 카오르 와인의 전통 품종이지만 품종보다는 테루아의 가치를 높게 평가하는 것이 AOC의 원칙이고 말벡은 대개 블렌딩에 사용되었기 때문에 지금까지도 말벡이 그다지 강조되지 않았다. 하지만 현재 카오르 와인이 다시금 말벡을 강조하고 있다. 말벡은 AOC 투렌 앙부아즈에도 다시 돌아왔다.

"바뉠스는 뱅 퀴다."

바뉠스

바뉠스는 모리, 리브잘트와 같은 뱅 두 나튀렐이다. 발효를 중지시키기 위해 발효 중 주정을 첨가해 만든다. 그렇기 때문에 와인은 알코올로 변하지 않은 포도의 자연 당을 함유하고 있으며, 신선한 과일 향이 난다.

뱅 퀴

뱅 퀴는 아로마가 농축될 수 있도록 포도 찌꺼기를 데워서 만드는 와인이다. 이렇게 얻은 즙은 탱크에 옮겨져 느리게 발효된다. 와인은 꽤 많은 잔당을 함유하고 있어 단맛이 나며 대개 향기가 난다. 프로방스 특산 와인이다.

"믈롱 드 부르고뉴는 부르고뉴 와인의 품종이다."

믈롱 드 부르고뉴는 부르고뉴에서 태어나긴 했지만 여러 세기를 걸치는 동안 잊혔다가 중세시대부터 뮈스카데 포도밭에 정착했다. 이곳은 실질적으로 세계에서 유일하게 믈롱 드 부르고뉴가 재배되는 곳이다. 와인은 섬세한 과일 향이 나고 가볍고 드라이하며 산뜻해 해산물과 특히 잘 어울린다. 어떤 와인은 좀 더 복합적이고, 잘 알려지지 않은 관계로 적정한 가격의 숙성 잠재력이 큰 고급 화이트 와인의 보고이기도 하다. 이러한 와인은 고급 부르고뉴 화이트 와인의 값어치가 나간다.

"푸이 퓌세와 푸이 퓌메는 같은 지방 와인이다."

두 와인은 드라이 화이트 와인이며 각자의 원산지에서 스타 와인이라는 공통점이 있을 뿐이다.

푸이 퓌세

부르고뉴의 마코네 지역에서 생산된다. 샤르도네로 만든다.

푸이 퓌메

중부 루아르에서 생산된다. 소비뇽 품종으로 만든다.

주의할 것!

이것도 헷갈리지 말자

- 스틸 와인과 스파클링 와인을 생산하는 사부아의 AOC 세셀과 비오니에를 주품종으로 하는 화이트 와인과 시라를 주품종으로 하는 레드 와인을 생산하는 리옹 남부의 테루아 세쉬엘을 혼동하지 말자.
- 레드 와인, 화이트 와인, 로제 와인을 생산하는 중부 루아르의 AOC 뢰이와 화이트 와인과 레드 와인을 생산하는 부르고뉴 코트 샬로네즈의 AOC 륄리를 혼동하지 말자.

"타리케는 일종의 와인이다."

타리케는 AOC 와인이 아니다. 타리케는 제르의 한 가문의 도멘으로 이 가문은 1980년대 초 IGP 코트 드 가스코뉴 와인 개발의 첨병이었다. 타리케는 당시까지는 아르마냑 생산에만 한정되었던 포도나무로 과일 향이 무척 풍부하고 산뜻한 드라이 화이트 와인을 만들 아이디어를 냈다. 아이디어는 성공을 거두었고 와인 스타일과 적절한 가격(대략 5유로)은 하나의 모델이 되었다. 현재 이 도멘은 1,200ha의 재배지를 보유하고 있다. IGP 코트 드 가스코뉴 와인은 가장 많이 수출되는 프랑스 와인 중 하나다.

"샤토 이켐이라고 한다."

대단히 유명한 소테른 도멘은 '샤토 디켐'이라고 한다. 15세기 요새화된 농가에서 출발해 세워진 건물이 16세기에 진정한 샤토가 되었다. 만약 당신이 가장 유명한 포므롤의 도멘에 대해 이야기한다면 '샤토 페트뤼스'가 아니라 '페트뤼스'라고 하라. 이것은 보르도의 모든 와인을 '샤토'라고 부르지 않는다는 증거다.

"로제트는 로제 와인이다."

AOC 로제트는 베르주라크 바로 옆, 페리고르의 약 30ha도 안 되는 재배지에서 생산되는 무알뢰 와인이다. AOC 로제트는 3가지 화이트 와인 품종(소비뇽 블랑, 세미용, 뮈스카델)으로 만든다. 그렇기 때문에 로제 와인일 수가 없다. 색은 오히려 연한 노란색에 가깝고 가볍고 기분 좋은 향기가 나는 스타일의 와인이며, 이름은 리외-디(lieu-dit, 프랑스 토지장부상 기록된 지리학적 명칭 이름-옮긴이)에서 왔다.

알아두면 좋은 정보

와인은 8,000년 전부터 인간과 함께해 왔다.

와인은 발효시킨 포도즙이다. 즉 살아 있다. 포도의 품질이 모든 차이를 만들어낸다.

와인은 한 장소와 하나의 품종, 포도나무를 재배하는 방식과 포도를 와인으로 변화시키고 숙성시키는 방식을 결정하는 사람의 산물이다.

와인의 맛은 알코올과 산도, 단맛, 타닌의 균형에서 태어난다. 균형 잡힌 느낌을 이끌어낼 수 있도록 이러한 요소를 적절히 조절하는 것이 와인메이커의 예술이다.

와인은 시간의 산물이다. 어떤 포도나무는 10년, 20년 나아가 100년 이상 살 수 있다. 와인메이커뿐만 아니라 마시는 사람에게도 인생에 걸친 하나의 모험이다.

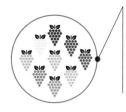

포도 품종은 과일이나 채소의 품종에 해당한다. 지구상에는 와인을 만들기 위한 1,200여 종의 포도 품종이 재배되고 있다. 어디에서 재배되는가에 따라 같은 포도 품종이라도 익숙하기는 하지만 맛이 서로 다른 와인을 만든다.

와인은 전 대륙에서 생산되지만 세계 생산의 70%가 유럽에 집중되어 있다.

라벨에 포도 품종을 강조하는 와인을 '버라이어탈 와인(품종 와인)'이라고 하는 반면, 테루아를 중시하는 와인을 '테루아 와인'이라고 한다.

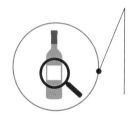

와인은 포도밭의 한 구획에서, 동일한 소유지의 서로 다른 구획, 동일한 AOC의 서로 다른 소유지의 와인이나 포도, 프랑스 내 서로 다른 포도밭의 와인, 서로 다른 국가의 포도밭에서 생산될 수 있다. 라벨을 보면 알 수 있다.

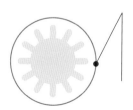

지구온난화로 인해 포도나무 경작이 가능한 영역이 확장되었지만, 포도나무가 열기로 인해 고통받는 지역의 경작을 위한 해결책 또한 시급해졌다.

와인과 관련된 에피소드

피노 누아를 부르고뉴 품종의 왕으로 만든 공작

부르고뉴의 공작 필립 르 아르디 2세는 1395년 자신이 '괘씸'하다고 판단한 가메 품종과 질이 좋지 않은 와인을 만든다고 생각하는 다른 품종의 사용을 금지하는 칙령을 내렸다. 이렇게 해서 생산량이 떨어지는 피노 누아가 부르고뉴 레드 와인의 지배자가 된 것이다.

쥐랑송의 홍보대사 앙리 4세

1553년 12월 잔 달브레 3세와 앙투안 드 부르봉 사이에서 태어난 미래의 앙리 4세가 포 지방에서 태어났을 때, 그의 할아버지 앙리 알브레는 질병을 쫓고 튼튼하게 자라라며 기름으로 그의 입술을 문지르고 쥐랑송을 마시게 했다. 몇 방울을 마시게 했는지, 손가락을 와인 잔에 담갔다 입술에 댔는지는 상관없다. 쥐랑송 덕분에 쾌활하고 원기왕성하고 삶의 기쁨을 추구하는 왕의 이미지는 남았기 때문이다.

와인을 처방하다

궁정 의사는 와인에 대한 모든 이론을 발전시켰다. 루이 14세의 주치의였던 기 그레상 파공은 왕이 뉘의 레드 와인만 마시도록 샹파뉴의 화이트 와인을 금하는 처방을 내렸다. 수많은 궁정 조신들이 이 처방을 따른 것이 당시까지 등한시되던 부르고뉴 와인에게는 행운이 되었다. 한편, 피에르 시라크라는 루이 15세의 주치의는 낮에는 부르고뉴 레드 와인을 마시고 저녁에는 샹파뉴의 와인을 마실 것을 처방했다고 한다.

나폴레옹의 곁을 결코 떠난 적이 없는 샹베르탱

미식가는 아니었던 나폴레옹이었지만 샹베르탱이라면 사족을 못 썼다. 나폴레옹은 주브레 샹베르탱 코뮌에서 생산되는 이 유명한 부르고뉴 그랑 크뤼를 매일 마셨을 뿐만 아니라 군사작전 시에도 마셨는데… 마무리는 항상 물이었다. 와인은 이집트 군사작전에서 완벽하게 보관되어 돌아오면서 고급 와인의 역량을 다시 한 번 입증했다.

아르노 드 퐁탁이 럭셔리 와인을 만들다

1525년 샤토 오 브리옹 포도 재배지를 설립한 장 드 퐁탁의 후손인 아르노 드 퐁탁은 '클레레'라고 부르던 당시의 와인보다 진한 와인을 만들 생각을 했다. 그리고 이 와인을 대다수 와인보다 특별함을 강조하기 위해 세련되고 우아한 장소에서 판매했다. 바로 1666년 런던에 오픈한 뉴 이팅 하우스였다. 이곳에서 오 브리옹의 와인은 카페 레스토랑 와인보다 3배 더 비싸게 판매되었다. 이것이 대성공을 거두면서 럭셔리 브랜드 와인이 탄생했다. 와인 마케팅이 탄생한 것이다.

유리병이 나무통을 밀어내다

4세기부터 포도 재배인들 사이에서 큰 나무통이 강력하게 군림했다. 하지만 1620년부터 영국의 유리세공 고수들이 와인을 저장하는 데 사용할 수 있는 단단한 유리병을 개발하기 시작했다. 샴페인, 그랑 뱅과 떼려야 뗄 수 없는 유리병은 18세기부터 본격적으로 발달하기 시작했다. 1866년 지정된 0.75cL의 용량은 영국식 계량 시스템을 계승한 것이다. 1갤런은 4.5L, 6병들이 한 상자에 해당한다.

분노의 포도

1907년 봄, 해외 와인의 경쟁과 사기 행위(와인에 물이나 당을 타는 등 가짜 와인을 만들던 행위-옮긴이)로 인한 프랑스 남부의 와인 매출 감소는 랑그도크에서 20세기 들어 가장 격한 사회 운동을 일으켰다. 실의에 빠져 있던 이 지역은 카페 주인이자 배우였던 마르슬랭 알베르의 주도하에 반란을 일으켰다. 수출 파업부터 시의원 442명의 사퇴, 50만이 참여한 몽펠리에의 시위, 나르본 봉기에서 6명 사망, 일선 제17보병연대의 폭동까지. 이를 계기로 와인의 가격과 사기 행위를 감독하는 남부 지방 와인메이커 총연맹이 탄생했다.

스위트 샴페인

19세기 초 러시아와 스칸디나비아 국가들은 샴페인의 매력에 푹 빠졌지만 달콤함을 원했다. 그래서 이들 국가를 대상으로 생산된 샴페인은 ㄴ당 200~300g의 당을 함유하고 있다. 리쿼뢰 와인과 맞먹는 당 함유량이다. 이에 프랑스와 독일은 165~180g에 맞추었다. 다른 국가들과 달리 25~65g만 요구했던 영국은 1860년부터 10g 미만으로 낮추었고 이는 모든 스파클링 와인 애호가들의 기준이 되었다.

캘리포니아 와인이 프랑스 와인을 압도한 날

1976년 5월 24일 프랑스 와인과 캘리포니아 와인을 경쟁에 붙이고 싶었던 영국 와인 판매업자 스티븐 스퍼리어의 주도하에 블라인드 테이스팅 '파리의 심판'이 열렸다. 와인의 최고 권위자로 구성된 심사단이 뽑은 1위는 레드 와인과 화이트 와인 모두 캘리포니아 와인이었다. 샤토 몬텔레나 1973년이 도멘 루로의 뫼르소 프르미에 크뤼 샤름 1973년을 뛰어넘는가 하면 스택스립 와인 셀라 1973년도 샤토 무통 로칠드 1970년을 넘어섰다. 상류층 와인에 대한 구대륙의 독점이 막을 내리는 순간이었다.

값비싼 부르고뉴

2006년 작고한 부르고뉴의 신화적 와인메이커 앙리 자이에는 자신의 저장고에 와인 855병과 209개의 매그넘 병을 보관하고 있었다. 게다가 본 로마네 프르미에 크뤼에서 가장 유명한 구획에서 생산된 와인도 있었다. 2018년 6월 스위스 제네바에서 열린 한 경매에 전 세계의 와인 애호가들과 투기꾼들이 모여 이 와인들을 사기 위해 6시간이 넘도록 소동을 치렀다. 경매 낙찰가는 예상을 훨씬 웃돌았다. 총액은 3,000만 유로로 병당 평균가 2만 3,000유로(약 3,000만 원)에 해당한다. 이는 부르고뉴 고급 와인의 전 세계적인 열광을 상징한다.

와인 학교

프랑스의 경우 대부분의 포도 재배 지역에 와인 학교가 있어 와인에 대한 지식을 심화할 수 있다. e-러닝 모듈을 개발한 학교도 있다. 하지만 전체적인 시각을 키울 수 있도록 다양한 수준으로 구성된 일반 테이스팅 입문을 추천한다.

• 프랑스 와인 학교(파리와 리옹), 자크 비베 테이스팅 학교(파리), 르그랑 피으 에 피스 와인 학교(파리), 뮈스카델 학교(보르도, 베르주라크, 페리그, 앙굴렘, 코냑, 리부른, 원격수업)

와인 박람회

와인메이커를 만날 수 있는 행사다. 새로운 와인을 발견하고 주문할 수 있도록 테이스팅 장소가 되는 박람회가 있는가 하면 판매 전시회인 박람회도 있다. 와인메이커가 생산한 와인 일체를 발견하고, 알고 싶은 모든 것을 질문할 수 있는 기회다.

• 르 그랑 테이스팅(파리), 테르 드 뱅 시음회, 독립 와인메이커 박람회(릴, 파리, 리옹), 비니 비오 박람회(파리), 그롤레(일 드 프랑스 주 발 두아즈 구역에 있는 코뮌-옮긴이) 와인메이커 박람회, 콜마르 와인 시장

와인 루트

와인 루트를 통해 포도밭 특유의 풍경을 감상하고 외부 사람을 맞이할 수 있도록 준비된 와인메이커를 방문할 수 있다. 대부분의 와인 루트는 애플리케이션과 연동되어 있어 쉽게 위치를 찾을 수 있다.

• 자동차나 자전거는 그냥 두고 포도밭의 정비된 오솔길을 따라 걸어보자. 찬찬히 둘러보며 폭넓은 선택이 가능한 테이스팅 와인 셀렉션을 제공하는 메종(슈베르니나 생 쉬니앙의 메종을 예로 들 수 있다.)을 찾아보자. 이들 메종에서는 짧은 시간에 다양한 와인을 테이스팅할 수 있어 무척 실용적이다.

애플리케이션

와인을 접한 자신의 경험을 공유하고 스마트폰으로 라벨 사진을 찍어 정보를 얻을 수 있어 무척 유용하다. 와인 구매가 가능한 앱도 있다.

- 비비노, 타가 와인, 구트, 트윌, 와인 어드바이저

분담 출자

분담 출자 플랫폼 덕분에 인터넷을 통해 은행가나 와인메이커가 아니더라도 와인 프로젝트를 재정적으로 후원할 수 있다. 그 대가로 와인 몇 병을 기대할 수도 있다.

- 여러 사이트가 이 미개척 분야를 빠르게 점령했다(미모사, 펀도비노, 와인펀딩). 테라 호미니스를 통해 포도밭의 공동 소유자가 되는 한편 코비뉴롱을 통해서는 포도나무의 대부가 되어 와인이 만들어지는 모든 과정을 모니터링하고 자신의 이름으로 된 와인을 받을 수 있다. 포도 재배지 단체에 투자할 수도 있다.

와인 관련 책

다음의 책 외에도 포도 재배지 지도책 하나 정도는 장만하자. 지도에서 포도 재배지의 위치만 파악해도 와인에 대해 많은 것을 알 수 있다.

- 『월드 아틀라스 와인』(2020), 『프랑스 와인 아틀라스』(2017)
- 와인의 역사는 길다. 다음의 책을 읽어보자. 로저 디옹의 『프랑스 포도나무와 와인의 역사』(2010), 질베르 가리에의 『와인의 사회, 문화사』(2008)
- 연간 와인 셀렉션 가이드 : 『프랑스 와인 리뷰의 가이드』, 『베탄과 드소브 가이드』
- 기분 전환에도 좋은 책 : 만화 『신의 물방울』(총 44권)과 와인과 관련된 그래픽노블 『무지한 사람들』(2011)

정기간행물

프랑스 가판점에서 파는 주요 와인 전문 간행물로는 〈프랑스 와인 리뷰〉, 〈테르 드 뱅〉, 〈와인메이커〉가 있다.

- 여기에 〈르몽드〉, 〈르푸앙〉, 〈르피가로〉, 〈렉스프레스〉, 〈마리안〉, 〈누벨옵〉 같은 시사 일간지와 주간지의 와인 코너도 추가할 수 있다. 영미권에서는 〈디켄터〉와 〈와인스펙테이터〉가 세계적으로 권위를 인정받고 있다.

와인 전문 매장

운 좋게도 집 근처에 괜찮은 와인 전문 매장이 있다면 그곳은 소중한 정보의 원천이다.

- chaisdoeuvre.fr처럼 다양한 정보를 설명해주는 영상과 함께 무척 알차게 구성된 와인 전문 매장의 온라인 사이트도 있다.

와인 축제

와인 축제는 와인을 체험하고 와인메이커를 만날 수 있는 가장 유쾌한 방법이다.

- 가장 큰 와인 축제는 보르도 와인 축제(격년제로 6월 개최)다. 이외에도 투르의 루아르 와인 축제(5월), 쥐라의 뱅 존 축제(2월. 프랑스로 '뱅 존 구멍뚫기'라는 뜻으로 오랜 숙성을 끝낸 뱅 존이 나무통에서 나오는 것을 기념하는 축제-옮긴이), 가이약 와인 축제(8월), 부르고뉴의 생 뱅상 와인 축제(1월) 등도 있다.

포도 수확

육체적으로 강도 높은 경험이지만 와인을 생생하게 경험하기에 이보다 더 구체적인 방법은 없을 것이다.

- 많은 도멘이 매년 8월과 9월, 나아가 12월까지 포도 수확 인력을 구한다.
- 12월 31일 피레네 산맥 주변에서 한 해의 마지막 포도를 수확하기 위해 플레몽 와인 생산자가 조직하는 생 실베스트르 수확에 참여할 수도 있다. 이 수확으로 파슈랑 뒤 빅빌(리쿼뢰 와인) 리미티드 에디션 퀴베가 생산된다.

무슨 뜻일까?

꽃자루(Rafle) : 포도가 없는 송이(푸른색 부분)

나무통(Fût) : 숙성 단계에서 와인을 담는 나무로 된 큰 통. 가끔 발효부터 와인을 담기도 한다.

단일품종 와인(= 버라이어탈 와인) : 하나의 품종으로 만든 와인

로브(Robe) : 와인의 색

리(Lies) : 나무통이나 탱크, 와인 병 바닥에 쌓인 찌꺼기(효모의 조직).

바이오다이내믹 농법 : 달의 주기에 따라 포도나무 작업을 조직하고, 포도나무의 자연 면역력을 강화하며, 주위의 생물다양성을 보존하는 데 초점을 맞춘 극소량의 처치 방법을 적용한다.

뱅 드 가르드(Vin de garde) : 숙성시키면 활짝 피어날 수 있는 와인.

뱅 드 타블르(Vin de table) : 원산지 표시 혜택을 받지 않는 와인. (좀 더 약한) 재배면식 규정과 산출량, 알코올 도수, 산도를 규제받는다. 프랑스 포도로 만들었다면 뱅 드 프랑스라고 한다.

뱅 드 페이(Vin de pays) : 원산지의 지리적 표시 혜택을 받는 통제 와인. 유럽 규제를 적용하는 프랑스에서 뱅 드 페이는 IGP로 분류된다.

(와인의) 보디 : 입 안에서 타닌과 감미로움, 과일 향, 알

코올이 함께 주는 무게.

블렌딩(Assemblage) : 서로 다른 구획, 포도 품종, 나무통, 빈티지의 와인을 섞는 것.

빈티지 : 와인이 수확된 해

산화 : 와인에 미치는 산소의 작용. 잘 제어할 경우 산화는 아로마를 만들 수 있도록 도와주지만 와인을 변질시키기도 한다.

샤토(Château) : 보르도와 같은 몇몇 지역에서는 (건물로서의 샤토는 더 이상 존재하지 않기 때문에) 포도 재배 농지를 말한다. 다만 뱅 드 프랑스에는 샤토라는 단어를 사용할 수 없다.

세파주(Cépage) : 포도의 품종.

셉(Cep) : 포도나무의 밑동.

셰(Chai) : 수확된 포도의 도착부터 병입까지 양조 과정이 진행되는 건물.

(병) 숙성(Vieillissement) : 병에서 와인이 성숙하는 과정.

숙성(Élevage) : 발효 후부터 병입까지의 꽤 긴 기간을 가리킨다. 이 기간 동안 와인은 휴식을 취하면서 안정화되고 아로마를 키운다.

스틸 와인(Vin tranquille) : 비발포성 와인.

알코올 발효(Fermentation alcoolique) : 미세 효모의 작용에 의해 포도의 당이 알코올로 변화하는 현상. 와인이 거치는 첫 번째 발효다.

양조(Vinification) : 포도를 와인으로 변화시켜 병입하기 위해 행하는 작업 전체를 가리킨다.

원산지 보호 명칭(Appellation d'origine protégée, AOP) : 유럽의 AOC에 해당한다.

원산지 통제 명칭(Appellation d'origine contrôlée, AOC) : 해당 와인이 이 와인에게 특성을 부여해준 특정 지역에서 특정 노하우로 생산되었음을 보장하는 표시.

재배면식(Encépagement)
❶ 한 포도 재배지에 심겨진 포도 품종 전체
❷ 포도 재배지의 부지

젖산 발효(Fermentation malolactique) : 알코올 발효 후에 처리하는 두 번째 와인 발효로 젖산균에 의해 말산이 젖산으로 변한다. 젖산 발효로 와인의 산도는 낮아진다.

지리적 보호 표시(Indication géographique protégée, IGP) : 프랑스의 뱅 드 페이(Vin de pays)를 대체한 유럽연합의 와인 등급서열의 단계.

퀴베(Cuvée)
❶ 와인 통 하나의 분량
❷ 샴페인 혹은 특정 와인의 블렌딩

크뤼(Cru) : 특정 와인이 생산되는 한정된 영역. 품질이 우수하고 '크뤼 클라세' 혹은 '그랑 크뤼'와 같은 하나의 등급체계가 정한 서열을 따른 와인이나 포도 재배지를 지칭한다.

클로(Clos) : 벽으로 한정된 포도밭. 하나의 클로가 있는 소유지의 이름. 뱅 드 프랑스는 명칭에 '클로'라는 단어를 쓸 수 없다.

클리마(Climat) : 특정 포도밭에서 지리적 환경과 토양, 설치된 벽 등으로 인해 다른 구획의 와인과는 차별화된 와인을 생산하는 역량이 있다고 포착된 구획(부르고뉴 고유의 용어).

타닌, 타닌이 있는(Tanin, Tannique) : 와인에 함유된 다양한 폴리페놀을 가리키는 총칭적 용어. 타닌은 포도의 얇은 막(가장 유연하다)과 씨, 꽃자루(가장 쓰다)에서 왔고, 나무통의 새로운 목재에서 올 수도 있다.

테루아(Terroir) : 테루아 하면 땅(terre)을 먼저 떠올리게 되지만 테루아의 정의는 경작되는 토양·위치·고도·마이크로 기후와 포도나무의 삶, 즉 와인의 맛에 영향을 미치는 기타 모든 요소 등 환경 전체를 포함한다.

(발효하기 전) 포도즙(Moût) : 포도에서 나온 즙으로 즙 안의 성분이 알코올 발효 중에 변화된다.

효모 : 알코올 발효에서 중심 역할을 하는 미세 균류.

지은이

카트린 제르보

카트린 제르보는 와인 전문 기자이자 작가이며, 포도 재배인인 동시에 미식가다. 일반인과 전문가를 대상으로 한 여러 잡지에 기고하고 있으며, 와인에 대한 책을 여러 권 썼다. 지은 책으로는 『최고의 요리와 와인 페어링』, 『와인 선택하고 테이스팅하기』 등이 있다.

피에르 에르베르

피에르 에르베르는 국제 와인 자격증인 WSET 자격증을 취득했으며, 샴페인 홍보 대사로 활동했다. 20여 년 전부터 전 세계 와인 애호가들을 위해 프랑스를 비롯한 세계 각국에서 시음회를 개최해왔다. 현재 그랑 크뤼 네고시앙을 위해 국제 행사 기획과 와인에 대한 교육 자료 편찬을 이끌고 있다.

옮긴이

김수영

한국외국어대학교 통번역대학원 한불과를 졸업했다. 프랑스문화원을 비롯해 르몽드 디플로마티크, 연합뉴스 등 여러 기관에서 통번역 활동을 해왔으며, 현재는 번역 에이전시 엔터스코리아에서 출판기획 및 전문 번역가로 활동하고 있다. 옮긴 책으로는 『만화로 배우는 서양사 중세 2』, 『어린 왕자』, 『라루스 세계 명언 대사전(공역)』 등이 있다.